特种加工技术

（第2版）

主　编　刘　勇　刘　康
副主编　甘　彬　吴　睿

重庆大学出版社

内 容 提 要

本书从特种加工的基本理论出发，较详尽地阐述了各种特种加工方法的基本原理和特点、基本设备组成、基本工艺规律和应用范围。全书共7章，主要内容有电火花成型加工、电火花线切割加工、电解加工、电解磨削、电铸和涂镀加工、激光加工、电子束和离子束加工、高压水射流加工、超声加工及快速成型技术等，每一章后附有思考题，以引导思维、掌握重点、巩固基本理论。在内容的编写过程中，尽量结合生产实际，注重能力培养。

本书适用于高等院校"机械设计制造及其自动化""材料成型及控制工程"专业或其他机械类专业学生的特种加工课程教材，也可作为职工大学、电视大学、函授大学和业余自修等学生的参考教材，还可作为从事机械制造行业的工程技术人员的培训教材或参考书。

图书在版编目(CIP)数据

特种加工技术/刘勇，刘康主编.—重庆：重庆大学出版社，2013.1(2023.3 重印)

机械设计制造及其自动化专业本科系列教材

ISBN 978-7-5624-7073-1

Ⅰ.①特… Ⅱ.①刘…②刘… Ⅲ.①特种加工—高等学校—教材 Ⅳ.①TG66

中国版本图书馆 CIP 数据核字(2012)第 277296 号

特种加工技术

(第2版)

主 编 刘 勇 刘 康

副主编 甘 彬 吴 睿

策划编辑：曾令维

责任编辑：李定群 高鸿宽 版式设计：曾令维

责任校对：刘 真 责任印制：张 策

*

重庆大学出版社出版发行

出版人：饶帮华

社址：重庆市沙坪坝区大学城西路21号

邮编：401331

电话：(023) 88617190 88617185(中小学)

传真：(023) 88617186 88617166

网址：http://www.cqup.com.cn

邮箱：fxk@cqup.com.cn(营销中心)

全国新华书店经销

POD：重庆俊蒲印务有限公司

*

开本：787mm×1092mm 1/16 印张：13.25 字数：331千

2017年6月第2版 2023年3月第3次印刷

ISBN 978-7-5624-7073-1 定价：39.00元

前 言

随着教学改革的不断深入,21 世纪教学和课程体系改革正在逐步完善,为了适应“机械设计制造及自动化”宽口径专业的各个专业方向的主干专业课教学的需要,我们特编写了本教材。“特种加工技术”是机械类各个专业方向选修的专业课,主要包括除传统的机械加工外的其他主要特种加工方法。本书共 7 章,内容有电火花成型加工、电火花线切割加工、电解加工、电解磨削、电铸和涂镀加工、激光加工、电子束和离子束加工、水射流加工、超声加工和快速成型技术等。本书是按 40 学时左右的课时内容来编写的,学校可根据自己不同的教学要求来调整学时和教学内容。本书与其他机制专业的专业课教材有本质上的不同,内容较多,涉及的知识面广,每一章的内容相对独立没有必然的联系。

“特种加工技术”是高等工科院校机械设计制造专业方向的主要专业选修课程。通过多年的教学实践,并参考了近年来所出版的同类教材,我们编写了这本教材。本书反映了各种特种加工技术的基本原理、基本设备、工艺规律、主要特点及应用范围,各章节内容除包含加工方法上述内容以外,还尽量包含或体现特种加工领域的一些新成果和新的工艺方法。在该课程的教学中,应强调培养学生应用各种技术的能力,培养学生实际的工艺分析能力,兼顾对学生的工程实践能力的培养,在内容上注重先进性、科学性和实用性。教材力求通俗易懂,把较深奥的理论部分简化后编入教材。根据一般学生实践知识不足的实际情况,多举一些由浅入深的实际例子和图例,并可通过开设一些必要的实验课和现场授课来增加学生感性认识,拓宽学生的知识面。相信,通过本课程的学习和实践环节(实验、实习等),学生能较好地掌握特种加工的基本理论和应用知识。

本课程可根据各学校试验设备的具体情况设置以下内容的实验课：

①电火花成型加工实验。

②电火花线切割编程加工实验。

③激光打孔或切割实验。

④超声加工实验。

⑤电解加工或电解磨削加工实验。

特种加工已经是现代制造工业的重要组成部分，随着电子、航空、汽车、模具等工业的迅速发展，对零件的精度要求越来越高、结构形状越来越复杂，使特种加工技术和工艺方法不断更新增加，有必要让机械制造专业的学生掌握一些新的加工技术，了解机械制造的各种不同的新工艺方法，以适应制造业的发展，所以本教材涉及的内容较为广泛。本书可供机械设计制造及自动化本科专业教学使用，也可供专科、电大和其他的机械类专业方向的师生参考阅读，如书中部分内容上课没有讲授，学生可自学和课外阅读，本书还可作为从事机械制造方面的工程技术人员和技术工人的参考书。

本书由西华大学刘勇和四川理工学院刘康任主编，重庆理工大学甘彬和重庆科技学院吴睿任副主编。具体编写的章节：刘勇（第 1 章、第 6 章、第 7 章）、刘康（第 2 章、第 3 章）、甘彬（第 4 章）、吴睿（第 5 章），全书由西华大学刘渝教授主审。

由于我们水平有限，书中难免有错误和不当之处，恳请读者、专家批评指正。

编　者

2017 年 6 月

目录

第 1 章　绪论 …… 1
1.1　特种加工在现代制造工业中的作用和发展趋势 …… 1
1.2　特种加工的特点和类型 …… 3
1.3　特种加工对被加工材料、结构和加工工艺的影响 …… 5
思考题 …… 6

第 2 章　电火花成型加工 …… 7
2.1　电火花成型加工的基本原理和特点 …… 7
2.2　电火花加工的微观机理分析 …… 10
2.3　电火花成型加工用的脉冲电源 …… 14
2.4　电火花加工的自动进给调节系统 …… 21
2.5　电火花成型加工机床组成 …… 29
2.6　电火花成型加工的基本工艺规律 …… 33
2.7　电火花成型穿孔加工工艺应用 …… 46
2.8　其他电火花加工 …… 56
思考题 …… 63

第 3 章　电火花线切割加工 …… 64
3.1　电火花线切割加工原理和特点 …… 64
3.2　电火花线切割机床及设备组成 …… 66
3.3　电火花线切割数控编程系统 …… 76
3.4　电火花线切割的工艺规律 …… 85
3.5　线切割加工工艺应用 …… 89
思考题 …… 91

第 4 章　电化学加工技术 …… 92
4.1　电化学加工基本原理和分类 …… 92
4.2　电解加工 …… 98
4.3　电解磨削加工 …… 120
4.4　电铸、涂镀及电解抛光 …… 127
思考题 …… 138

第 5 章　高能束加工技术 …………………………… 139
5.1　概述 ……………………………………………… 139
5.2　激光加工 ………………………………………… 139
5.3　电子束加工 ……………………………………… 151
5.4　离子束加工 ……………………………………… 157
5.5　水射流加工技术 ………………………………… 165
思考题 ……………………………………………… 171

第 6 章　超声加工 ………………………………… 172
6.1　超声加工的基本原理和特点 …………………… 172
6.2　超声加工设备 …………………………………… 174
6.3　超声加工的基本工艺规律 ……………………… 177
6.4　超声加工的应用 ………………………………… 179
思考题 ……………………………………………… 181

第 7 章　快速成型技术 …………………………… 182
7.1　概述 ……………………………………………… 182
7.2　快速成型制造工艺 ……………………………… 184
7.3　快速模具制造工艺 ……………………………… 192
7.4　快速成型制造技术的应用 ……………………… 197
思考题 ……………………………………………… 202

参考文献 …………………………………………… 203

第1章 绪论

1.1 特种加工在现代制造工业中的作用和发展趋势

特种加工技术(non-traditional machining,NTM)的发展可追溯到20世纪40年代初。1943年,苏联科学家拉扎连柯夫妇研究了电器开关在闭合与断开时经常发生电火花烧蚀现象,能否变有害作用为可用的加工方法呢？考虑到金属在电火花放电的高温中可被瞬间熔化腐蚀,从而进行了电火花放电加工金属材料的研究,经过反复的试验研究,终于发明了电火花加工技术,并发表了世界第一篇关于电火花放电加工的学术论文。电火花加工是工具和工件的非接触加工,可使用软的工具加工高硬度、高强度的工件材料,是一种不靠机械切削力来去除材料的加工方法。

20世纪50年代以来,在新技术革命浪潮推动下,生产和科学技术的发展非常迅速,许多工业部门特别是国防工业部门,高技术产品要求精度越来越高、形状越来越复杂、对材料的要求越来越高,向着高温、高压、大功率和小型化方向发展。这样就出现大量的具有高熔点、高强度、高硬度、高脆性等特殊性能的材料。为了满足高技术产品的高性能要求,零件的结构形状更复杂,对精度、表面粗糙度和表面质量的要求更加的高,特别是对表面完整性提出了更加严格的要求。现代高性能的飞机和航空发动机上大量采用了钛合金、复合材料、粉末冶金和定向凝固高温合金材料。在高性能的战斗机上钛合金用量反映出飞机的性能,一般使用钛合金越多飞机性能越好,如F-22战斗机钛合金用量已经创纪录地达到36%。航空发动机的热端部件将持续发展高温、高强度、高韧性的合金。因此,新材料和新结构的大量采用使得现代化工业装备的可加工性和可生产性成为亟待解决的问题,对制造技术提出更高的要求。许多新型材料和新型结构采用常规加工方法是难以加工甚至是根本无法加工的。为此必须使用新的工艺方法来解决:

①难加工材料的加工问题(如钛合金、耐热合金、金刚石、宝石等)。

②特殊复杂型面的加工问题(如涡轮叶片、锻压注塑模具成型面、炮管内膛线、喷丝板等)。

③高精密表面的加工(微米级、纳米级精度的航空陀螺仪、伺服阀等)。

④特殊要求零件的加工(如壁厚不超过0.1 mm薄壁和弹性零件,高精度低刚度细长轴等)。

20世纪50年代以来国内外工业界通过各种渠道,依靠不同的能量形式,探寻不同的加工途径,相继采用了多种与传统加工方法截然不同的新型的特种加工方法,如电火花加工、电解加工、化学加工、超声波加工以及激光、电子束、离子束等高能束加工等。目前,以数控精密电加工技术和高能束流为能源的特种加工技术已成为许多精密工业产品制造技术中不可缺少的加工方法。在难加工材料、复杂型面、精密表面、低刚度零件及模具加工等领域起着重要的作用。

20世纪50年代后期我国先后研制了电火花穿孔机床和线切割机床。一些先进工业国,如瑞士、日本也加入电火花加工技术研究行列,使电火花加工工艺在世界范围取得巨大的发展,应用范围日益广泛。我国电火花成型机床经历了电液伺服主轴头,力矩电机或步进电机主轴头,直流伺服电机主轴头,交流伺服电机主轴头,到直线电机主轴头的发展历程;控制系统也由单轴简易数控逐步发展到双轴、三轴联动乃至更多轴的联动控制;脉冲电源也以最初的RC弛张式电源和脉冲发电机,逐步推出电子管电源,闸流管电源,晶体管电源,晶闸管电源及RC,RLC电源复合的脉冲电源。成型机床的机械部分也以滑动导轨、滑动丝杠副逐步发展为滑动贴塑导轨、滚珠导轨、直线滚动导轨及滚珠丝杠副,机床的机械精度达到了微米级,最佳加工表面粗糙度 R_a 已由最初的3.2 μm提高到目前的0.1 μm以下,从而使电火花成型加工步入镜面、精密加工技术领域,与国际先进水平的差距逐步缩小。

线切割加工机床的控制也经历了靠模仿形、光电跟踪、简易数控等发展阶段,特别是我国发明了世界独创的快速走丝线切割技术后,出现了众多形式的数控线切割机床,线切割加工技术突飞猛进,为我国国民经济,特别是模具工业的发展作出了巨大的贡献。随着精密模具需求的增加,对线切割加工的精度要求越来越高,快速走丝线切割机床目前的结构与其配置已无法满足生产的精密要求,为了提高加工精度已经研发出了中走丝线切割机床,在大量引进国外慢走丝精密线切割机床的同时,国产慢走丝机床的研制工作也同步进行,至今已有多种国产慢走丝线切割机床问世。我国的线切割加工技术的发展要高于电火花成型加工技术,大厚度(>300 mm)及超大厚度(>600 mm)线切割机床使大型模具与工件的线切割加工得以实现,拓宽了线切割工艺的应用范围。由于各种直接用能量(声、光、电等)的加工设备不断问世,“电加工”这一概念已不能覆盖这一新工艺领域的诸多方面,于是采用“特种加工”替代“电加工”。特种加工领域除了传统的电火花成型加工、电火花线切割加工、电解加工外,还包括电铸加工、激光加工(激光焊接、打孔、快速成型等)、电子束加工、离子束加工、超声波加工(清洗、打孔等)以及一些工艺技术的复合加工等诸多方面。

特种加工技术的发展趋势:随着现代航空和模具技术的发展,特种加工技术起着越来越重要的作用,已经成为现代工业的关键制造技术,工业发达国家各个工业部门都高度重视先进特种加工技术的发展。20世纪70年代以后,先进特种加工技术有了长足的进步,到了80年代已经成为制造业中难加工材料和复杂结构稳定的高质量加工方法。目前为了加速国防、航空航天和电子等高新技术工业的发展,对特种加工技术的技术水平、经济性和自动化程度提出了更高的要求,从而促进特种加工技术的发展。

特种加工技术的总体发展趋势：

①广泛采用自动化技术，实现计算机数控化。开发应用自适应控制和加工过程最佳化技术，实现无人化加工，提高加工效率和加工精度。充分利用计算机数控技术对特种加工设备的控制系统、电源系统进行优化，进而建立特种加工的CAD/CAM和FMS系统，这是当前特种加工技术的主要发展趋势。

②特种加工技术不仅可采取单独的加工方法，更可采用复合加工的方法。近年来复合加工的方法发展迅速，应用十分广泛。新型结构材料和高精密复杂结构的大量采用，使传统的结构工艺性面临挑战，但单一的特种加工方法难以达到高精度、高质量、高效率和低成本综合技术与经济指标要求，因而进一步加速开发和应用新型特种加工技术和由多种能源组成的复合工艺。目前由两种能源复合的特种加工技术，如电解电火花复合加工、电火花机械复合加工、机械超声波复合加工等复合工艺已成为国内外工业和机械工业着力发展的特种加工技术。由于复合工艺可扬长避短，经济高效，可取得明显的技术经济效果，因此受到先进工业国家的工业部门的普遍关注。

③大力开展精密化研究。随着高新技术的发展，对零件的精度要求更高，超精密加工技术的发展，正从亚微米级向毫微米（10^{-9} m）和纳米级（10^{-15} m）发展。为适应这一发展趋势的需要，以高能束流加工技术为代表的先进特种加工技术的精密化研究引起工业界的高度重视。因此，大力发展超精加工的特种加工技术是今后相当长的时期内的重要发展方向。

1.2 特种加工的特点和类型

特种加工技术和传统的机械切削加工有着本质的不同，机械切削是靠机械能通过硬度高的刀具切除较软的工件上多余的材料，而特种加工是直接利用电能、热能、声能、光能、电化学能、化学能及特殊机械能等多种能量或其复合能量，以实现材料切除的加工方法，且工具的硬度可比工件的硬度低。特种加工的类型有电火花加工（电火花成型加工、电火花线切割加工）、电化学加工（电解加工、电铸加工、涂镀加工）、高能束流加工（激光束加工、电子束加工、离子束加工、高压水射流加工）、超声波加工及多能源复合加工。

特种加工的特点如下：

①特种加工主要靠电、化学、光、声、热等能量去除材料，而不只是靠传统的机械能。

②工具硬度可低于工件硬度，因工具与工件不直接接触，加工时无明显的机械作用力，特别适合于精密加工低刚度零件，加工脆性和高硬度材料时工具硬度可低于被加工材料的硬度，有些情况下，如在激光加工、电子束加工、离子束加工等加工过程中根本不需要使用任何工具。

③以简单的进给运动可加工复杂型面，许多特种加工技术只需简单运动即可加工出三维复杂型面。

④不受材料硬度限制，因特种加工技术的瞬时能量密度高，可直接有效地利用各种能量，造成瞬时或局部熔化，同时以强力、高速爆炸、冲击去除材料，其加工性能与工件材料的强度和硬度无关，故可加工各种超硬超强材料、高脆性和热敏材料以及特殊的金属和非金属材料。

⑤可获得良好的表面质量,特种加工过程中,没有明显的机械切削力,工具表面不产生强烈的弹、塑性变形,故有些特种加工方法可获得良好的表面质量和表面粗糙度,并且残余应力、冷作硬化、热影响区及毛刺等表面缺陷均比机械切削小。

表 1.1　特种加工方法种类和比较

特种加工种类	特种加工方法	精度/(μm)	表面粗糙度 R_a/(μm)	应用实例
电火花加工	电火花成型加工	50~1	2.5~0.02	各种金属型腔模、异形孔、深孔、螺纹
	电火花线切割加工	20~3	2.5~0.16	金属冲模、样板切割、成型刀具、模具卸料板
电化学加工	电解加工	100~3	1.25~0.06	金属型腔模具、型孔、涡轮叶片、异形孔、炮管膛线、钛合金型面
	电铸加工	1	0.02~0.012	金属成型精密零件、唱片模、票证印刷版、光碟模
	涂镀加工	500~1	1.25~0.1	金属成型零件的修复、局部填补、镀层
化学加工	化学刻蚀	0.1	2.5~0.2	金属、非金属和半导体刻线、刻图
	化学铣削	20~10	2.5~2	金属下料和成型加工
高能束流加工	激光加工	10~1	6.3~0.12	各种材料打孔、焊接、切割热处理、熔覆
	电子束加工	10~1	6.3~0.12	各种材料微孔、窄缝、焊接、刻蚀
	离子束加工	0.1~0.01	0.1~0.01	各种材料刻蚀、注入
	高压水射流加工	20~10	20~5	各种材料下料、切割
超声加工	超声打孔、成型、切割	30~5	6.3~0.16	玻璃、石英、宝石等各种脆性材料的切割、型腔、型孔
快速成型加工	快速固化、烧结、分层叠加、堆积	30~10	10~2.5	快速制造样件、模具
复合加工	精密电解磨削、研磨和抛光	20~0.1	0.08~0.008	金属孔、外圆、平面
	精密超声车削、磨削和研磨	5~0.1	0.1~0.008	难加工材料的孔、外圆、平面
	机械化学研磨、抛光和化学机械抛光	0.1~0.001	0.01~0.008	各种材料的孔、外圆、平面、型面

由于特种加工具有上述特点,与传统机械切削加工相比,特种加工技术可加工任何硬度、强度、韧性、脆性的金属、非金属材料或复合材料,而且特别适合于加工复杂、微细表面和低刚

度的零件，同时，有些方法还可用于进行超精密加工、镜面加工、光整加工以及纳米级（原子级）的加工。

1.3 特种加工对被加工材料、结构和加工工艺的影响

虽然目前特种加工的应用还没有传统机械加工那样广泛，但随着高新技术的不断发展，它的应用也越来越普及，并引起了机械制造领域内的许多变化。例如，对材料的可加工性的影响，对工艺路线安排的影响，对新产品试制过程的影响，对产品零件结构设计和零件结构工艺性好坏的标准影响，等等，这些都会对产品设计、材料选用、新产品开发及加工工艺过程等产生许多变革。具体主要有以下5个方面：

(1)提高了难加工材料的可加工性

一般情况下认为淬火钢、不锈钢、钛合金、硬质合金、金刚石、石英、玻璃及陶瓷等是难加工的材料。但现已广泛使用的金刚石、聚晶金刚石、聚晶立方氮化硼等制造的刀具、工具、拉丝模和航空航天工业大量使用的钛合金、高温合金等，都可采用电火花、电解、激光等多种方法来加工。工件材料的可加工性不再与其硬度、强度、韧性、脆性等有直接的关系。对于电火花、线切割等加工技术而言，淬火钢比未淬火钢更容易加工，这不但扩大了材料的使用和加工范围，也对今后推动新材料的研发和应用具有重要意义。

(2)零件的典型工艺路线被改变

在传统的加工过程中，淬火热处理工序后工件硬度高只能安排磨削加工，而其他的切削加工、成型加工等都必须安排在淬火之前，这是作为机械工艺人员应遵循的工艺准则。但特种加工技术改变了这种一成不变的工艺安排程序。由于特种加工不受工件材料硬度的影响，可淬火后再进行成型加工，避免加工后再淬火热处理引起的工件加工面的变形。电火花成型加工、电火花线切割加工、电解加工等一般都必须先进行淬火处理后再加工，这就是特种加工和传统加工的工艺安排的不同。特种加工的出现还对以往工序的“分散”和“集中”产生影响。以加工齿轮、连杆等型腔锻模为例，由于特种加工过程中没有显著的机械作用力，机床、夹具、工具的强度、刚度不是主要矛盾，即使是较大的、复杂的加工表面，往往使用一个复杂工具、简单的运动轨迹，经过一次安装、一道工序加工出来，工序比较集中。

(3)缩短新产品试制周期

试制新产品时，采用特种加工技术特别是快速成型技术可直接加工出各种标准和非标准直齿轮，微型电动机定子、转子硅钢片，各种变压器铁芯，各种特殊、复杂的二次曲面体零件，没有必要再去设计和制造相应的刀具、夹具、量具及辅具等二次工具，这样会大大缩短新产品的试制周期，对新产品的快速开发和应用有很大的促进作用。

(4)对产品零件的结构设计带来变化

为了减少应力集中，花键孔、轴以及枪炮膛线的齿根部分最好做成小圆角，但拉削加工时刀齿做成圆角对排屑不利，容易磨损，刀齿只能设计与制造成清棱清角的齿根。而采用电解加工技术时，由于存在尖角变圆的现象，非采用小圆角的齿根不可。各种复杂冲模，如山形硅钢片冲模，整体模具制造加工困难，经常采用镶拼式结构的镶拼模，现在采用电火花、线切割加工技术后，可制成整体式结构，大大提高了模具的强度和刚度。喷气发动机涡轮也由于电

解加工技术的出现,可采用整体式结构,这对发动机的寿命和使用性能都有很大的提高。

(5)对传统的结构工艺性的衡量标准产生重要影响

根据传统结构工艺性的标准,一般认为方孔、异形孔、小深孔、弯孔、窄缝等加工困难,是工艺性差的典型。在机械结构设计中,非常"忌讳"这样一些"结构工艺性"差的结构,有的甚至是机械结构的"禁区"。对于电火花穿孔加工、电火花线切割等特种加工来说,加工异形孔和加工圆孔的难易程度是一样的,因此,"结构工艺性"的好坏会因特种加工而发生改变。一些其他的难加工的结构,如喷丝头异形小孔或窄缝、涡轮叶片上大量的小冷却深孔,静压轴承和静压导轨的内油囊型腔、炮管中的膛线、精密栅网等,采用特种加工技术以后都变难为易了。过去淬火处理以前忘了钻定位销孔、铣槽等工艺,淬火处理后这种工件只能报废,现在则可用电火花打孔、切槽等进行补救。相反,现在有时为了避免淬火处理产生开裂、变形等缺陷,故意将钻孔、开槽等工艺安排在淬火处理之后,使工艺路线安排更为灵活。总之,有了特种加工,原来"结构工艺性"好或坏的衡量标准发生了变化,作为一个现代机械工程技术人员熟悉和了解各种特种加工的工艺方法是很有必要的。

思考题

1.1 特种加工技术是在什么历史背景下不断发展的?它对现代机械制造业的作用是什么?

1.2 特种加工和传统机械切削加工相比较有哪些特点?它对机械制造领域带来了哪些变化?

1.3 请举例说明传统的结构工艺性差的结构实例,为什么对特种加工而言这些结构的加工并不困难?

1.4 特种加工是怎样改变传统加工工艺过程的?为什么会作这样的改变?

第2章 电火花成型加工

电火花加工又称放电加工(Electrical Discharge Machining, EDM),它是利用电、热能量加工的方法,在20世纪40年代开始起步并逐步应用在机加工业特别是在模具加工业中得到大量应用。电火花加工在加工过程中,使工具和工件之间不断产生脉冲性的火花放电,靠放电时局部、瞬时产生的高温将金属蚀除下来。电火花成型加工(Sinker EDM)就是利用电火花加工原理反复使工件表面不断被蚀除,在工件上复制出工具电极的形状,从而达到成型加工的目的。因放电过程中可见到火花,故在我国和苏联称之为电火花加工,现俄罗斯称为电蚀加工,日本、英国、美国称为放电加工。

2.1 电火花成型加工的基本原理和特点

利用电火花加工时,两极间脉冲放电过程中伴随着发生的各种现象,可进行不同的加工。例如,利用导电材料(特别是金属材料)在液体介质中放电时的电腐蚀现象对材料进行尺寸加工;利用导电材料在介质中放电时材料表面层的变化对材料进行表面强化;利用导电材料放电时的热爆炸作用对非金属材料进行加工等。其基本加工原理基本相同,但各自也有差别。这里主要介绍金属电火花加工的基本原理。

2.1.1 电火花成型加工必备条件和原理

早在19世纪初人们就发现了电腐蚀现象,当插头或电器开关触点在闭合或断开时,会出现明亮的蓝白色的火花,把接触表面烧毛、腐蚀成粗糙不平的凹坑,从而逐渐损坏。人们在研究如何延长电器触头使用寿命过程的同时,开始研究利用电腐蚀现象对金属材料进行尺寸加工。苏联学者拉扎连柯夫妇在研究电腐蚀的基础上,首次将电腐蚀原理运用在生产制造领域。

电火花加工的原理是基于工具和工件(正、负电极)之间脉冲性火花放电时的电腐蚀现象来蚀除多余的金属,以达到对零件的尺寸、形状及表面质量预定的加工要求。实践经验表明,由于电器触点电腐蚀后的形貌是随机的,没有确定的尺寸和公差,要使电腐蚀原理用于尺寸加工，必须创造以下加工条件：

①必须使工具电极和工件电极之间始终保持一定的放电间隙，这一间隙随加工条件而定（通常为0.02～0.1 mm）。因为电火花的产生是由于电极间的介质被击穿，如果间隙过大，极间电压不能击穿极间工作液介质而不会产点火花放电；如果间隙过小，很容易形成短路接触，同样也不能产生火花放电。因此，在电火花加工过程中要求工具电极能自动进给和调节，采用自动进给装置而不能采用手动进给，一旦短路须迅速快退，无法手动实现。

②必须有脉冲电源，产生瞬时的脉冲性放电，如图2.1所示为脉冲电源空载电压波形，一般脉冲宽度 t_i 为1～1 000 μs，脉冲间隔 t_0 为20～100 μs，t_p 为脉冲周期，$\hat{u}_i$ 为脉冲峰值电压或空载电压（一般80～100 V），这样可避免放电局域产生的热量传扩到其余部分，也可避免因短路造成烧伤，否则，像持续电弧放电使工件表面烧伤而无法用作精密的尺寸加工。因此，电火花加工必须采用脉冲电源。

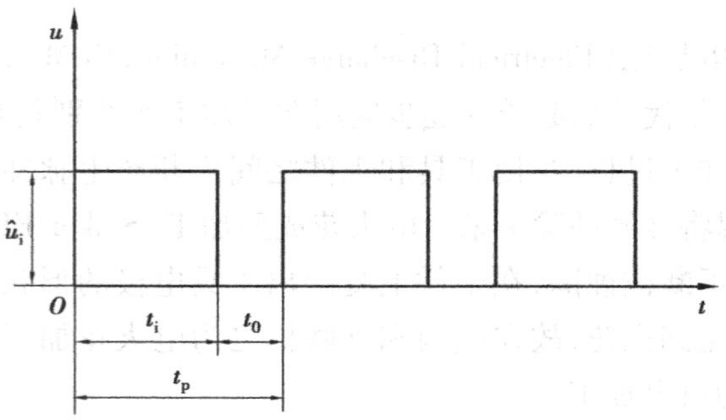

图2.1　脉冲电源峰值电压（空载电压）波形

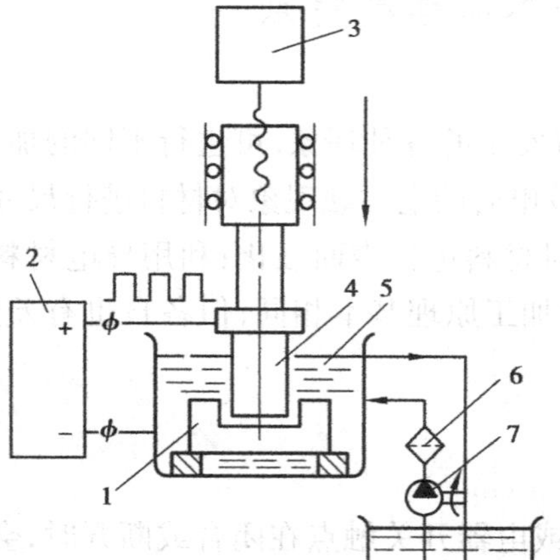

图2.2　电火花加工原理示意图
1—工件；2—脉冲电源；
3—自动进给调节装置；4—工具；
5—工作液；6—过滤器；7—工作液泵

③火花放电必须在有一定绝缘性能的液体介质中进行，液体介质又称为工作液，常用的工作液有煤油、皂化液和去离子水等。要求绝缘强度较高（电阻率为 10^3～10^7 Ω·cm），以有利于产生脉冲性的火花放电。同时工作液还能把电火花加工过程中产生的金属小屑、炭黑等电蚀产物从放电间隙中悬浮排除出去，并且对电极和工件表面有较好的冷却作用。

要同时具备以上3个条件，则需要有一个完整的工艺系统保证，才能将有害的火花放电转化为有用的加工技术。如图2.2所示为电火花加工原理示意图，工件1与工具4分别与脉冲电源2的负、正极两输出端相连接。自动进给调节装置3使工具和工件间始终保持一定的放电间隙。当脉冲电压加到两极上时，由于电极表面（微观）是凹凸不平的，某一相对间隙最小处或绝缘强度最弱处击穿液体介质，形成放电通道，电流随即剧增，在该局部产生火花放电，瞬时高温使工具和工件表面都蚀除掉一小部分金属，单个脉冲经过上述过程，完成一次脉冲放电，在各自形成一个小凹坑。如图2.3(a)所示为单个脉冲放电后的电蚀坑。脉冲放电结束后，经过一段间隔时间(脉冲间隔 t_0)，使工作液恢复绝缘后，第二个脉冲电压又加到两极上，又会在此时电极间距离相对最近或绝缘强度最弱处击穿放电，又电蚀除一个小凹坑，如图2.3(b)所示为多次脉冲放电后的电极表面。这样以相当高的频率连续不断地重复放电，工具电极不断地向工件进给，就可将工具的形状复制在工件上，加工出所需要的零件，整个加工表面将由无数个小凹坑所组成。

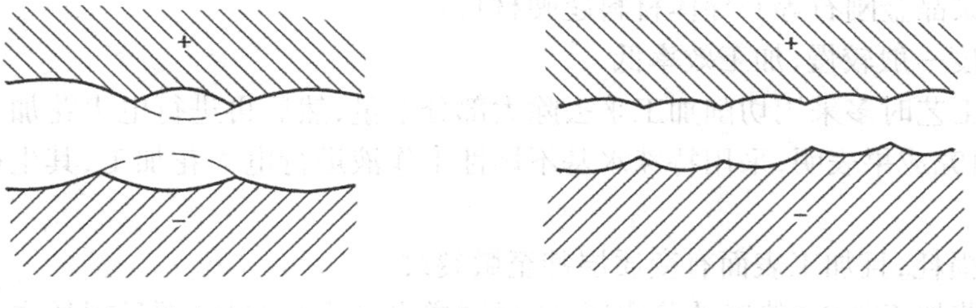

图2.3　电火花加工表面局部放大图

2.1.2　电火花成型加工特点

电火花成型加工是将工具电极的形状复制到工件上的仿形加工方法。它与传统靠机械能量产生切削力去除金属的传统切削加工不同，而是利用电能和热能来去除金属。它主要运用于加工各类型的型腔模及各种复杂的型腔零件的型腔加工和加工各种冲模、挤压模、粉末冶金模及各种小孔、深孔、异形孔、曲线孔等的穿孔加工。相对传统的机械加工，电火花成型加工具有以下特点：

(1)主要优点

1)"以柔克刚"，适合于难切削材料的加工

由于加工中材料的去除是靠放电时的电热作用实现的，则材料的可加工性主要取决于材料的导电性及其热学特性，如熔点、沸点、比热容、热导率、电阻率等，而几乎与其硬度、强度等力学性能无关。因此能用"软"的工具电极加工"硬"的工件，如可用石墨、紫铜电极加工硬质合金、淬火钢，甚至聚晶金刚石、立方氮化硼等超硬材料。

2)"精密微细，仿形逼真"，可加工特殊及复杂形状的零件

由于加工中工具电极和工件不直接接触，无宏观切削力，因此适宜加工低刚度及微细加工。由于可简单地将工具电极的形状复制到工件上，因此特别适用于复杂表面形状工件的加工，如复杂型腔模具加工等。

3)可实现加工过程自动化

由于电火花成型加工直接利用电能加工，较机械量而言，加工过程的电参数易于实现数字化、智能化控制和自适应控制等，可在设置好的加工参数后进行粗加工、半精加工、精加工的工序。

4)可改进结构设计，改善结构的工艺性

采用电火花加工后可将拼镶、焊接结构改为整体结构，既大大提高了工件的可靠性，又大

大减少了工件的体积和质量，还可缩短模具加工周期。

5）可改变零件的工艺路线

由于电火花加工不受材料硬度影响，因此可在淬火后进行加工，这样可避免淬火过程中产生的热处理变形，如在压铸模或锻压模制造中，可将模具淬火到大于56HRC的硬度。

（2）主要局限性

1）主要用于加工金属等导电材料

不同于传统的切削加工那样可加工塑料、陶瓷等绝缘导电材料。但在一定条件下，也可加工半导体和聚晶金刚石等非导体材料超硬材料。

2）加工速度一般较慢，加工效率低

通常安排工艺时多采用切削加工来去除大部分余量，然后再进行电火花加工以求提高生产率，但已有研究成果表明，采用特殊水基不燃性工作液进行电火花加工，其生产率甚至高于切削加工。

3）有电极损耗，且加工表面有变质层甚至微裂纹

由于电火花加工靠电、热来蚀除金属，电极同样也会遭受损耗，而且损耗主要集中在尖角或底面，影响加工成型精度和工件表面的质量。但最近的机床产品在粗加工时已能将电极相对损耗比降至1%，甚至更小。

4）最小角部半径有限制

一般电火花加工能得到的最小角部半径略大于加工放电间隙（通常为0.02～0.30 mm），若电极有损耗或采用平动头加工，则角部半径还要增大。但近年来的多轴数控电火花加工机床，采用X，Y，Z轴数控摇动加工，可棱角分明地加工出方孔、窄槽的侧壁和底面。

2.2　电火花加工的微观机理分析

电火花加工的微观机理分析了电火花放电时，电极表面的金属材料怎样被蚀除的微观物理过程。从大量实验资料来看，每次电火花腐蚀的微观过程都是电场力、磁力、热力、流体动力、电化学和胶体化学等综合作用的过程。这一过程大致可分为4个连续阶段：

①极间介质的击穿与放电。

②介质分解、电极材料熔化、汽化热膨胀。

③电极材料的抛出。

④极间介质的消电离。

2.2.1　极间介质的击穿与放电

矩形波脉冲放电时极间放电电压和电流波形如图2.4（a）、（b）所示，0～1段为电压上升阶段，1～2段为击穿延时，2～3段为电压下降、电流上升阶段；3～4段为火花维持电压和维持电流阶段，4～5段为电压、电流下降段。当80～100 V的脉冲电压施加于工具电极与工件之间时，如图2.4中0～1段和1～2段，两级之间立即形成一个电场。电场强度与电压成正比，与距离成反比，即随着极间电压的升高或极间距离的减小，极间电场强度也随着增大。由于工具电极和工件的微观表面是凸凹不平的，且极间距离很小，因而电场强度是很不均匀的，一

般来说，两级间离得最近的突出点或尖端处的电场强度最大。

电火花成型加工一般在液体介质中进行，液体介质里不可避免地含金属微粒、碳粒子、胶体粒子等某种杂质，同时伴有一些自由电子，使介质呈现一定的电导率。在电场作用下，这些杂质将使极间电场更不均匀，当负极表面某处的电场强度增加到 10^5 V/mm 左右时，就会产生场致电子发射，由负极表面向正极逸出电子，电子高速向正极运动，并撞击液体介质中的分子或中性原子，产生碰撞电离，把最外层轨道上的负电子撞离出去，形成带负电的粒子（主要指电子）和带正电的粒子，导致带电粒子雪崩式增多，使介质击穿而电阻率迅速降低，形成放电通道。这种由于电场强度增高引起电子发射形成的间隙击穿称为场致发射击穿。但由于表面温度高，局部过热而引起大量电子发射形成的另外一种间隙击穿称为热击穿。如果电极表面冷却不好，热击穿过多，易引起放电点集中而不分散，导致积炭而转为电弧放电。

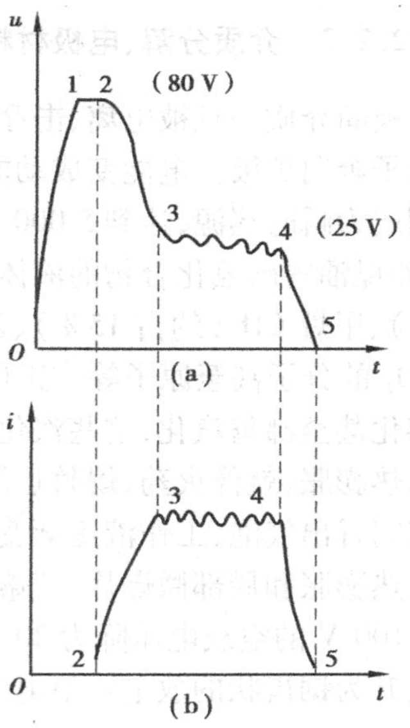

图2.4 矩形波脉冲放电时极间放电电压和电流波形
(a)电压波形 (b)电流波形

从雪崩电离开始到建立放电通道的过程非常迅速，一般只需0.01～0.1 μs，间隙电阻从绝缘状态迅速降低到几分之一欧姆，间隙电流迅速上升到最大值（几安到几百安）。由于通道直径很小，故通道中的电流密度可高达 10^3～10^4 A/mm^2。间隙电压则由击穿电压迅速下降到火花维持电压（一般为20～30 V，见图2.4(a)中2～3段），电流则由零上升到某一峰值电流（见图2.4(b)中2～3段）。

放电通道是由大量大体相等的正电（正离子）和带负电粒子（电子）以及中性粒子（原子或分子）组成的等离子体。带电粒子高速运动且相互碰撞，产生大量的热，使通道温度相当高，但分布不均匀，从通道中心向边缘逐渐降低，通道中心温度可高达10 000 ℃以上。由于电子流动产生磁场，磁场反过来对电子流产生向心的磁压缩效应，同时，电子流动又受到液体介质惯性动力压缩效应的作用，则使通道瞬间扩展受到很大阻力，故放电开始阶段通道截面积很小，但通道内由高温热膨胀形成的初始压力可达数十兆帕。高温高压的放电通道以及随后瞬时金属汽化形成的气体（以后发展成气泡）急速扩展，产生一个强烈的冲击波向四周传播。在放电过程中，同时还伴随着一系列的派生现象，其中有热效应、电磁效应、光效应、声效应及频率范围很宽的电磁辐射和爆炸冲击波等。

关于通道的结构，一般认为是单通道，即在一次放电时间内只存在一个放电通道；少数人认为可能有多通道，即在一次放电时间内可能同时存在几个放电通道，理由是单次脉冲放电后电极表面有时会出现几个电蚀坑。近期实验表明，单个脉冲放电时有可能出现多次击穿，即一个脉冲周期内间隙击穿后，有时产生短路或开路，接着又产生击穿放电。另外，也出现通道受某些随机因素的影响而产生游动，因而在单个脉冲周期内先后会出现多个（或形状不规则）电蚀坑，但同一时间内只存在一个放电通道，因为形成放电通道后，间隙电压降至20～30 V，不可能有足够的电场强度，同时再形成第二个放电通道。

2.2.2 介质分解、电极材料熔化、汽化热膨胀

极间介质一旦被电离、击穿，形成放电通道后，脉冲电源使通道间的电子高速奔向正极，正离子奔向负极。电能变成动能，动能通过碰撞又变为热能。于是在通道内正极和负极表面分别成为瞬时热源，达到5 000 ℃以上的高温。通道高温将液体介质汽化，进而热裂分解汽化，如煤油等碳氢化合物的液体介质，在高温下裂解为氢气 H_2（约占40%）、乙烯 C_2H_2（约占30%）、甲烷 CH_4（约占15%）、乙烯 C_2H_4（约占10%）和游离炭黑等；水基工作液则热分解 H_2，O_2 的分子甚至原子等。正负极表面的高温除使工作液汽化、热分解汽化外，也使金属材料熔化甚至沸腾汽化，这些汽化的工作和金属蒸气，瞬间体积猛增，在放电间隙内成为气泡，迅速热膨胀、就像火药、爆竹点燃后那样具有爆炸的特性。观察电火花加工过程，可看到放电间隙间冒出气泡，工作液逐渐变黑，听到轻微而清脆的爆炸声（见图2.5(b)）。电火花加工主要靠热膨胀和局部微爆炸，使熔化、汽化了的电极材料抛出蚀除（见图2.4中3～4段），此时80～100 V的空载电压降为20～30 V的火花维持电压，由于含有高频成分而呈锯齿状；电流则上升为锯齿状的放电峰值电流。

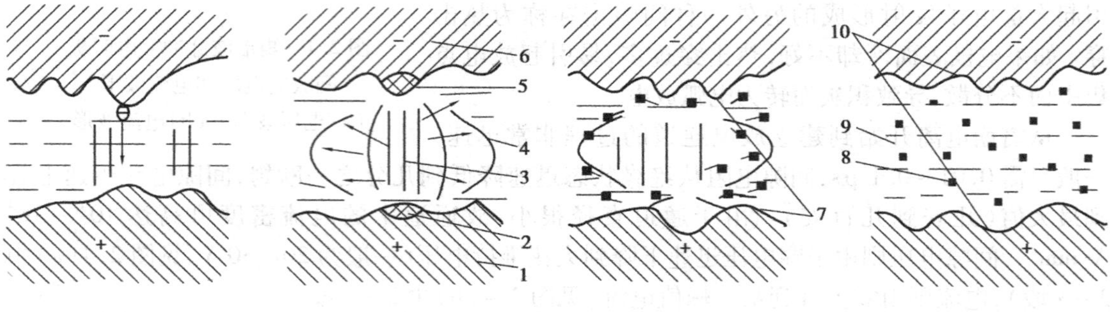

图2.5 放电间隙状况示意图

1—正极；2—从正极上熔化并抛出金属的区域；3—放电通道；4—气泡；
5—在负极上熔化并抛出金属的区域；6—负极；7—翻边凸起；8—在工作液中凝固的微粒；
9—工作液；10—放电形成的凹坑

2.2.3 电极材料的抛出

通道和正负极表面放电点瞬时高温使工作液汽化和金属材料熔化、汽化，热膨胀产生很高的瞬时压力。通道中心的压力最高，使汽化了的气体体积不断向外膨胀，形成一个扩张的“气泡”。气泡上下、内外的瞬时压力并不相等，压力高处的熔融金属流体和蒸气，就被排挤、抛出而进入工作液中。

由于表面张力和内聚力的作用，抛出的材料具有最小的表面积，冷凝时凝聚成细小的圆球颗粒（直径为0.1～300 μm，随脉冲能量而异，见图2.5(c)）。如图2.5(a)、图2.5(b)、图2.5(c)、图2.5(d)所示为放电过程中4个阶段放电间隙状态的示意图。

实际上熔化和汽化的金属在抛离电极表面时，向四处飞溅，除绝大部分抛入工作液中收缩成小颗粒外，还有一小部分飞溅，镀覆、吸附在对面的电极表面上。这种互相飞溅、镀覆以及吸附的现象，在某些条件下可用来减少或补偿工具电极在加工过程中的损耗。

半露在空气中进行电火花加工时,可见到橘红色甚至蓝白色的火花四溅,它们就是被瞬时、局部高压微爆炸抛出的金属高温熔滴和小屑,与砂轮磨削时飞溅出的火花有些类似。观察铜打钢电火花加工后的电极表面时,可看到钢上粘有铜、铜上粘有钢的痕迹。如果进一步分析电加工后的产物,在显微镜下可看到除了游离碳粒、大小不等的铜和钢的球状颗粒之外,还有一些钢包铜、铜包钢的互相飞溅包容颗粒。此外,还有少数由气态金属冷凝成的中心带有空泡的空心球状颗粒产物。

实际上,金属材料的蚀除、抛出过程远比上述讲的复杂。据超高速摄影的图片证实:放电过程中工作液不断汽化,正极受电子撞击,负极受正离子撞击,电极材料不断熔化、汽化、气泡不断扩大。当放电结束后,气泡温度不再升高,但由于液体介质惯性作用使气泡继续扩展,致使气泡内压力急剧降低,甚至降到大气压以下,形成局部真空,使在高压下溶解在熔化和过热材料中的气体析出,材料本身在低压下也在沸腾。由于压力的骤降,使熔融金属材料及其蒸气从小坑中再次爆沸飞溅而被抛出。

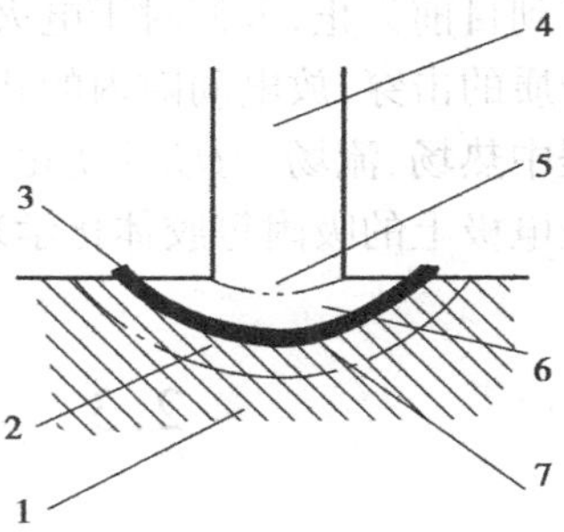

图 2.6　单个脉冲放电痕剖面放大示意图

1—无变化区;2—热影响层;3—翻边凸起;4—放电通道;5—汽化区;6—熔化区;7—熔化凝固层

熔融材料抛出后,在电极表面形成放电痕,如图 2.6 所示。熔化区未被抛出的材料冷凝后残留在电极表面,形成熔化层,在四周形成稍凸起的翻边。熔化层下面是热影响层,再往下才是无变化的材料基体。这一过程发生在图 2.4(a)、图 2.4(b)中 4 ~ 5 段,甚至更后的脉冲间隔时间内。

总之,材料的抛出是热爆炸力、电动力、流体动力等综合作用的结果,对这一复杂的抛出机理的认识还在不断深化中。

由于正极、负极分别受到电子、正离子撞击的能量、热量不同,不同电极材料的熔点、汽化点不同,脉冲宽度、脉冲电流大小不同,因此,正、负电极上被抛出材料的数量也不会相同,这些目前还无法定量计算。但它们对加工速度、电极损耗、表面质量及加工精度等工艺指标有很大的影响。

2.2.4　极间介质的消电离

随着脉冲电压的结束,脉冲电流也迅速降为零,如图 2.4 中 4 ~ 5 段标志着一次脉冲放电结束,使间隙介质消除电离,即放电通道中的正负带电粒子复合为中性粒子,恢复本次放电通道处间隙介质的绝缘强度,以及降低电极表面温度等,以免下次总是重复在同一处电离击穿而导致电弧放电,从而保证在别处按两极相对最近处或电阻率最小处形成下一放电通道。

在放电加工过程中产生的电蚀产物(如金属微粒、碳粒子、气泡等),如果来不及排除、扩散出去,就会改变间隙介质的成分,并降低绝缘强度。脉冲火花放电时产生的热量不及时传出,带电粒子的自由能不易降低,将大大减少复合的几率,使消电离过程不充分,结果将使下一个脉冲放电通道始终集中在某一部位,使介质和金属表面局部过热而破坏消电离过程。这样脉冲火花放电将恶性循环,转变为有害的稳定的电弧放电。同时工作液局部高温分解后可能结炭,在该处聚成焦粒而在两极间搭桥,使加工无法进行下去,并烧伤电极和工件。

由此可知,为保证电火花加工过程正常,在两次脉冲放电之间一般要有足够的脉冲间隔时间。对于脉冲间隔时间的选择不仅要考虑介质本身消电离所需要的时间(一般只需 5 ~ 50 s,与脉冲能量有关),同时还要考虑电蚀产物排离放电区域的难易程度(与脉冲爆炸力大小、放电间隙大小、抬刀及加工面积有关)。此外还应留有余量,使击穿、放电点分散、转移,否则若在一点附近放电,易形成电弧。

到目前为止,人们对于电火花加工的微过程的了解还是很不够,诸如工作液成分作用,间隙介质的击穿,放电间隙内的状况,正负电极间能量的转换与分配,材料的抛出,电火花加工过程中热场、流场、力场的变化,通道结构及其振荡,以及工作液的热分解、裂变、带电碳微粒在正电极上的吸附等胶体化学现象等,都还需要进一步研究。

2.3　电火花成型加工用的脉冲电源

电火花成型加工的脉冲电源的作用是把 220 V 或 380 V 的 50 Hz 的工频正弦交流电转换成频率较高的单向脉冲电流,向工件和工具电极间的加工间隙提供所需要的放电能量以蚀除金属。同时提供可供选择的放电参数:电流(平均或峰值)、电压(平均或峰值,不同的波形)、脉宽、脉间,因为选择不同的参数直接影响电火花的加工速度、表面粗糙度、电极损耗、加工精度等各项工艺指标。

2.3.1　对脉冲电源的要求

为了满足电火花成型加工的需要,对脉冲电源要求如下:

①要有较高的加工速度,故要求有一定的单个脉冲放电能量(脉宽 × 峰值电流),保证能对工件材料进行放电蚀除。

②工具电极损耗低,故要求所产生的脉冲应该是单向的,没有负半波或负半波很小,以便充分利用极性效应,提高加工速度和降低工具电极损耗。

③加工过程稳定性好,故要求脉冲电压波形的前后沿应该较陡,这样才能减少电极间隙的变化及油污程度等对脉冲电宽度和能量等参数的影响,抗干扰能力强、不易产生电弧放电,使工艺过程较稳定,因此一般采用矩形波脉冲电源。

④工艺范围广,故要求脉冲的主要参数(峰值电流、脉冲宽度、脉冲间隔等)有较宽的调节范围,以满足粗、中、精加工的要求,同时要适应不同工件材料的加工,以及采用不同工具电极材料进行加工。近年来,出现了可调节各种脉冲波形的电源以适应不同加工工件材料和不同工具电极材料。

⑤工作性能稳定可靠、成本低、长寿命、低能耗,操作、检测和维修方便。

2.3.2　脉冲电源的类型

(1)脉冲电源总的分类

电火花成型加工用的脉冲电源按其作用原理和有用的主要元件、脉冲波形等可分为多种类型(见表 2.1),根据生产需要来选用。

表2.1　电火花成型加工用脉冲电源的分类

按主要元件种类	RC线路(弛张式),晶体管式,大功率集成器件式
按间隙状态对脉冲参数的影响	非独立式、独立式、可控(半独立)式
按输出脉冲波形	矩形波,高低压复合脉冲波形,阶梯波等
按工作回路数目	单回路脉冲电源,多回路脉冲电源

(2)脉冲电源的发展概况

①普及型(经济型)的电火花加工机床一般都采用高低压复合的晶体管脉冲电源。

②中、高档电火花加工机床都采用计算机数字化控制的脉冲电源,而且内部存有电火花加工规准的数据库,可以通过微机设置和调用各挡粗、中、精加工规准参数。

③电火花加工机床的发展方向微细化、高精度化、高效率化。随着电力电子技术、计算机控制技术的成熟以及现代控制理论的不断丰富,传统的电火花加工脉冲电源已经无法满足要求,由此出现了节能型脉冲电源、无电解脉冲电源、微能脉冲电源、智能化脉冲电源、纳秒级大峰值电流脉冲电源以及各种专用辅助脉冲电源等。

在国外,瑞士阿奇公司开发的HSS型脉冲电源,日本沙迪克公司开发的无电阻节能型数控脉冲电源,都是高效低损耗节能电源。在我国,台湾科研人员于2000年申请了慢走丝线切割节能电源专利,它可将存储在电感中的电能释放到引燃回路和加工回路中,可显著地节约电能。

(3)RC线路脉冲电源(弛张式)

RC线路脉冲电源是最早使用的电源,也是一种最简单、最基本的一种电路。它是利用电容器充电储存电能,而后瞬时释放,形成火花放电来蚀除金属。因为电容器时而放电,时而充电,一张一弛,故又称为“弛张式”脉冲电源。

RC脉冲电源工作原理图如图2.7所示,它由两个回路组成:一个是充电回路,由直流电源E、充电电阻R(可调节充电速度,同时限流以防电流过大及转变为电弧放电,故又称为限流电阻)和电容器C(储能元件)所组成;另一个是放电回路,由电容器C、工具电极和工件及其间的放电间隙所组成。

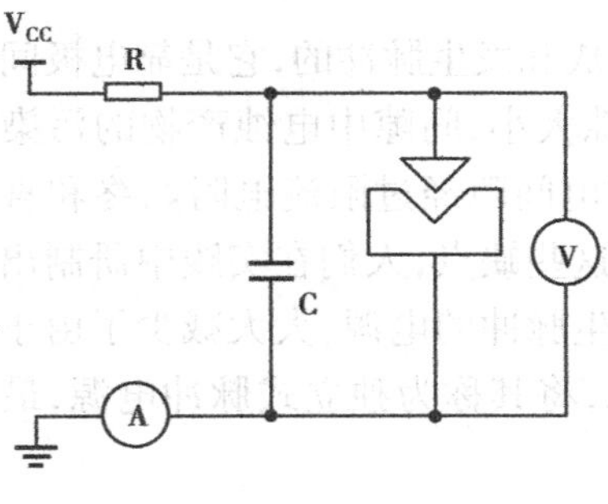

图2.7　RC线路脉冲电源

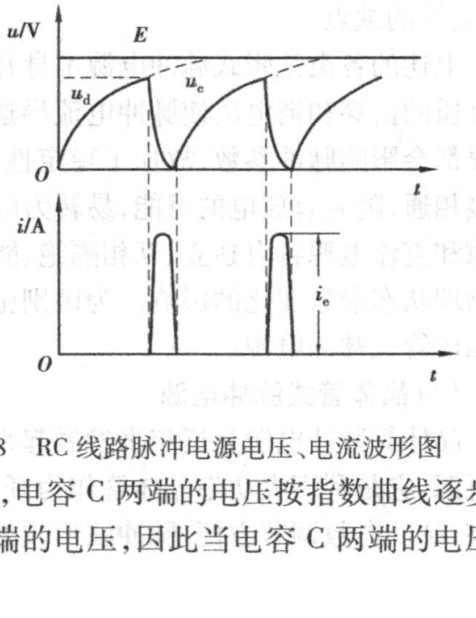

图2.8　RC线路脉冲电源电压、电流波形图

当直流电源接通后,电源经电阻R向电容C充电,电容C两端的电压按指数曲线逐步上升,因为电容两端的电压就是工具电极和工件间隙两端的电压,因此当电容C两端的电压上

升到等于工具电极和工件间隙的击穿电压 u_d，如图 2.8 所示，间隙就被击穿，电阻变得很小，电容器上存储的能量瞬时放出，形成较大的脉冲电流 i_e。电容上的能量释放后，电压瞬时下降到接近于零，间隙中的工作液又迅速恢复绝缘状态。此后电容器再次充电，又重复前述过程。如果间隙过大，则电容器的电压 u_c 按指数曲线上升到直流电源电压 E。电阻 R 的作用是调节充电速度和限流防电弧。

RC 线路脉冲电源的特点：电源结构简单，工作可靠，成本低，可获得很小的脉冲能量，可用作光整加工和精微加工；但电能利用率低，最大不超过 36%，生产效率低（充/放电比超 50），脉冲间隔系数大，工艺参数不稳定。

为了改进传统的 RC 线路脉冲电源的电能利用率低、脉冲间隔系数大等缺点，研制出了 RCL 线路脉冲电源和可控 RC 微能脉冲电源。

RCL 线路脉冲电源的特点是将 RC 的充电电阻一分为二，其中一部分电阻用来限制短路电流，另一部分电阻用电感 L 代替，如图 2.9 所示。由于电感对交流或脉冲电流具有感抗阻力，可限流且不会引起发热而消耗电能，故 RLC 线路脉冲电源的电能利用效率比 RC 线路高，可达 60% ~80%。同时，大大地缩短了电容 C 的充电时间，提高了脉冲频率；电容器 C 上的电压可充至高于直流电源的电压，提高了单个脉冲能量。

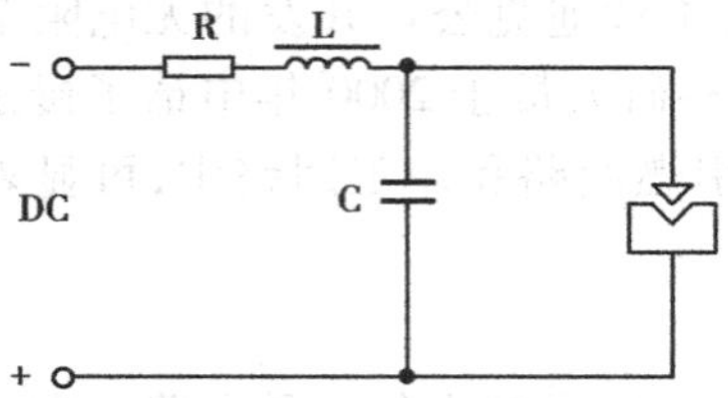

图 2.9　RCL 线路脉冲电源

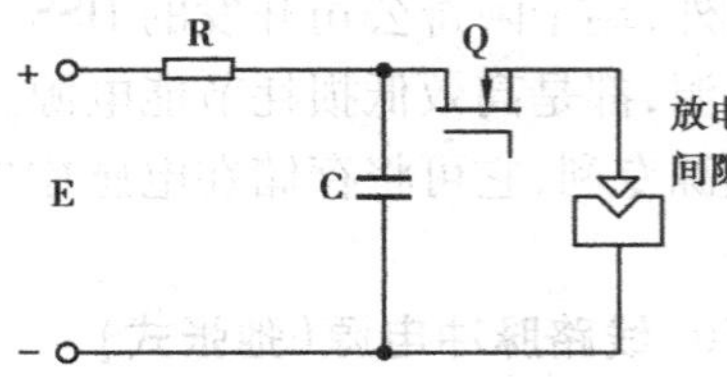

图 2.10　可控 RC 微能脉冲电源

可控 RC 微能脉冲电源由限流电阻、开关晶体管及并联在可控晶体管 Q 与放电间隙之间的充电电容组成，如图 2.10 所示。其工作原理为直流源接通，在晶体管 Q 关断时，直流源 E 向电容器 C 充电，当电容器两端的电压超过间隙的击穿电压之后，晶体管 Q 开通，脉冲电源进入脉宽阶段，此时电容 C 向间隙放电，当晶体管 Q 重新关断时，脉宽结束，脉冲电源重新进入脉间阶段。在脉宽阶段，脉宽时间的长短是由晶体管 Q 的开通时间决定的，由此，可改进传统 RC 电源的缺点。

上述的各类弛张式脉冲电源本身并不是“独立”形成和发生脉冲的，它是靠电极间隙中工作介质的击穿和消电离使脉冲电流导通和切断，故间隙大小、间隙中电蚀产物的污染程度等情况都会影响脉冲参数，故加工稳定性很差。而且，放电间隙经过限流电阻始终和直流电源直接相通，随时有放电的可能，易转为电弧放电。针对这些缺点，人们在实践中研制出了放电间隙和直流电源各自独立、互相隔绝、能独立形成和发生脉冲的电源，大大减少了由于电极间隙物理状态参数变化的影响。为区别弛张式脉冲电源，将其称为独立式脉冲电源，最常见的有晶体管式脉冲电源。

（4）晶体管式脉冲电源

晶体管脉冲电源是近年来发展起来的以晶体元件作为开关元件的用途广泛的电火花脉冲电源，它是利用大功率晶体管作为开关元件而获得单向脉冲的。由于输出功率大，脉冲频率高，脉冲参数调节方便，脉冲波形较好，易于实现多回路控制和自适应控制等特点，故适用于型孔、型腔、磨削等各种不同用途的加工，广泛地应用在电火花加工机床上。晶体管脉冲电源由于电参数与加工间隙无关属于独立式电源。

晶体管脉冲电源一般都是由主振级、前置放大级、功率放大级及直流等部分组成，其最基本的原理方框图如图 2.11 所示。

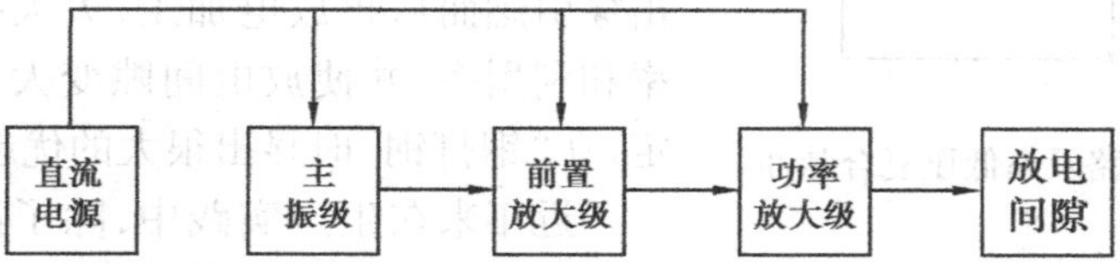

图 2.11　晶体管脉冲电源原理方框图

由于以前晶体管的功率较小，每管导通电流约 5 A，为了提高功率晶体管脉冲电源的输出功率和抗开关冲击性能，可调节粗、中、精加工规准，因此采用多管分组并联输出的方法，整个功率级由几十只大功率高频晶体管分为若干路并联，精加工只用其中一路或二路。

如图 2.12 所示为自振式晶体管脉冲电源原理图（只画出一路功率级），主振级 Z 发出一定脉冲宽度和停歇时间的矩形脉冲信号，经放大级 F 放大，最后推动末级功率晶体管导通与截止。末级晶体管起着“开”“关”的作用：当晶体管导通时，直流电源电压 U 加在加工间隙上，击穿工作液进行火化放电；当晶体管截止时，脉冲即行结束，工作液恢复绝缘，准备下一个脉冲到来。每支晶体管均串联有限流电阻 R，防止在放电间隙短路时不致损坏晶体管，并可以在各管之间起均流作用。

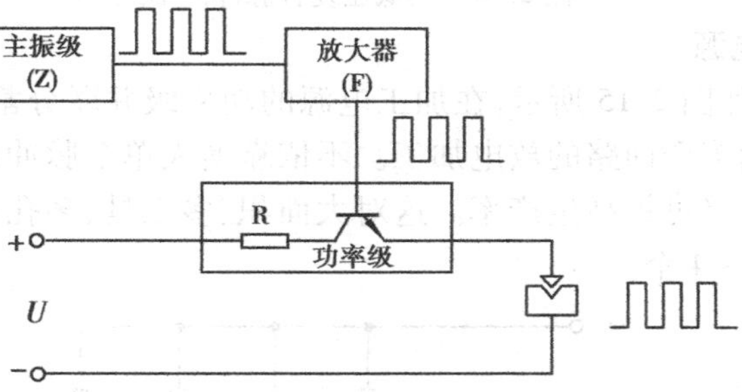

图 2.12　自振式晶体管脉冲电源原理图

2.3.3　脉冲电源的扩展

近年来，随着电火花加工技术的发展，为进一步提高有效脉冲利用率，达到高速、低耗、稳定加工以及一些特殊需要，在晶闸管或晶体管式脉冲电源的基础上，派生出不少新型电源和线路，如晶体管式-高低压复合脉冲电源、晶体管式-多回路脉冲电源、晶体管式-等脉冲电源、晶体管式-高频分组和梳形波脉冲电源、晶体管式-自选加工规准电源和智能化、自适应控制电源等。

(1) 高低压复合脉冲电源

高低压复合脉冲电源是指在放电间隙并联两个供电回路，如图 2.13 所示，一个为高压脉冲回路，高压（300 V）脉冲回路电压较高，但电流较小，起击穿间隙的作用，也就是控制低压脉冲的放电击穿点，保证前沿击穿，因而也称为高压引燃回路；另一个为低压（60 ~ 80 V）脉冲回

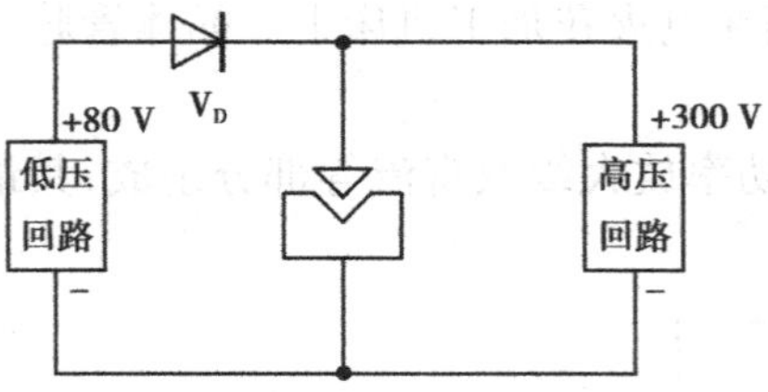

图 2.13　复合回路及高低压复合脉冲

路，电压较低，但电流较大，起蚀除金属的作用，所以称之为加工回路。所谓高低压复合脉冲，如图 2.14(a)所示，在每个工作脉冲电压(60 ~ 80 V)波形上叠加一个小能量的高压脉冲(300 V左右)，电极间隙先击穿引燃而后再放电加工，大大提高了脉冲的击穿率和利用率，并使放电间隙变大，排屑良好，加工稳定，在"钢打钢"时显出很大的优越性。

近年来在生产实践中，除了高压脉冲和低压脉冲同时触发加到放电间隙之外，还出现了两种高压脉冲比低压脉冲提前一短时间 Δt，效果较好，如图 2.14(b)、图 2.14(c)所示，因为高压方波加到电极间隙上去之后，往往需要有一段延时才能击穿，在高压击穿之前低压不起作用，而在精加工窄脉冲时，高压不提前，低压脉冲往往来不及作用而成为空载脉冲，为此，应使高压脉冲提前触发与低压同时结束。

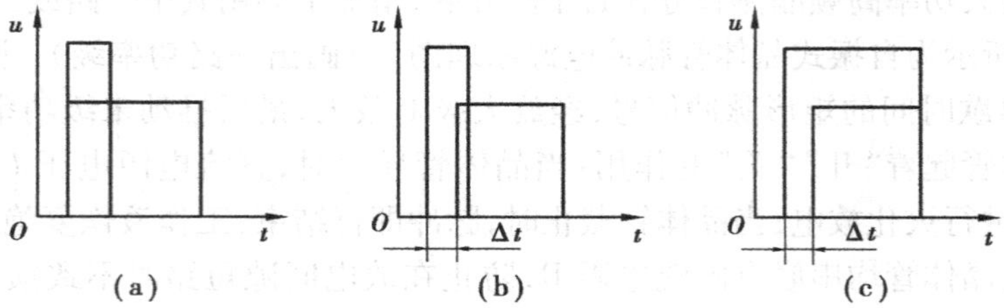

图 2.14　高低压复合脉冲的形式

(2) 多回路脉冲电源

多回路脉冲电源如图 2.15 所示，在加工电源的功率级并联分割出相互隔离绝缘的多个输出端，可以同时供给多个回路的放电加工。不依靠增大单个脉冲的放电能量，既可在不使得表面粗糙度值变大，又可提高生产率。这对大面积、多工具、多孔加工时很有必要，但回路需要选取得当，一般 2 ~ 4 个。

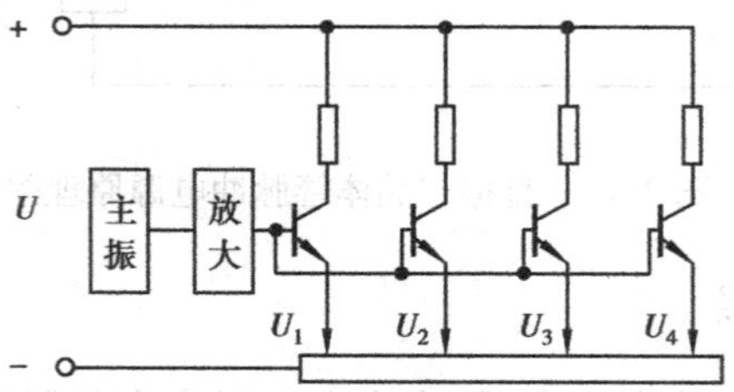

图 2.15　多回路脉冲电源

(3) 等脉冲电源

等脉冲电源是指每个脉冲在介质击穿后所释放的单个脉冲能量相等。对于矩形波脉冲电流来说，其控制放电脉冲电流的波形为等宽，即电流脉冲的 t_e 值均相等。等能量脉冲电源的组成结构框图如图 2.16 所示。

研究表明，在电火花加工过程中，单个放电脉冲能量的一致性越好，则可达到工艺指标也越高，在电压幅值不变的情况下，以使每个单个脉冲的放电能量相等，达到使加工表面放电凹坑一致、均匀的效果。特别是对于使用线电极的电火花加工，其加工效率等指标的提高越明显，则可提高加工速度和效率。

为获得等脉冲输出，通常是利用放电击穿检测电路检测到的火花击穿信号来控制放电持续时间及脉冲间隔控制电路，当间隙击穿后电压突然降低时作为脉冲电流的起始时间，经电路延时 t_e 之后，立即发出信号关断导通着的功放管，中断脉冲输出，切断火花通道，从而完成一个脉冲的输出。经过一定的脉冲间隔 t_0，又发出下一个脉冲电压，使功放管导通，开始第二个脉冲输出过程。这样获得的极间放电电压和电流波形如图 2.17 所示，每次的脉冲电流宽度 t_e 相等，而电压脉宽 t_i 不一定相等。

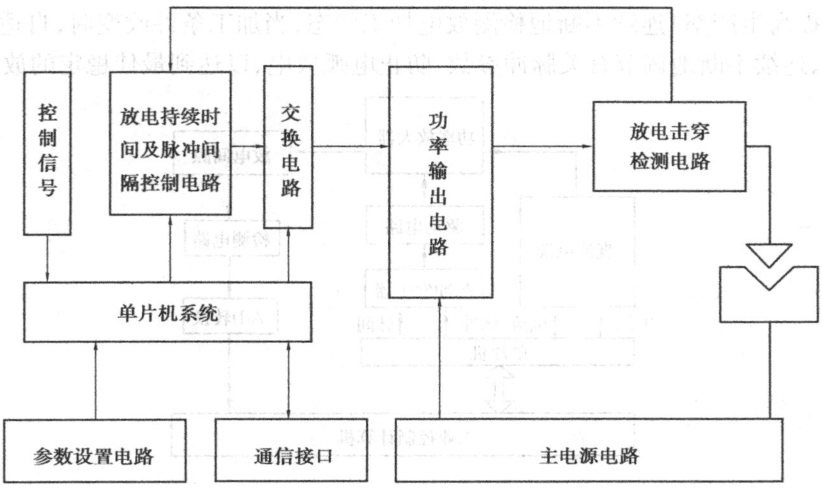

图 2.16　等能量脉冲电源的组成结构框图

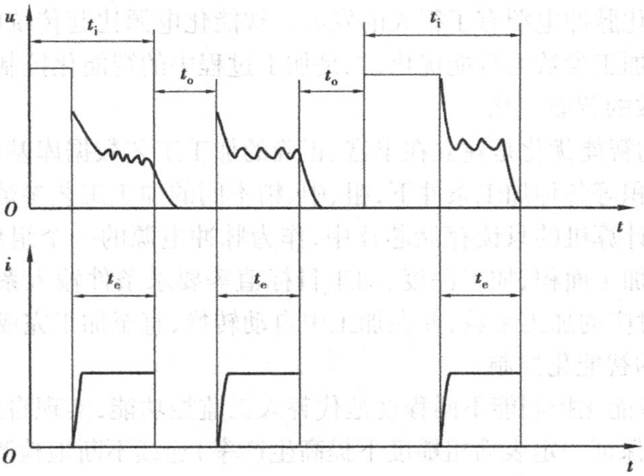

图 2.17　等脉冲电源的电压和电流波形

(4) 高频分组和梳形波脉冲电源

如图 2.18 所示为高频分组脉冲电源波形，如图 2.19 所示为梳形波脉冲电源波形，这两种脉冲电源在一定程度上具有高频脉冲加工表面粗糙度值小和低频脉冲加工速度高、电极损耗低的双重优点，而且梳形分组波在大脉宽期间电源不过零，始终加有一较低的正电压，其作用为当负极性精加工时，使正极工具能吸附炭膜，获得较低的电极损耗。

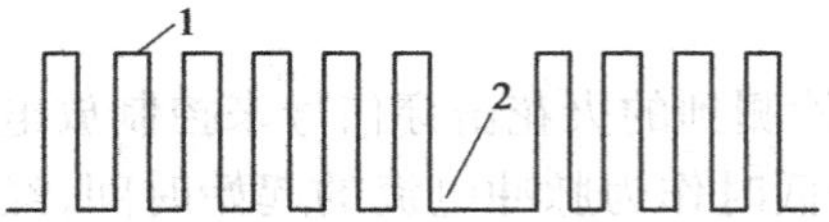

图 2.18　高频分组脉冲电源波形
1—高频脉冲;2—分组间隔

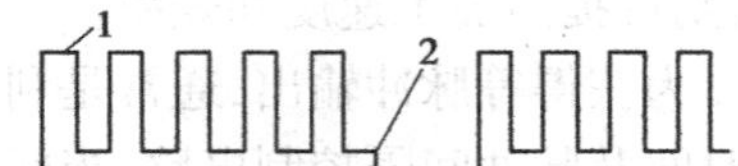

图 2.19　梳形波脉冲电源波形
1—高频高压脉冲;2—低频低压脉冲

(5) 自选加工规准电源和智能化、自适应控制电源

如图 2.20 所示为智能脉冲电源总体结构示意图。根据某一给定的目标(如保证一定表面粗糙度下提高生产率)连续不断地检测放电加工状态,当加工条件改变时,自适应控制系统都能自动地、连续不断地调节有关脉冲参数,防止电弧放电,以达到最佳稳定的放电状态。

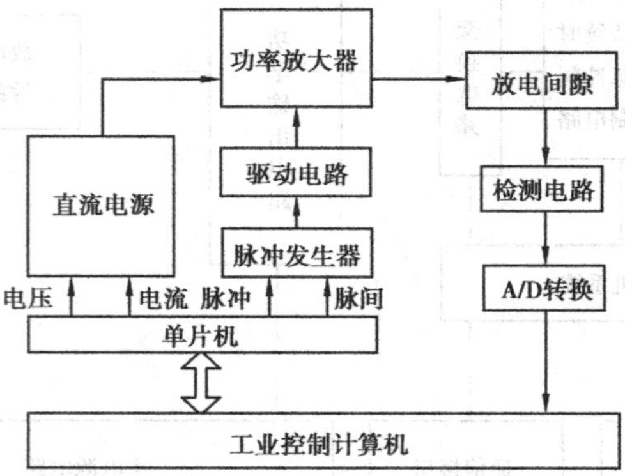

图 2.20　智能脉冲电源总体结构示意图

由于计算机、集成电路技术、数控技术的发展,脉冲电源正在不同程度地逐渐向数控化发展,数控化使得智能化脉冲电源有了很大的发展。智能化电源比起传统的脉冲电源有两大方面的突破:一是选取加工参数的智能优化;二是加工过程中的智能化控制。

1)选取加工参数的智能优化

选取加工参数的智能优化是建立在丰富、正确的加工工艺数据库基础上的。设计者将不同材料、不同加工面积等各种加工条件下,粗、中、精不同的加工工艺参数做成曲线表格,作为专家的数据库,写入计算机的只读存储芯片中,作为脉冲电源的一个组成部分。使用者只需将加工对象的材料、加工面积、加工深度、加工目标值等要求条件输入系统,机床脉冲电源就可自动选好与之相对应的加工参数,并在加工中自动转换,直至加工完成。

2)加工过程中的智能化控制

加工过程中的智能化控制能不同程度地代替人工监控功能,实现自适应控制功能。它能根据某一给定目标(保证一定表面粗糙度下提高生产率)连续不断地检测放电加工状态,并与最佳模型(数学模型或经验模型)进行比较运算,然后按其计算结果控制有关参数,以获得最佳加工效果。当工件和工具材料,粗、中、精不同的加工规准,工作液的污染程度与排屑条件,加工深度及加工面积等条件变化时,自适应控制系统都能自动地、连续不断地调节有关加工参数,如脉冲间隔、进给量、抬刀参数等,以防止电弧放电,并达到生产率最高的最佳稳定放电的状态。

要实现脉冲电源的自适应控制,首先问题是电极间放电状态的识别与检测;其次是建立电火花加工工程的预报模型，找出被控量与控制信号之间的关系，即建立所谓的“评价函数”；然后根据系统的评价函数设计出控制环节。由此可知，智能化脉冲电源已超出了一般脉冲电源的功能范围，实际上它已属于自动控制系统的范畴。

近年来还出现了模糊控制、人工神经元网络模糊控制等智能化控制脉冲电源和控制系统，模仿熟练工人和专家的思维和操作过程对电火花加工中的脉冲电源和伺服进给等多种参数进行智能化的自动控制。

2.4　电火花加工的自动进给调节系统

在电火花成型加工设备中，自动进给调节系统占有很重要的位置，它的性能直接影响加工稳定性和加工效果。

电火花成型加工的自动进给调节系统，主要包含伺服进给系统和参数控制系统。伺服进给系统主要用于控制放电间隙的大小，参数控制系统主要用于控制电火花成型加工中的各种电参数（如放电电流、脉冲宽度、脉冲间隔等也称加工电规准），以便能够获得最佳的加工工艺指标等。

2.4.1　自动进给调节系统的作用和要求

在电火花成型加工中，与切削加工不同的是它属于“非接触加工”，电极与工件必须保持一定的放电间隙 S（一般 S 取 0.001 ~ 0.1 mm，与加工参数有关），如图 2.21 所示。由于工件不断被蚀除和电极不断的损耗，放电间隙将不断扩大。S 过大，脉冲电压击不穿间隙介质，则不会产生火花放电而停止加工，间隙过小又会引起拉弧烧伤或短路，这时电极必须迅速离开工件，待短路消除后再重新调节到适宜的放电间隙。在实际生产中，放电间隙变化与加工规准、加工面积、工件蚀除速度等因素有关，因此很难靠人工进给，也不能像钻削那样采用“机动”、等速进给，而必须采用伺服进给系统，这种不等速的伺服进给系统也称为自动进给调节系统。

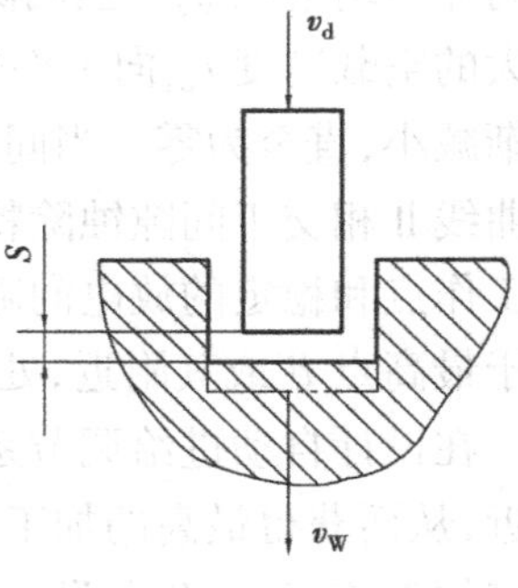

图 2.21　放电间隙、蚀除速度和进给速度

在正常的电火花加工时，当工具进给速度 v_d 较快，大于工件被蚀除的速度 v_w 时，间隙 S 变小，这时必须减小进给速度 v_d，以防止短路。一旦短路（$S=0$）发生，则必须使工具电极反向快速回退，消除短路状态，以防止转化为电弧放电。随后再重新向下进给，调节到所需的放电间隙，这是进给系统维持正常放电的一个简单过程。

伺服进给系统是基于检测间隙放电状态来工作的，即按所检测到的状态来自动调整进给，其任务在于通过改变、调节进给速度，使工具电极的进给速度接近并等于工件蚀除速度，以维持一定的“平均”放电间隙 S，保证电火花加工正常而稳定地进行，获得较好的加工效果。

如图 2.22(a) 所示，图中曲线 Ⅰ 为间隙蚀除特性曲线，横坐标为放电间隙 S 值或对应的放电间隙平均电压 u_e，纵坐标为工件蚀除速度 v_w。放电间隙 S 与蚀除速度 v_w 有密切的关系，当间隙太大时，如在 A 点及 A 点之右，约 $S \geq 60\ \mu m$ 时，极间介质不易击穿，使火花放电率和蚀

除速度 $v_w=0$。只有在 A 点之左，$S<60\ \mu m$ 后，火花放电率和蚀除速度 v_w 才逐渐增大；当间隙太小时，又因电蚀产物难于及时排除，火花放电率减小，短路率增加，蚀除速度明显下降。当间隙短路，即 $S=0$ 时，火花放电率和蚀除速度都为零。因此，必有一最佳放电间隙 S_B 对应于最大蚀除速度 B 点。由于粗、精加工采用的规准不同，间隙蚀除特性曲线也就不一样，S 和 v_w 的对应值也不相同，但趋势是大体相同的。

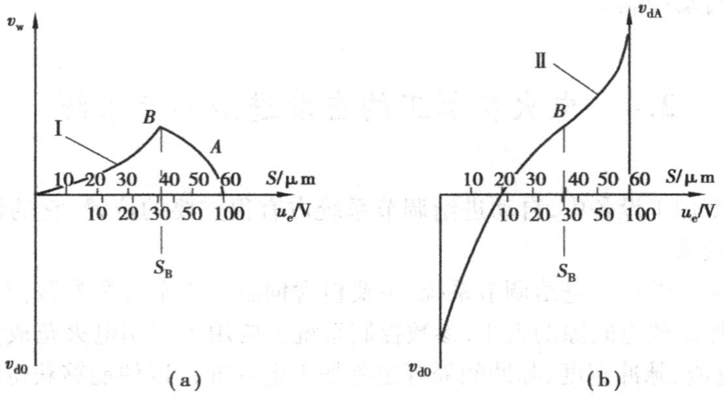

图 2.22　间隙蚀除特性与调节特性曲线

(a)蚀除特性曲线　(b)调节特性曲线

图 2.22(b)中曲线Ⅱ为自动进给调节系统的进给调节特性曲线，它是工具电极的进给速度随间隙大小而变化的关系曲线。纵坐标为电极进给速度 v_d，横坐标仍为放电间隙 S 或对应的间隙平均电压 u_e。当间隙过大，如大于或等于 60 μm，为 A 点的开路电压时，工具电极将以较大的空载速度 v_{dA} 向工件进给。随着放电间隙减小和火花放电率的提高，向下进给速度也逐渐减小，直至为零。当间隙短路 $S=0$ 时，工具将反向以 v_{d0} 高速回退。理论上，希望调节特性曲线Ⅱ相交于间隙蚀除特性曲线Ⅰ的最高点 B 处，此时进给速度等于蚀除速度，才是稳定的工作点和稳定的放电间隙。只有自动寻优系统、自适应控制系统才能自动使曲线Ⅱ交曲线Ⅰ于最高点 B 或其附近，处于最佳放电状态。

在设计自动进给调节系统时，应根据这两特性曲线来使其工作点交在最佳放电间隙 S_B 附近，从而获得最高的加工速度。同时，空载时（间隙在 A 点或更右），应以较快速度 v_{dA} 接近最高加工速度区（B 点附近），一般 $v_{dA}=(5\sim15)v_{dB}$，间隙短路时也以最快的速度回退。一般认为 $v_{d0}=200\sim300$ mm/min 时，即可快速有效地消除短路。

由于工作原理的不同，加工方式的不同，电火花机床的伺服进给调节系统与金切机床的伺服有较大的区别，对系统的要求相应区别也较大，对电火花机床的伺服进给系统一般要求如下：

①必须有一个准确、可靠的间隙工作状态检测环节。由于伺服进给系统是基于检测间隙放电状态来工作的，则加工间隙状态的准确评价和检测对整个系统的工作就至关重要。一般是间隙检测后处理过的信号与系统设定的伺服参考电压信号进行比较。

②有较广的速度调节跟踪范围。从特性曲线可知，自动进给调节装置应该满足粗、中、精加工的可调跟踪范围。尤其是要有均匀的、平稳的低速性能，低速一般为 1 mm/min 以下。另外应使最大空载进给速度为加工进给速度 v_d 的 5～15 倍以上，以快速接近工件。而最大短路

回退速度应为空载进给速度的2倍以上，以快速消除短路状态，适应加工的需要。

③有足够的灵敏度和快速响应性。在速度跟踪过程中，由于放电频率很高，加工间隙状态随机变化很快，要求跟踪系统有良好的快速响应特性，这就要有很高的反应灵敏度和足够的加速度。在不同的脉冲频率下，均能亦步亦趋的跟踪调节。为此，整个系统的不灵敏区、时间常数、运动部分的质量、惯性应小，丝杠、螺母和导轨都应既灵活，又无间隙，控制系统的放大倍数应足够。

④有必要的稳定性和抗干扰能力。电蚀速度一般不高，加工进给量也不大，故应有很好的低速性能，能均匀、稳定地进给，避免低速爬行，控制系统过渡过程应短，超调量要小。在速度控制中，要求有高的调速精度，强的抗负载扰动能力。

为了满足上述要求，相应的系统执行元件——电动机也要具有高精度、快反应、宽调速、大扭矩等特性。具体的要求如下：

①电动机从最低进给速度到最高进给速度范围内都能平滑地运转，转矩波动要小。

②电动机必须具有较小的转动惯量和大的堵转转矩，尽可能小的机电时间常数和启动电压。

③电动机应能承受频繁的启动、制动和反转。

2.4.2　自动进给调节系统的组成

电火花成型加工用的伺服进给系统是一个连续控制的位置随动系统。它由调节对象、测量环节、比较环节、放大驱动环节、执行环节等几个主要环节组成，如图2.23所示为自动进给调节系统的基本组成方框图，实际上根据机床所用驱动执行环节的不同，其组成环节的完善程度不同，可有增有减。

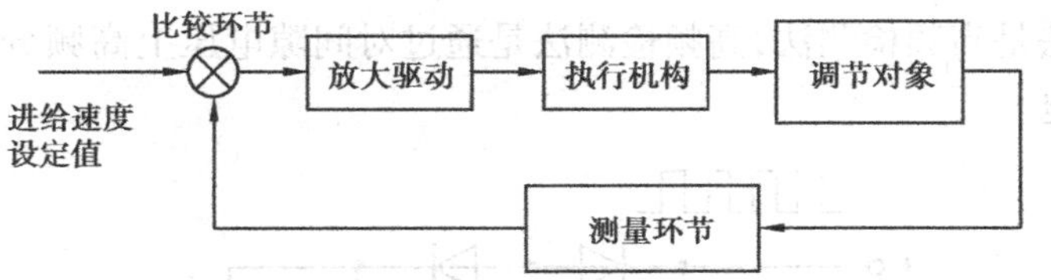

图2.23　自动进给调节系统的基本组成方框图

(1)调节对象

电火花加工时的调节对象是工具电极和工件电极之间的火花放电间隙。根据伺服参考电压设定值等的要求，始终跟踪保持某一平均的火花放电间隙，一般应控制为0.01～0.1 mm。

(2)测量环节

测量环节的作用是测量放电加工间隙的工作状态，得到放电间隙的大小及变化信号。常用的检测方法有两种：一种是间隙平均电压测量法；另一种是利用稳压管测量脉冲电压的峰值信号。

1)间隙平均电压测量法

如图2.24(a)所示，通过 R_1C 电阻电容的低通滤波作用得到间隙电压的平均值，又经 R_2 分压取其一部分，输出的 U 即为表征间隙平均电压的信号。间隙平均电压的高低能大致反映间隙的放电状态：开路较多时，平均电压值偏高；短路较多时，平均电压值偏低；火花放电较多时，平均电压值处于中间区域。通过设置适当的门槛电压值(伺服参考电压)，使平均电压与其进行比较,从而判定间隙的放电状态。如图 2.24(b)所示为带整流桥的检测电路,其优点是工具、工件的极性变换不会影响输出信号 U 的极性。

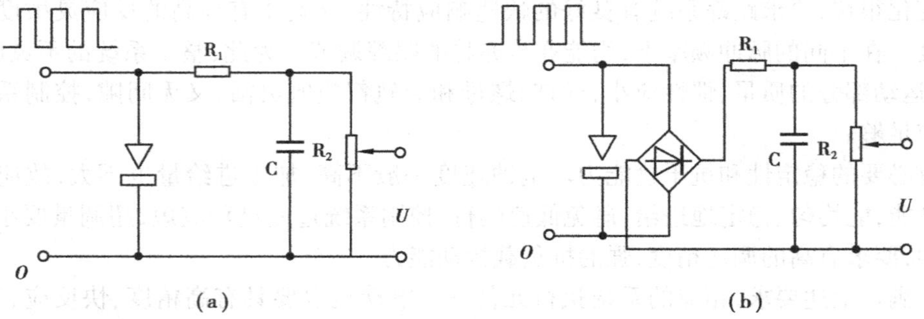

图 2.24　间隙平均电压检测电路

这种检测方法虽然不够精确,却简单实用,能满足一般加工的要求,是最简单、最常用的一种间隙放电状态检测方法,一般应用于 RC 弛张式脉冲电源。

2)峰值电压检测法

一般晶体管等独立式脉冲电源采用峰值电压检测法。如图 2.25 所示,检测电路中的电容 C 为信号储存电容,它充电快、放电慢,记录峰值的大小;二极管 V_{D2} 的作用是阻止负半波以及防止电容 C 所储存的电压信号再向输入端倒流放掉;稳压管 V_{D1} 选用 30 ~ 40 V 的稳压值,能阻止和滤除比其稳定值低的火花维持电压,只有当间隙上出现大于 30 ~ 40 V 的空载的峰值电压时,才能通过稳压管 V_{D1} 和二极管 V_{D2} 向电容 C 充电,滤波后经电阻 R 及电位器分压输出,突出了空载峰值电压的控制作用。通常用于需加工稳定、尽量减少短路率、宁可进给的场合。

还有一种方法是高频检测法,高频检测法是通过对间隙电压上高频分量的检测来区分火花放电与电弧放电。

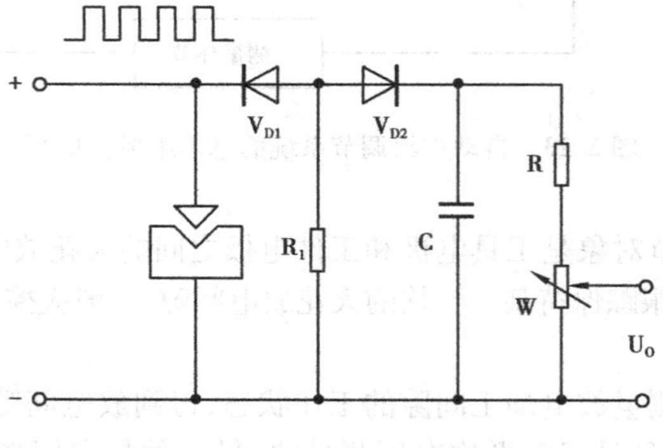

图 2.25　峰值电压检测电路

在加工时,两个电极间放电状态的情况非常复杂,一般将放电时的工作状态分为开路、火花放电、不稳定电弧放电、稳定电弧放电和短路 5 种状态(见图 2.26)。其放电状态的特征如下:

①开路。间隙加工介质未被电场击穿,脉冲电压波形为空载波形,电流为零。

②正常火花放电。脉冲电压上有击穿延时,延时时间不等。击穿后放电期间,脉冲电压下降为放电的维持电压,为 25 ~ 30 V,且电压波形上叠加有较密的高频分量,脉冲电流波形上

也叠加有高频分量。

③不稳定电弧放电。与正常火花放电相比,击穿延时时间明显很短,几乎没有。电压和电流脉冲叠加的高频分量较少,频率降低。这种状态如得到及时调整,可自动恢复为正常火花放电,否则将很快转化为稳定电弧放电。

④稳定电弧放电。形成稳定电弧时,放电集中,电极局部温度很高。电压和电流波形光滑,没有高频分量,电压幅值与维持电压差不多,没有击穿延时,这种状态对电极和工件的破坏很大。

⑤短路。间隙很小或间隙短路,电压波形幅值很低,电流波形光滑,且幅值较高,已不能蚀除材料,但可能造成电极和工件局部升温,易引发拉弧。

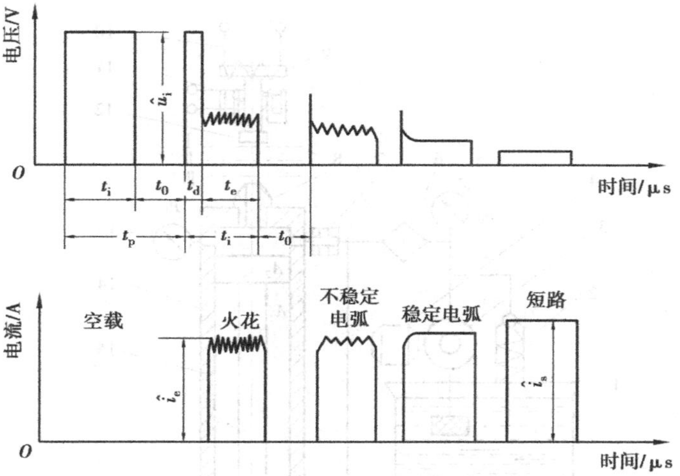

图 2.26　电火花加工时的 5 种放电状态

根据空载有电压、无电流,短路有电流、无电压,火花有电压又有电流信号,利用逻辑门电路,可分空载、短路、火花 3 种放电状态。在检测火花放电时高频分量的大、中、小,用电压比较器根据门槛电压,可分火花、不稳定电弧和稳定电弧。

(3) 比较环节

比较环节用以根据"设定值"预置进给速度(实际上是伺服参考电压 S)或预置平均放电间隙来调节进给速度,以适应粗、中、精不同的加工规准。实质上是把从测量环节得来的信号和"给定值"的信号进行比较,在按此差值来控制加工过程。

(4) 放大驱动环节

由此环节给出的信号一般都很小,难于驱动执行元件,必须有一个放大环节,起到放大信号的作用。

(5) 执行环节

常用的执行元件有各种伺服电动机,它根据控制信号及时地调节进给量,随工件被蚀除量的大小,使电极不断跟踪而保持最佳的放电间隙,从而保证电火花加工正常进行。

2.4.3　电液式自动进给调节系统

在电液式自动调节系统中,液压缸、活塞是执行机构,它与主轴连成一体。由于传动链短及液体的基本不可压缩性，因此传动链中无间隙、刚度大、不灵敏区小；又因为加工时进给速度很低，故正、反向惯性很小，反应迅速，特别适合于电火花加工等的低速进给，在20世纪80年代前得到广泛的运用。但目前以逐步被电机械式的各种交流伺服电动机取代，但分析其调节过程，仍有典型理论意义。

如图2.27所示为DYT-2型液压主轴头的喷嘴-挡板式调节系统的工作原理图。液压泵电动机4驱动叶片液压泵3从油箱中压出压力油，由溢流阀2保持恒定压力 p_0。经过滤油器6分两路：一路进入下油腔；另一路经节流阀7进入上油腔。上油腔油液可从喷嘴8与挡板12的间隙中流回油箱，使上油腔的压力 p_1 随此间隙的大小而变化。

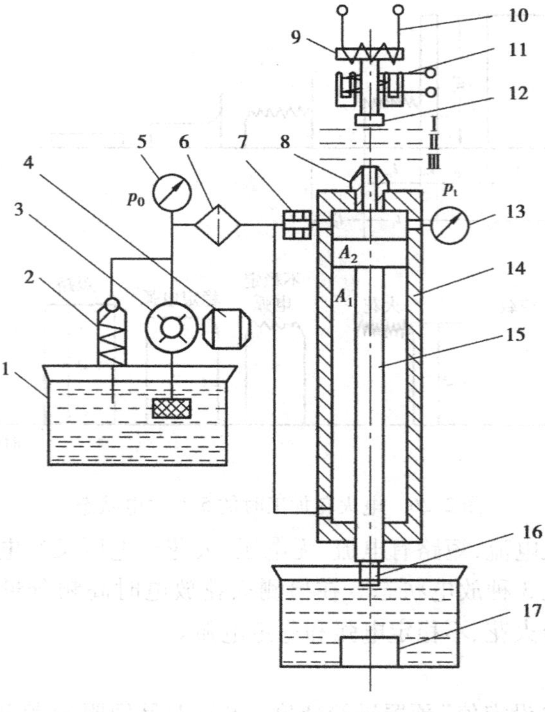

图2.27　喷嘴-挡板式调节系统的工作原理图

1—液压箱；2—溢流阀；3—叶片液压泵；4—电动机；

5—压力表；6—滤油器；7—节流阀；8—喷嘴；9—电-机械转换器；

10—动圈；11—静圈；12—挡板；13—压力表；14—液压缸；15—活塞；16—工具电极；17—工件

其工作原理是电-机械转换器9主要由动圈（控制线圈）10与静圈（励磁线圈）11等组成。动圈处在励磁线圈的磁路中，与挡板12连成一体。改变输入动圈的电流，可使挡板随着而移动，从而改变挡板与喷嘴间的间隙。

当动圈两端电压为零时，挡板处于最高位置Ⅰ，喷嘴与挡板间开口为最大，压力 p_1 下降到最小值。设 A_2，A_1 分别为上、下油腔的工作面，G 为活塞等执行机构移动部分的质量，这时 $p_0A_1 > G + P_1A_2$，活塞杆带动工具上升。当动圈电压为最大时，挡板下移处于最低位置Ⅲ，喷嘴的出油口全部关闭，上、下油腔压强相等，使 $p_0A_1 < G + p_0A_2$，活塞上的向下作用力大于向上

作用力，活塞杆下降。当挡板处于平衡位置Ⅱ时，$p_0A_1=G+p_1A_2$，活塞处于静止状态。

由此可知，主轴的移动是由电-机械转换器中控制线圈电流的大小来实现的。控制线圈电流的大小则由加工间隙的电压或电流信号来控制，因而实现了进给的自动调节。

2.4.4　电机械式自动进给调节系统

电机械式调节系统早在 20 世纪 60 年代采用普通直流伺服电动机，由于其机械减速系统传动链长，惯性大，刚性差，因而灵敏度低，在 70 年代被电液式自动调节系统所替代。80 年代以来，随着步进电动机和力矩电动机的技术发展，电机械式自动调节系统得到迅速发展。其低速性能好，可直接带动丝杠进退，传动链短，灵敏度高，体积小，惯性小，结构简单，有利于实现加工过程的自动控制和数字程序控制，因而在中、小型电火花机床中得到越来越多的广泛应用。

如图 2.28 所示为步进电动机自动调节系统的原理框图。检测电路对放电间隙进行检测，输出一个反映间隙大小的电压信号（短路为 0 V，开路为 10 V）。变频电路为一电压-频率（v-f）转换器，将该电压信号放大并转换成 0 ~ 1 000 Hz 不同频率的脉冲串，送至进给与门 1，准备为环形分配器提供进给触发脉冲 $+\Delta p$。同时，多谐振荡器发出每秒 2 000 步（2 kHz）以上恒频率的回退触发脉冲，送至回退与门 2 准备为环形分配器提供回退触发脉冲 $-\Delta P$。判别电路根据放电间隙平均电压的大小，通过双稳电路选其一种送至环形分配器，决定进给或是回退。

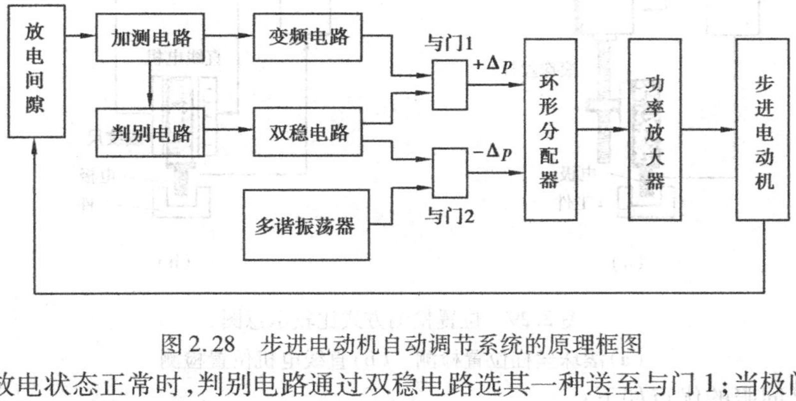

图 2.28　步进电动机自动调节系统的原理框图

当极间放电状态正常时，判别电路通过双稳电路选其一种送至与门 1；当极间放电状态异常（短路或形成有害的电弧）时，则判别电路通过双稳电路打开回退与门 2，分别驱动环形分配器正向或反向的相序，使步进电机正向或反向转动，使主轴进给或回退。

随着数控技术的发展，国内外的高档电火花机床均采用了高性能直流或交流伺服电动机，并采用直接拖动丝杠的传动方式、再配以光电脉冲编码器、光栅尺、磁尺等作为位置检测环节，因而可大大提高机床的进给精度、性能和自动化程度。

2.4.5　直线电机在电火花加工机床上的应用

电火花成型机床的伺服驱动，经历了电液压伺服、力矩机、步进机、直流机及交流机的发展。就在交流机细分取得成功，并且大量代替步进机和直流机的伺服、驱动应用于数控机床之时，又出现了直线电机及伺服、驱动技术。

直线电机是一种将电能直接转化成直线运动机械能而不需要任何中间转换机构的传动装置。由于采用了“零传动”,从而较传统传动方式有明显的优势,如结构简单、无接触、无磨损、噪声低、速度快、精度高等。在电火花机床上,直线电机的最高移动速率为36 m/min,最大加速度为1.2g,额定力矩为1 000 N·m,瞬时最大力矩为3 000 N·m。近年来,随着工业加工质量和运动定位精度等要求的提高,直线电机受到了广泛的关注。在国外,直线电机驱动技术已进入工业化阶段,但国内尚处于起步阶段。

在旋转电机方式下,由于电机、编码器、联轴器、丝杠螺母、工作台的传动链较长,因而存在滞后问题,使其刚性和响应速度不能达到理想状态。在直线电机方式下,把电机直接安装在工作台上作为一个整体直接做直线运动,光栅尺安装在电机上,即直接安装在工作台上,同样主轴头上的电极也直接安装在电机上,可实现和电机一同动作,从而使伺服系统的跟踪性能得到提高,能实现高速度、高响应。直线电机和旋转电机的位置检测方式的比较如图2.29所示。

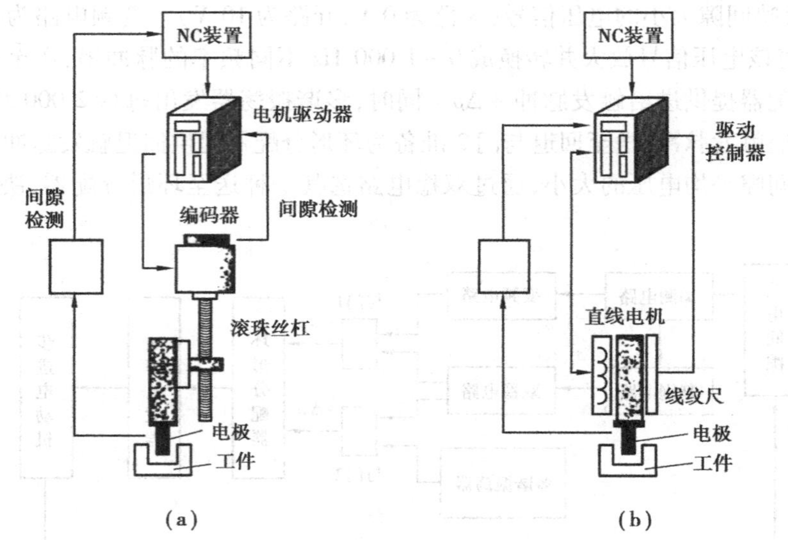

图2.29 位置检测方式比较示意图

(a)滚珠丝杠位置检测 (b)直线电机位置检测

直线电机伺服的优点如下:

①直线驱动电机避免了丝杠等传动件引起的传动误差,也减少了插补时因传动系统滞后带来的跟踪误差,从而明显地提高了电火花加工机床的定位精度。

②由于采用直线电机直接驱动,从而避免了启动、变速、换向时因其他传动件的弹性变形、摩擦、磨损及反向间隙所引起的运动滞后现象,使机床的传动刚度得到提高。

③高速抬刀,具有良好的排屑效果,深孔、深窄槽、深型腔等的加工性能大大提高。高速抬刀的无冲油加工,可减少平动量,提高精加工效率。

④高响应伺服使放电加工更稳定,结构简单,依靠电磁推力驱动,故运动安静,噪声低,从而改善工作环境。

2.5　电火花成型加工机床组成

目前,电火花加工机床的型号没有采用统一标准,由各个生产企业自行确定。例如,日本沙迪克(Sodick)公司生产的 A3R 和 A10R,瑞士夏米尔(Charmilles)技术公司的 ROBOFORM20/30/35,中国台湾乔懋机电工业股份有限公司的 JM322/430,北京阿奇工业电子有限公司的 SF100,等等。

1985 年,按照国家标准(GB/T 5290—1985)规定为 D71 系列为电火花穿孔、成型机床。如表 2.2 所示为电火花穿孔、成型加工机床主要参数标准。例如,在型号及参数 D7132 中,D 表示电加工机床,71 表示电火花穿孔、成型加工机床,32 表示机床工作台面宽度(320 mm)的 1/10。对于数控电加工机床:符号为 DK(汉语拼音:电控),也有加上厂名的汉语拼音的,如汉川:HC;北京凝华:NH。

表 2.2　电火花穿孔、成型加工机床主要参数标准(GB/T 5290—1985)

<table>
<tr><td rowspan="8">工作台</td><td rowspan="2">台面</td><td>宽度 B</td><td rowspan="4">mm</td><td>200</td><td>250</td><td>320</td><td>400</td><td>500</td><td>630</td><td>800</td><td>1 000</td></tr>
<tr><td>长度 A</td><td>320</td><td>400</td><td>500</td><td>630</td><td>800</td><td>1 000</td><td>1 250</td><td>1 600</td></tr>
<tr><td rowspan="2">行程</td><td>纵向 X</td><td colspan="2">160</td><td colspan="2">250</td><td colspan="2">400</td><td colspan="2">630</td></tr>
<tr><td>横向 Y</td><td colspan="2">200</td><td colspan="2">320</td><td colspan="2">500</td><td colspan="2">800</td></tr>
<tr><td colspan="3">最大承载质量/kg</td><td>50</td><td>100</td><td>200</td><td>400</td><td>800</td><td>1 500</td><td>3 000</td><td>6 000</td></tr>
<tr><td rowspan="3">T 形槽</td><td>槽数</td><td rowspan="6">mm</td><td colspan="2">3</td><td colspan="4">5</td><td colspan="2">7</td></tr>
<tr><td>槽宽</td><td colspan="2">10</td><td colspan="2">12</td><td colspan="2">14</td><td colspan="2">18</td></tr>
<tr><td>槽间距</td><td colspan="3">63</td><td>80</td><td>100</td><td colspan="3">125</td></tr>
<tr><td colspan="3">主轴联接板至工作台面
最大距离 H</td><td>300</td><td>400</td><td>500</td><td>600</td><td>700</td><td>800</td><td>900</td><td>1 000</td></tr>
<tr><td rowspan="2">主轴头</td><td colspan="2">伺服行程 Z</td><td>80</td><td>100</td><td>125</td><td>150</td><td>180</td><td>200</td><td>250</td><td>300</td></tr>
<tr><td colspan="2">滑座行程 W</td><td>150</td><td>200</td><td>250</td><td>300</td><td>350</td><td>400</td><td>450</td><td>500</td></tr>
<tr><td rowspan="2">工具
电极</td><td rowspan="2">最大质
量/kg</td><td colspan="2">Ⅰ型</td><td colspan="2">20</td><td colspan="2">50</td><td colspan="2">100</td><td colspan="2">250</td></tr>
<tr><td colspan="2">Ⅱ型</td><td colspan="2">25</td><td colspan="2">100</td><td colspan="2">200</td><td colspan="2">500</td></tr>
<tr><td colspan="2" rowspan="3">工作液槽内壁</td><td>长度 d</td><td rowspan="3">mm</td><td>400</td><td>500</td><td>630</td><td>800</td><td>1 000</td><td>1 250</td><td>1 600</td><td>2 000</td></tr>
<tr><td>宽度 c</td><td>300</td><td>400</td><td>500</td><td>630</td><td>800</td><td>1 000</td><td>1 250</td><td>1 600</td></tr>
<tr><td>高度 h</td><td>200</td><td>250</td><td>320</td><td>400</td><td>500</td><td>630</td><td>800</td><td>1 000</td></tr>
</table>

电火花加工机床按其大小可分为小型(D7125 以下)、中型(D7125—D7163)和大型(D7163 以上)。

按数控程度分为非数控,单轴数控(主轴 Z)和三轴数控(主轴 Z、水平轴 X,Y),四轴数控(主轴能数控回转及分度的 C 轴、Z,X,Y)。国外已经大批生产三坐标数控电火花机床,以及带有工具电极库、能按程序自动更换电极的电火花加工中心。

电火花加工机床主要由机床本体、脉冲电源、自动进给调节系统、工作液过滤和循环系统、数控系统等部分组成。如图2.30所示为电火花成型加工机床的组成部分和外形。

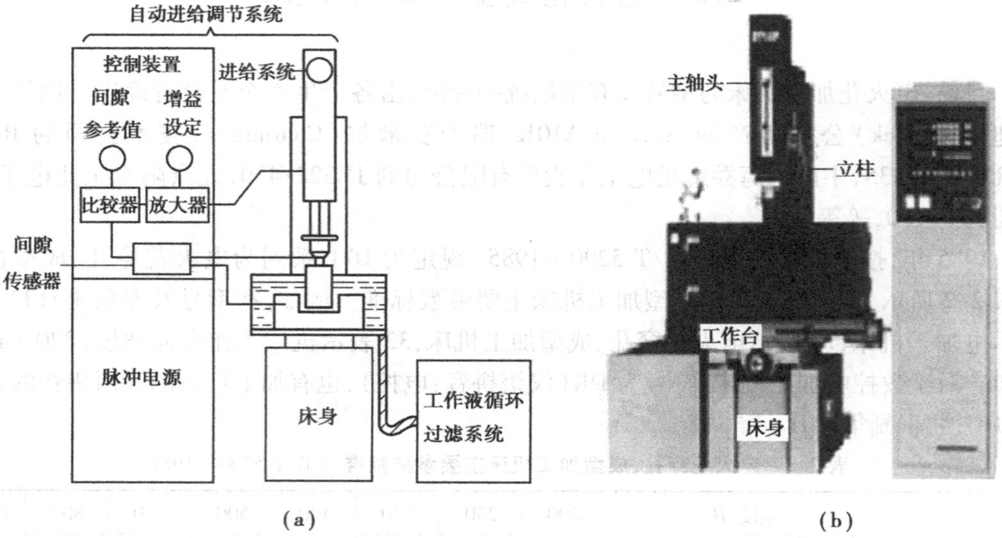

图2.30　电火花成型加工机床
(a)组成部分　(b)外形

2.5.1　机床本体

机床本体主要由床身、立柱、主轴头及附件、工作台等部分组成，是用以实现工件和工具电极的装夹固定和运动的机械系统。床身、支柱、坐标工作台是电火花机床的骨架，起着支承、定位和便于操作的作用。主轴头下面装夹的电极是自动调节系统的执行机构，其质量的好坏将影响到进给系统的灵敏度及加工过程的稳定性，进而影响工件的加工精度。

机床主轴头和工作台常有一些附件，如可调节工具电极角度的夹头、平动头等。

普通机床一般选用灰铁HT200、普通铸造；数控机床的床身、立柱材料通常选用灰铁HT200、树脂砂铸造，应经两次时效处理消除内应力，使其减少变形，保持良好的稳定性和尺寸精度。

2.5.2　主轴系统

主轴头是电火花成型机床中最关键的部件，是自动调节系统中的执行机构，对加工工艺指标的影响极大。它本身也是一个较为复杂的系统。由伺服进给机构、导向和防扭机构、辅助机构3部分组成。它控制工件与工具电极之间的放电间隙。直接影响生产率、几何精度和表面粗糙度。对主轴头的要求：结构简单，传动链短，传动间隙小，热变形小，具有足够的精度和刚度，以适应自动调节系统的惯性小、灵敏度好、能承受一定负载的要求。常用的是电-液压式主轴头和电-机械式主轴头。

电-液压式主轴头的结构是液压缸固定、活塞连同主轴上下移动或活塞固定，液压缸连同主轴上下移动。由于液压系统易漏油污染，液压泵有噪声，油箱占地面积大，液压进给难以数字化控制。电-机械式主轴头采用步进电机、力矩电机和数控直流、交流伺服电动机或直线电动机作驱动部件,传动链短,直接由电动机带动进给丝杠或不需传动部件直接驱动主轴,主轴头的导轨可采用矩形滚柱或滚针导轨,其刚性好、摩擦力小、灵敏度高。因此,电-机械式主轴头应有越来越广泛,现大部分电火花机床的主轴进给已实现了数控、数显,采用转速传感器作速度反馈、用光栅传感器作位置反馈对主轴头进行闭环控制。如图 2.31 所示为有速度和位置反馈的全闭环控制的主轴头。

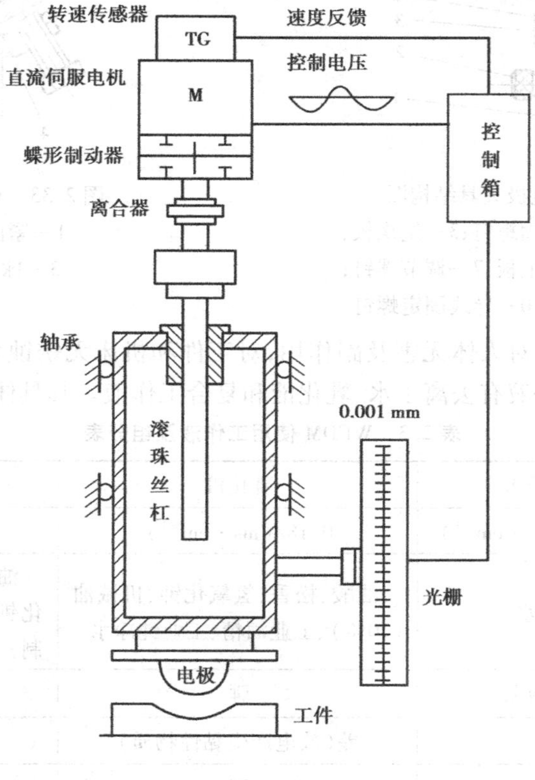

图 2.31　有速度和位置反馈的全闭环控制的主轴头

2.5.3　工具电极夹头

工具电极的装夹及其调节装置的形式很多,其作用是调节工具电极和工作台的垂直度及调节工具电极在水平面内微量的扭转角。常用的是十字铰链式和球面铰链式。

如图 2.32 所示为十字铰链式电极夹具结构图。电极装夹标准套 1 用来装夹电极,锁紧螺母 8 和螺杆用来与机床主轴头相联接,调节螺钉 7 可使与十字板 5 相联接的标准套 1 与工作台垂直,从而保证电极与工作台面的垂直度。绝缘板 3 使工具电极与机床主轴头绝缘。

如图 2.33 所示为球面铰链可调式夹具结构图,工具电极装夹在弹性夹头中,靠 4 个调节螺钉 2 调节其相对于工作台面的垂直度,这种夹具的轴向尺寸短,制造容易,加工精度较高。

2.5.4　工作液循环系统

电火花线加工中,工作液作为脉冲放电介质,其性能直接影响加工的工艺指标。一般要求工作液具有一定的绝缘能力;良好的润湿、清洗与排屑作用;较好的冷却性能和良好的消电

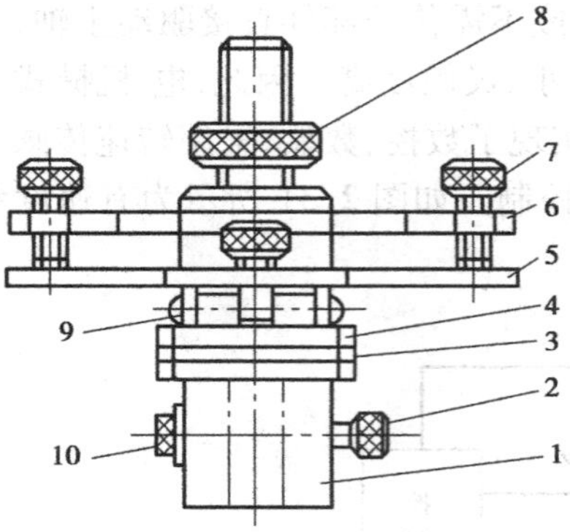

图 2.32 十字铰链式电极夹具结构图

1—电极装夹标准套;2—紧固螺钉;3—绝缘板;
4—下底板;5—十字板;6—上板;7—调节螺钉;
8—锁紧螺母;9—圆柱销;10—导线固定螺钉

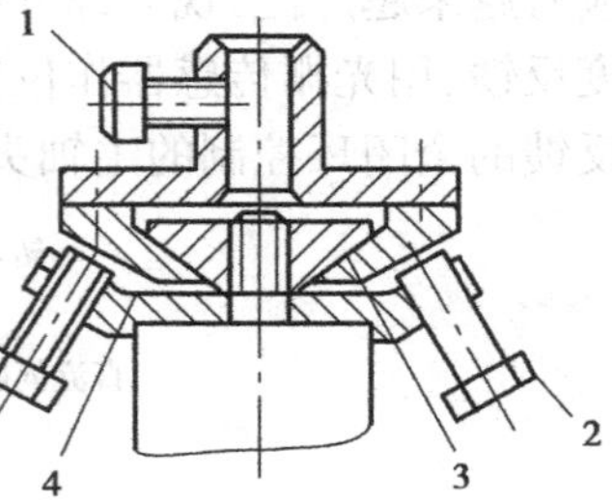

图 2.33 球面铰链电极可调式夹具

1—紧固螺钉;2—调节螺钉;
3—球面垫圈;4—下调节板

离作用;对环境无污染且对人体无害及副作用,对工件和机床无锈蚀作用,价格便宜,使用寿命长。目前,常用的工作液有去离子水、乳化液和复合工作液。其具体性能如表 2.3 所示。

表 2.3 WEDM 使用工作液及组分表

工作液类别	去离子水	乳化液	复合工作液
电导率	$5\times10^{-5}/(\mathrm{ms\cdot cm^{-1}})$	$0.18/(\mathrm{ms\cdot cm^{-1}})$	$1.49/(\mathrm{ms\cdot cm^{-1}})$
组分	纯净水	油酸、松香、氢氧化钾、机械油(70%)、工业酒精、工业纯净水	油酸、多种表面活性剂、氢氧化钾、植物油(比例严格控制)、多种防锈剂、工业纯净水
电解能力	十分微弱	强	强
洗涤性能	无	差(放电产生黏性物质)	强
防锈蚀性能	差	强	强
废液处理	直接排放	需处理	稀释后排放

电火花加工中的蚀除产物,一部分以气态形式抛出,其余大部分是以球状固体微粒分散地悬浮在工作液中,直径一般为几微米。随着电火花加工的进行,蚀除产物越来越多,充斥在电极和工件之间,或粘连在电极和工件的表面上。蚀除产物的聚集,会与电极或工件形成二次放电。这就破坏了电火花加工的稳定性,降低了加工速度,影响了加工精度和表面粗糙度。为了改善电火花加工的条件,一种办法是使电极振动,以加强排屑作用;另一种办法是对工作液进行强迫循环过滤,以改善间隙状态。

电火花加工用的工作液过滤系统包括工作液泵、油箱、过滤器及管道等,使工作液强迫循环。如图 2.34 所示为工作液循环系统油路图,它既能实现冲油,又能实现抽油。

其工作过程:储油箱的工作液首先经过粗过滤器 1,经单向阀 2 吸入油泵 3,这时高压油经过不同形式的精过滤器 7 输向机床工作液槽,溢流安全阀 5 使控制系统的压力不超过 400 kPa,补油阀 11 为快速进油用。待油注满油箱时,可及时调节冲油选择阀 10,由阀 8 来控

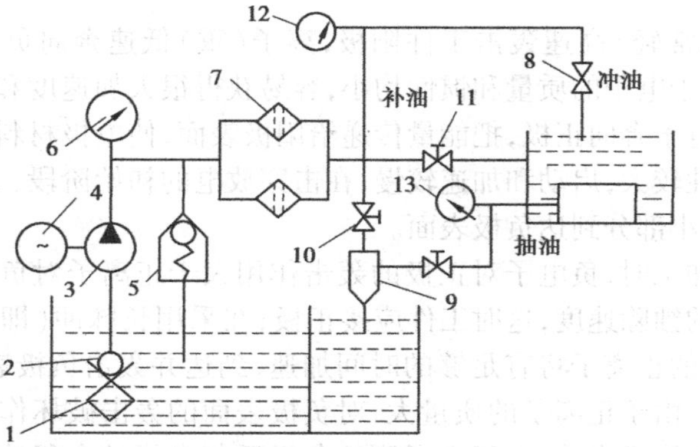

图2.34　工作液循环系统油路图

1—粗过滤器;2—单向阀;3—油泵;4—电极;5—安全阀;6—压力表;
7—精过滤器;8—压力调节阀;9—射流抽吸管;10—冲油选择阀;
11—快速进油控制阀;12—冲油压力表;13—抽油压力表

制工作液循环方式及压力。当阀10在冲油位置时,补油冲油都不通,这时油杯中油的压力由阀8控制;当阀10在抽油位置时,补油和抽油两路都通,这时压力工作液穿过射流抽吸管9,利用流体速度产生负压,达到实现抽油的目的。

2.6　电火花成型加工的基本工艺规律

电火花加工是靠电能瞬时、局部转换成热能来熔化和汽化而蚀除金属的,与靠刀具或模具切削时金属的塑性变形或脆性断裂去除表层材料的机械加工的原理和基本规律完全不同。只有了解和掌握电火花加工中的基本工艺规律,才能正确地针对不同工件材料选用合适的工具电极材料,才能合理地选择粗、中、精电加工参数和规准,才能提高电火花加工的生产率,降低工具电极的损耗。

2.6.1　影响放电蚀除量的主要因素

电火花加工过程中,材料被放电蚀除规律是十分复杂的综合性问题。影响金属蚀除量的主要因素有极性效应、放电参数、电极材料、工件材料及其他因素。

(1)极性效应

在电火花加工过程中,无论是正极还是负极,都会受到不同程度的电蚀。即使是相同材料(如钢加工钢),极性不同电蚀量也不相同。因此,单纯由于正、负极性不同而彼此电蚀量不一样的现象,称为极性效应。如果把工件接脉冲电源的正极(工具电极接负极)时,称"正极性"加工;反之,工件接脉冲电源的负极(工具电极接正极)时,称"负极性"加工,又称"反极性"加工。

产生极性效应的原因很复杂,对这一问题的原则性解释如下:

①蚀除能量在两极分配不均匀。在火花放电过程中,正负电极表面分别受到负电子和正离子的轰击和瞬时热源的作用,在两极表面所分配的能量不一样,因而熔化、汽化抛出的电蚀

量也不一样。

②大量电子(非常轻)高速轰击工件阳极,离子(重)低速奔向负极,从而导致工件蚀除快,工具蚀除慢。由于电子的质量和惯性均小,容易获得很大加速度和速度,在击穿放电的初始阶段就有大量的电子奔向正极,把能量传递给阳极表面,使电极材料迅速熔化和汽化;而正离子由于质量和惯性较大,启动和加速较慢,在击穿放电的初始阶段,大量的正离子来不及到达负极表面,只有一小部分到达负极表面。

在采用短脉冲加工时,负电子对正极的轰击作用大于正离子对负极的轰击作用,正极的蚀除速度大于负极的蚀除速度,这时工件应接正极;在采用长脉冲(即放电持续时间较长)加工时,质量和惯性大的正离子将有足够的时间加速,到达并轰击负极表面的离子数将随放电时间的增长而增多。由于正离子的质量大,对负极表面的轰击破坏作用强,同时自由电子挣脱负极时要从负极获取逸出功,而正离子到达负极后与电子结合释放位能,故长脉宽时负极的蚀除速度将大于正极,这时工件应接负极。因此,当采用窄脉冲(如纯铜电极加工钢时,$t_i <$ 10 μs)精加工时,应选用正极性加工;当采用长脉冲(如纯钢加工钢时,$t_i > 80$ μs)粗加工时,应采用负极性加工,可获得较高的蚀除速度和较低的电极损耗。

研究表明,当采用负极性加工时,此时工具为正极,可吸附从煤油中游离出的碳微粒,形成黑膜减少电极损耗。例如,纯铜的电极加工钢工件,当脉宽为 8 μs 时,通常的脉冲电源必须采用正极性加工,但在分组脉冲进行加工时,虽然脉宽也为 8 μs,却需采用负极性加工,因为这时在正极纯铜表面明显地存在着吸附的炭黑膜,因而使钢工件的蚀除速度大大超过了正极。在普通脉冲电源上的实验也证实了炭黑膜对极性效应的影响。当脉宽为 12 μs、脉间为 15 μs 时,往往正极蚀除速度大于负极,应采用正极性加工,当脉宽不变,逐步把脉间减少(应配之以抬刀,以防止拉弧),有利于炭黑膜在正极上形成,使负极蚀除速度大于正极而必须改用负极性加工。实际上是极性效应和正极性吸附炭黑之后对正极的保护作用的综合效果。

由此可知,极性效应是一个较为复杂的问题。它除了受脉宽、脉间的影响外,还要受到正极吸附炭黑保护膜和脉冲峰值电流、放电电压、工作液以及电极的材料等影响。

从提高加工生产率和减少工具损耗的角度来看,极性效应越显著越好,故在电火花加工过程中必须充分利用极性效应。当用交变的脉冲电流加工时,单个脉冲的极性效应便相互抵消,增加了电极的损耗。因此,电火花加工一般采用单向脉冲电源。

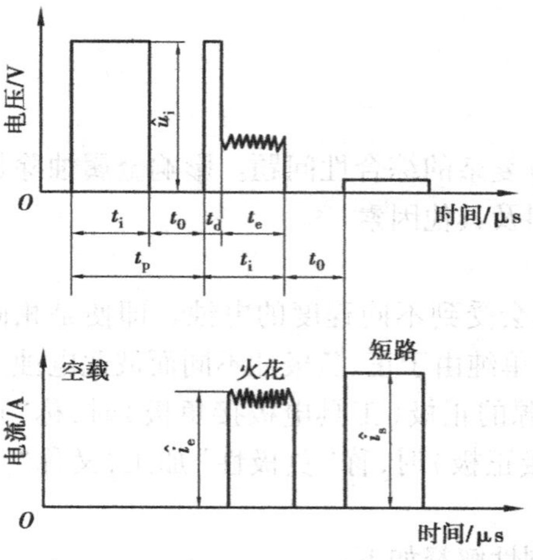

图 2.35　晶体管脉冲电源电压、电流波形

除了充分地利用极性效应、正确地选用极性、最大限度地降低工具电极的损耗外,还应合理选用工具电极的材料,根据电极对材料的物理性能和加工要求选用最佳的电参数,使工件的蚀除速度最大,工具损耗尽可能小。

(2)电参数对电蚀量的影响

电参数指放电加工时人为选择的参数,主要是指电压脉冲宽度 t_i、电流脉冲宽度(或放电时间)t_e、脉冲间隔 t_0、脉冲频率 f、峰值电流 $\hat{i}_e$、峰值电压 $\hat{u}_i$ 和极性等。如图 2.35 所示上部为脉冲电源的空载、火花放电、短路的电压波形,其下对应的为空载电流、火花放电电流和短路电流；其中有击穿延时 t_d，脉冲周期 t_p，短路峰值电流 $\hat{i}_s$。

研究结果表明，电参数中起最大作用的是电流脉冲宽度和放电峰值电流。单个脉冲的放电能量等于电流脉冲宽度乘以峰值电流。在连续的电火花加工过程中，无论正极或负极，都存在单个脉冲的蚀除量 q' 与单个脉冲能量 W_M 在一定范围内成正比的关系。某一段时间内的总蚀除量 q 约等于这段时间内各单个有效脉冲蚀除量的总和，故正、负极的蚀除速度与单个脉冲能量、脉冲频率成正比。用公式表示为

电极的蚀除量

$$\left.\begin{aligned} q_a &= K_a W_M f\varphi t \\ q_c &= K_c W_M \varphi t \end{aligned}\right\} \tag{2.1}$$

电极的蚀除速度

$$\left.\begin{aligned} v_a &= \frac{q_a}{t} = K_a W_M f\varphi \\ v_c &= \frac{q_c}{t} = K_c W_M f\varphi \end{aligned}\right\} \tag{2.2}$$

式中　q_a, q_c——正极、负极的蚀除量；

v_a, v_c——正极、负极的蚀除速度，也即工件生产率或工具损耗速度；

W_M——单个脉冲能量；

f——脉冲频率；

t——加工时间；

K_a, K_c——与电极材料、脉冲参数、工作液等有关的工艺系数；

φ——有效脉冲利用率，单位时间内有效火花脉冲个数与该单位时间内的总脉冲个数之比。

注意：a 表示正极，c 表示负极。

单个脉冲放电所释放的能量取决于极间放电电压、放电电流和放电持续时间，单个脉冲放电能量为

$$W_M = \int_0^{t_e} u(t) i(t) \, \mathrm{d}t \tag{2.3}$$

式中　t_e——单个脉冲实际放电时间；

$u(t)$——放电间隙中随时间而变化的电压；

$i(t)$——放电间隙中随时间而变化的电流；

W_M——单个脉冲放电能量。

由于火花放电间隙电阻的非线性特性，击穿后间隙上的火花维持电压是一个与电极材料及工作液种类有关的数值。例如，在煤油中用纯铜加工钢时约为 25 V，用石墨加工钢时为 25～30 V；而在乳化液中用钼丝加工钢时则为 18～20 V。火花维持电压与脉冲电压幅值、极间距离以及放电电流大小等的关系不大，因而可以说，正负极的电蚀量正比于平均放电电流的大小和电流脉宽；对于矩形波脉冲电流，实际上正比于放电电流的幅值。在通常的晶体管脉冲电源中，脉冲电流近似地为一矩形波，故当纯铜电极加工钢时的单个脉冲能量为

$$W_M = (25 \sim 30) \hat{i}_e t_e \tag{2.4}$$

式中　$\hat{i}_e$——脉冲电流幅值，A；

t_e——电流脉宽。

由此可知，提高电蚀量和生产率的途径：提高脉冲频率 f；增加单个脉冲能量 W_M，或者增加单个脉冲平均放电电流 $\bar{i}_e$（对矩形脉冲即为峰值电流 $\bar{i}_e$）和脉冲宽度 t_i；适当的脉冲间隔 t_0，脉冲间隔太大，会影响放电频率，从而降低平均蚀除率，脉冲间隔太小，热量没有充分利用，也会影响平均蚀除率；设法提高系数 K_a，K_c。当然，实际生产时要考虑到这些因素之间的相互制约关系和对其他工艺指标的影响。例如，脉冲间隔时间过短，将产生电弧放电；随着单个脉冲能量的增加，加工表明粗糙度值也随之增大，等等。

(3)金属材料热学物理常数对电蚀量的影响

所谓热学常数，是指熔点、沸点（汽化点）、热导率、比热容、熔化热、汽化热等，如表 2.4 所示为几种常用材料的热学物理常数。

表 2.4　常用材料的热学物理常数

热学物理常数	材　料				
	铜	石墨（碳）	钢	钨	铝
熔点 T_r/°C	1 083	3 727	1 535	3 410	657
比热容 c/[J·(kg·K)$^{-1}$]	393.56	1 674.7	695.0	154.91	1 004.8
熔化热 q_r/(J·kg^{-1})	179 258.04	—	209 340	159 098.4	385 185.6
沸点 T_f/°C	2 595	4 830	3 000	5 930	2 450
汽化热 q_q/(J·kg^{-1})	5 304 256.9	46 054 800	6 290 667	—	10 894 053.6
热导率 λ/[W·(m·K)$^{-1}$]	3.998	0.800	0.816	1.700	2.378
热扩散率 a/(cm^2·s^{-1})	1.179	0.217	0.150	0.568	0.920
密度 ρ/(g·cm^{-3})	8.9	2.2	7.9	19.3	2.54

每次脉冲放电时，通道内及正、负极电极放电点所获得的热能，除一部分由于热传导散失到电极其他部分和工作液中外，其余部分将依次消耗在：

①使局部金属材料温度达到熔点（比热容）。

②熔化材料所需热量（熔化热）。

③使熔化的金属升温到沸点（比热容）。

④使熔融金属汽化（汽化热）。

⑤使金属蒸汽转变为过热蒸汽（比热容）。

显然当脉冲放电能量相同时，一方面，金属的熔点、沸点、比热容、熔化热、汽化热越高，则电蚀量越小，其加工的难度就越大；另一方面，热导率越大的金属，由于较多地把瞬时产生的热量传导散失到其他部分，因而降低了本身的蚀除量，也不易加工。各种金属材料电火花加工的难易程度依次为钨、铜、银、钼、铝、铂、铁、镍、不锈钢、钛，而且单个脉冲能量一定时，脉冲电流幅值 $\hat{i}_e$ 越小，即脉冲宽度 t_i 越长，散失的热量也越多，从而影响电蚀量的减少；相反，若脉冲宽度 t_i 越短，脉冲电流幅值 $\hat{i}_e$ 越大，由于热量过于集中而来不及扩散，虽然散失的热量减少，但抛出的金属中汽化部分比例增大，多耗用不少汽化热，电蚀量也会降低。因此，电极的蚀除量与电极材料的热导率以及其他热学常数、放电持续时间、单个脉冲能量有密切关系。

由此可知，当脉冲能量一定时，都各有一个使工件电蚀量最大的最佳脉宽。由于各种金属材料的热学常数不同，故获得最大电蚀量的最佳脉宽还与脉冲电流幅值有相互匹配的关系，它将随脉冲电流幅值 $\hat{i}_e$ 的不同而不同。

如图 2. 36 所示，描绘了在相同放电电流情况下，铜和钢两种材料的电蚀量与脉宽的关系。从图中可知，当采用不同的工具、工件材料，选择脉冲宽度在 t_i 附近时，正确地选择极性，既可获得较高的生产率，又可获得较低的工具损耗，有利于实现"高效低损耗"的加工。

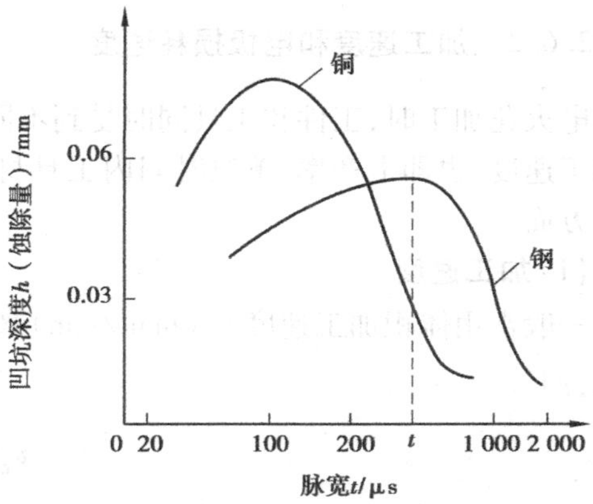

图 2. 36　铜、钢材料的脉宽与蚀除量的关系

(4) 工作液对电蚀量的影响

在电火花加工过程中，工作液的作用是形成火花击穿放电通道，并在放电结束后迅速恢复间隙的绝缘状态，对放电通道产生压缩作用；帮助电蚀产物的抛出和排出，对工具、工件的冷却作用。因而它对电蚀量有较大的影响，介电性能好、密度和黏度大的工作液有利于压缩放电通道，提高放电能量密度，强化电蚀产物的抛出效果；但黏度大，不利于电蚀产物的排出，影响正常放电。目前电火花成型加工主要采用油类为工作液，粗加工时采用的脉冲能量大，加工间隙也较大、爆炸排屑抛出能力强，往往选用介电性能、黏性较大的机油，且机油的燃点较高，大能量加工时着火燃烧的可能性小；而在中、精加工时放电间隙比较小，排屑比较困难，故一般均选用黏度小、流动性好、渗透性好的复合油作为工作液。因此，工作液的种类和性能、选择的冲抽油流速流量、进给是否稳定等，都会对电蚀量产生影响。

(5) 影响电蚀量的一些其他因素

影响电蚀量的其他因素主要是加工过程的稳定性，具体表现在以下 4 个方面：

①影响稳定性最大的是电火花加工的自动进给和调节系统，以及正确加工参数的选择和调节。加工过程不稳定将干扰以至破坏正常的火花放电，使有效脉冲利用率降低。随着加工深度、加工面积的增加或加工型面复杂程度的增加，都不利于电蚀产物的排出，影响加工稳定性，降低加工速度，严重时将使结炭拉弧，使加工难以进行。为了改善排屑条件，提高加工速度和防止拉弧，常采用强迫冲油和工具电极定时抬刀等措施。

②如果加工面积较小，而采用的加工电流较大，也会使局部电蚀产物浓度过高，放电点不能分散转移，放电后的余热来不及传播扩散而积累起来，造成过热，形成电弧，破坏加工的稳定性。

③电极材料对加工稳定性也有影响，钢电极加工钢时电极间隙容易磁化，吸附铁屑，加工不易稳定，纯铜、黄铜加工钢时则比较稳定。

④电火花加工过程电极材料瞬时熔化或汽化而抛出，如果抛出速度很高，就会冲击另一电极表面而使蚀除量增大；如果抛出速度较低，则当喷射到另一电极表面时，会反黏和涂覆在电极表面，减少其蚀除量；炭黑膜的"保护"作用的形成也将影响到电极的蚀除量；脉冲电源的波形及其前后沿徒度影响着输入能量的集中或分散程度，对电蚀量也有很大影响；如果工作

液是以水溶液为基础的，如去离子水、乳化液等，还会产生电化学阳极溶角和阴极电镀沉积现象，影响电极的蚀除量。

2.6.2 加工速度和电极损耗速度

电火花加工时，工件和工具同时受到不同程度的电蚀。单位时间内工件材料的电蚀量称为加工速度，也即上产率；单位时间内工具材料的电蚀量称为损耗速度。它们是一个问题的两个方面。

(1)加工速度

一般常用体积加工速度 v_W(mm^3/min)来表示，即用被加工掉的体积 V 除以加工时间 t 来表示，即

$$v_W = \frac{V}{t} \tag{2.5}$$

有时为了测量方便，也采用质量加工速度 v_m 来表示，单位为 g/min。或直线加工速度 v_L，单位为 mm^3/min。

根据前面对电蚀量的讨论，提高加工速度的途径在于：提高脉冲频率 f；增加单个脉冲能量 W_m；设法提高工艺系数 K。同时，还应考虑这些因素间的相互制约关系和其他工艺指标的影响。

提高脉冲频率可缩小脉冲停歇时间，但脉冲停歇时间过短，会使加工区工作液来不及消电离、排除电蚀产物及气泡来恢复其介电性能，以致形成破坏性的稳定电弧放电，使电火花加工过程不能正常进行。

增加单个脉冲能量主要靠加大脉冲电流和增加脉冲宽度。单个脉冲能量的增加可提高加工速度，但同时会增大表面粗糙度和降低加工精度，因此一般只用于粗加工和半精加工的场合。提高工艺系数 K 的途径很多，如合理选用电极材料、电参数和工作液，改善工作液的循环过滤方式等，从而提高有效脉冲利用率 φ，达到提高工艺系数 K 的目的。

电火花成型加工速度分别为粗加工(加工表面粗糙度 R_a 为 10 ~ 20 μm)可达到 200 ~ 300 mm^3/min；半精加工(加工表面粗糙度 R_a 为 10 ~ 2.5 μm)可达到 20 ~ 100 mm^3/min；精加工(加工表面粗糙度 R_a 为 2.5 ~ 0.32 μm)可达到 10 mm^3/min，以下。其规律是随着表面粗糙度数值下降，加工速度明显降低。

(2)工具电极相对损耗速度和相对损耗比

在生产实际中用来衡量工具电极是否损耗，不只是看工具损耗速度 v_E，还要看同时能达到的加工速度 v_W。因此，采用相对损耗或称损耗比作为衡量工具电极损耗的指标，即

$$\theta = \frac{v_E}{v_W} \times 100\% \tag{2.6}$$

式中，加工速度和损耗速度均以 mm^3/min 为单位计算，则 θ 为体积相对损耗；如以 g/min 为单位计算，则 θ 为质量相对损耗；表 2.5 说明了表面粗糙度与最小加工余量的关系。

1)正确选择极性

一般来说，在短脉冲精加工时采用正极性加工(即工件接电源正极)，而在长脉冲粗加工时则采用负极性加工。

人们曾对不同脉冲宽度和加工极性的关系做过许多实验，得出实验曲线。试验用的工具

电极为 ϕ6 mm 的纯铜，加工工件为钢，工作液为煤油，矩形波脉冲电源，加工电流峰值为 10 A。如图 2.37 所示，负极性加工时，纯铜电极的相对损耗随脉冲宽度的增加而减少，当脉冲宽度大于 120 μs 后，电极相对损耗将小于 1%，可实现低损耗加工（相对损耗小于 1% 的加工）。如果采用正极性加工，不论采用哪一挡脉冲宽度，电极相对损耗都难以低于 10%。然而在脉宽小于 15 μs 的窄脉宽范围内，正极性加工的工具电极相对损耗比负极性加工的小。

表 2.5　表面粗糙度与最小加工余量的关系

表面粗糙度 R_a/μm		最小加工余量
低损耗规准的范围（$\theta<1\%$）	50～25	0.5～1
	12.5	1
	6.3	0.20～0.40
	3.2	0.10～0.20
	1.6	0.05～0.10
	0.8	0.05 以下

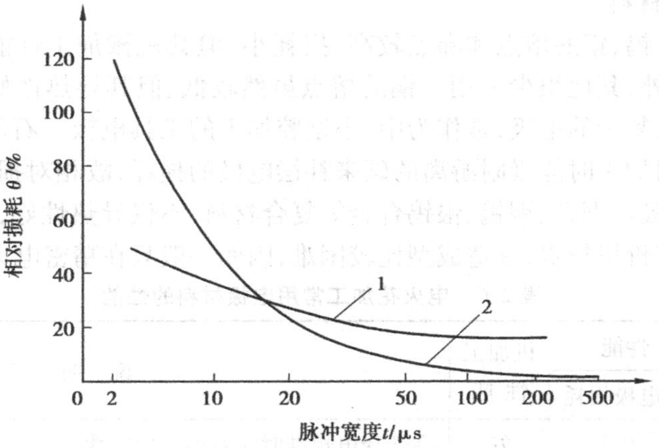

图 2.37　电极相对损耗与极性、脉宽的关系
1—正极性加工；2—负极性加工

2) 利用吸附效应

在用煤油之类的碳氢化合物作工作液时，在放电过程中将发生热分解，而产生大量的游离碳微粒，还能和金属结合形成金属碳化物的微粒，即胶团。中性的胶团在电场作用下可能与其可动层（胶团的外层）脱离，而成为带电荷的碳胶粒。电火花加工中的碳胶粒一般带负电荷，因此，在电场作用下会逐步像正极移动，并吸附在正极表面。如果电极表面瞬时温度在 400 ℃左右，且能保持一定时间，即能形成一定强度和厚度的化学吸附碳层，通常称为炭黑膜。由于碳的熔点和汽化点很高，可对电极起到保护和补偿作用，从而实现“低损耗”加工。

由于炭黑膜只能在正极表面形成，因此，要利用炭黑膜的补偿作用来实现电极的低损耗，必须采用负极性加工。为了保持合适的温度场和吸附炭黑的时间，增加脉冲宽度是有利的。试验表明，当峰值电流、脉冲间隔一定时，炭黑膜厚度随脉宽的增加而增厚；而当脉冲宽度和峰值电流一定时，炭黑膜厚度随脉冲间隔的增大而减薄。这时由于脉冲间隔加大，正极吸附炭黑的时间缩短;引起放电间隙中介质消电离作用增加,胶粒扩散,放电通道分散;电极表面温度降低,都使“吸附效应”减少。反之,随着脉冲间隔的减少,电极损耗随之降低。但过小的脉冲间隔将使放电间隙来不及消电离和使电蚀产物扩散,因而造成电弧烧伤。

影响“吸附效应”的除上述电参数外,还有冲、抽油的影响。采用强迫冲、抽油,有利于间隙内电蚀产物的排除,使加工稳定;在强迫冲、抽油使吸附、镀覆效应减弱,因而增加了电极的损耗。因此,在加工过程中采用冲、抽油时,要注意控制其冲、抽油的压力,使其不要过大。

3)利用传热效应

对电极表面温度场分布的研究表明,电极表面放电点的瞬间温度不仅与瞬间放电的总热量(与放电能量成正比)有关,而且与放电通道的截面积有关,与电极材料的导热性能有关。因此,在放电初期限制脉冲电流的增长率对降低电极损耗是有利的,可使电流密度不至于太高,也就使电极表面温度不至于过高而遭受较大的损耗。脉冲电流增长率太高时,对在热冲击波作用下易脆裂的工具电极(如石墨)的损耗,影响尤为显著。另外,由于一般采用的工具电极的导热性能比工件好,如果采用较大的脉冲宽度和较小的脉冲电流进行加工,导热作用使电极表面上较低而减少损耗,工件表面上仍较高而遭到蚀除。

4)选用合适的材料

如表2.6所示,钨、钼的熔点和沸点较高,损耗小,但其机械加工性能不好,价格低廉,故除线切割用钨钼丝外,其他很少采用。铜的熔点虽然较低、但其导热性好,因此损耗也较少,又能制成各种精密、复杂的电极,常作为中、小型腔加工的工具电极。石墨电极不仅热学性能好,而且在长脉冲粗加工时能吸附游离的碳来补偿电极的损耗,故相对损耗很低,目前已广泛用作型腔加工的电极。铜碳、铜钨、银钨合金等复合材料,不仅导热性好,而且熔点高,因而电极损耗小,但由于其价格较贵,制造成型比较困难,因而一般只在精密电火花加工时采用。

表2.6 电火花加工常用电极材料的性能

电极材料	电加工性能		机加工性能	说明
	稳定性	电极损耗		
钢	较差	中等	好	在选择电规准时注意加工稳定性
铸铁	一般	中等	好	为加工冷冲模时常用的电极材料
黄铜	好	大	尚好	电极损耗太大
紫铜	好	较大	较差	磨削困难,难与凸模联接后同时加工
石墨	尚好	小	尚好	机械强度较差,易崩角
铜钨合金	好	小	尚好	价格贵,在深孔、直壁孔、硬质合金模具加工中使用
银钨合金	好	小	尚好	价格贵,一般少用

最佳峰值电流宽度随脉冲能量的增加而增大。根据实际生产经验,在煤油中采用负极性粗加工时,当峰值电流与脉宽之比($\hat{i}_e/t_e$)满足下列条件时,可获得低损耗加工:

石墨加工钢

$$\frac{\hat{i}_e}{t_e} \leqslant 0.1 \sim 0.2\ \text{A}/\mu\text{s}$$

铜加工钢

$$\frac{\hat{i}_e}{t_e} \leqslant 0.06 \sim 0.12\ \text{A}/\mu\text{s}$$

钢加工钢

$$\frac{\hat{i}_e}{t_e} \leqslant 0.04 \sim 0.08\ \text{A}/\mu\text{s}$$

在以上经验公式中，只要选用合适的脉间能保持稳定加工而不出现电弧放电，在生产中有很大的参考价值。式中，以电压脉宽 t_i 代替 t_e，以便参数的设定。

2.6.3　影响加工精度的因素

影响电火花加工精度的主要因素有：放电间隙的大小及其一致性（间隙变化影响加工精度）；工具电极的损耗及其稳定性；放电参数的影响、加工规准（粗加工、精加工）；电蚀产物导致的“二次放电”；伺服进给机构工作的稳定性，等等。

电火花加工时，工具电极与工件之间存在着一定的放电间隙，如果加工过程中放电间隙保持不变，则可以通过修正工具电极的尺寸对放电间隙进行补偿，以获得较高的加工精度。然而，放电间隙的大小实际上是变化的，影响着加工精度。

放电间隙可利用经验公式表示为

$$S = K_u \hat{u}_i + K_R W_M^{0.4} + S_m \tag{2.7}$$

式中　S——放电间隙（指单面放电间隙），μm；

$\hat{u}_i$——开路电压，V；

K_u——与工作液介电强度有关的常数，纯煤油时为 5×10^{-2}，含有电蚀产物后 K_u 增大；

K_R——与加工材料有关的常数，一般易熔金属的值较大，对铁，$K_R = 2.5 \times 10^2$，对硬质合金，$K_R = 1.4 \times 10^2$，对铜，$K_R = 2.3 \times 10^2$；

W_M——单个脉冲能量，J；

S_m——考虑若膨胀、收缩、振动等影响的机械间隙，约 3 μm。

除了间隙能否保持一致性外，间隙大小对加工精度（特别是仿形精度）也有影响，尤其是对复杂形状的加工表面，棱角部位电场强度分布不均，间隙越大，影响越严重。因此，为了减少加工误差，应该采用较弱小的加工规准，缩小放电间隙，这样不但能提高仿形精度，而且放电间隙越小，可能产生的间隙变化量也越小；另外，还必须可能使加工过程稳定。电参数对放电间隙的影响是非常显著的，精加工的放电间隙一般只有 0.01 mm（单面），而粗加工时则为 0.5 mm 左右。

工具电极的损耗对尺寸精度和形状精度都有影响。电火花穿孔加工时，电极可贯穿型孔而补偿电极的损耗，型腔加工时则无法采用这一方法，精密型腔加工时可采用更换电极的方法。

影响电火花加工形状精度的因素还有“二次放电”。二次放电是指已加工表面上由于电蚀产物等的介入而再次进行的非必要的放电，它使加工深度方向产生斜度和加工棱角棱边变钝。产生加工斜度的情况如图 2.38 所示，由于工具电极下端部加工时间长，绝对损耗大，而电极入口处的放电间隙则由于电蚀产物的存在，“二次放电”的几率大，而使放电间隙扩大，因

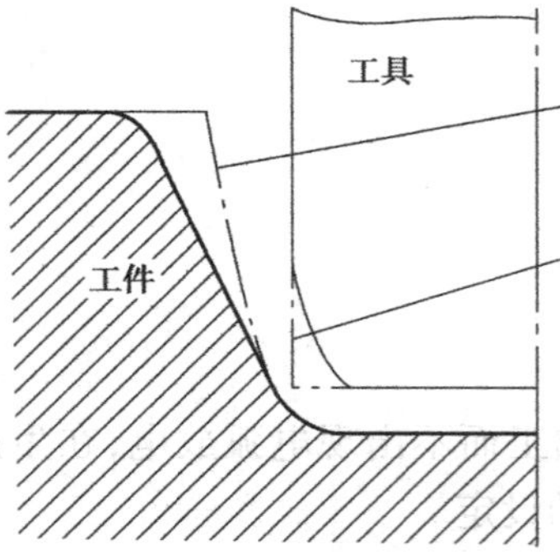

图 2.38 电火花加工时的加工斜度

1—电极无损耗时工具轮廓线;2—电极有损耗而不考虑二次放电时的工件轮廓线

而产生了加工斜率,俗称喇叭口。

电火花加工时,工具的尖角或凹角很难精确地复制在工件上,这是因为当工具为凹角时,工件上对应的尖角处放电蚀除的概率大,容易遭受腐蚀而成为圆角,如图 2.39(a)所示。当工具为尖角时,一则由于放电间隙的等距性,工件上只能加工出以尖角顶点为圆心、放电间隙 S 为半径的圆弧;二则工具上的尖角本身因尖端放电蚀除的概率大而损耗成圆角,如图 2.39(b)所示。采用高频窄脉宽精加工,放电间隙小,圆角半径可明显减少,因而提高了仿形精度,可获得圆角半径小于 0.01 mm 的尖棱,这对于加工精密小模数齿轮等冲模是很重要的。目前,电火花加工的精度可达 0.01 ~ 0.05 mm,在精密光整加工时可小于 0.005 mm。

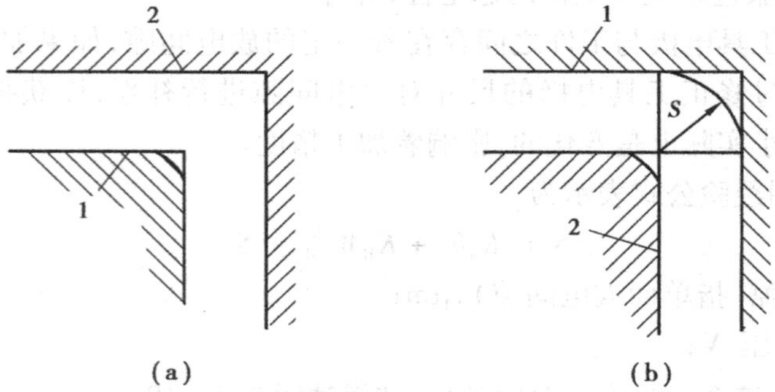

图 2.39 电火花加工时尖角变圆

1—工件;2—工具

2.6.4 影响表面质量的因素

电火花加工的表面质量主要包括表面粗糙度、表面变质层和表面机械性能 3 部分。

(1) 表面粗糙度

电火花加工表面和机械加工的表面不同,它是由无方向性的无数小坑和硬凸边所组成,特别有利于保存润滑油;而机械加工表面则存在着切削或磨削刀痕,具有方向性。两者相比,在相同的表面粗糙度和有润滑油的情况下,电火花加工表面的润滑性能和耐磨性能均比机械加工的表面好。

与切削加工一样,电火花加工表面粗糙度通常用微观轮廓平面度的平均算术偏差 R_a 或用微观轮廓平面度的最大高度值 R_{max} 来表示。对表面粗糙度影响最大的是单个脉冲能量,因为脉冲能量大,每次脉冲放电的蚀除量也大,放电凹坑既大又深,从而使表面粗糙度恶化。表面粗糙度和脉冲能量之间的关系,可用试验公式来表示,即

$$R_{max} = K_R t_e^{0.3} \hat{i}_e^{0.4} \tag{2.8}$$

式中 R_{max}——实测的表面粗糙度,μm;

K_R——常数,铜加工钢时常取 2.3;

t_e——单个脉冲放电时间,μs;

$\hat{i}_e$——脉冲峰值电流,A。

电火花穿孔、型腔加工的表面粗糙度可分为底面粗糙度和侧面粗糙度,同一加工规准加工出来的侧面粗糙度因为有二次放电的修光作用,往往要稍好于底面的粗糙度。要获得更好的侧壁表面粗糙度,可采用平动头或数控摇动工艺来修光。

电火花加工的表面粗糙度和加工速度之间存在着很大的矛盾。例如,当表面粗糙度 R_a 由 2.5 μm 提高到 1.25 μm 时,加工速度要下降 10 多倍。如图 2.40 所示为加工速度与表面粗糙度的关系曲线。按目前的工艺水平,较大面积的电火花成型加工要达到优于 R_a 为 0.32 μm是比较困难的,但是采用平动或摇动加工工艺可大为改善。目前,电火花穿孔加工侧面的最佳表面粗糙度 R_a 为 1.25 ~0.32 μm,电火花成型加工加平动或摇动后最佳表面粗糙度 R_a 为 0.63 ~ 0.04 μm,而类似电火花磨削的加工方法,其表面粗糙度 R_a 可小于 0.45 ~ 0.02 μm,但这时加工速度很低。因此,一般电火花加工到 R_a 为 2.5 ~0.63 μm 之后,再采用其他研磨或抛光方法,有利于改善其表面粗糙度并节省工时。

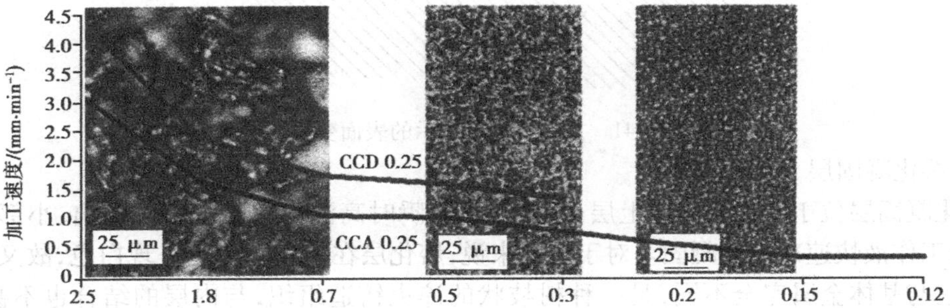

图 2.40　加工速度与表面粗糙度的关系曲线

工件材料对加工表面粗糙度也有影响,熔点高的材料(如硬质合金),单脉冲形成的凹坑较小,在相同能量下加工的表面粗糙度要比熔点低的材料(如钢)好,当然,加工速度相应下降。

精加工时,工具电极的表面粗糙度也将影响到加工粗糙度。由于石墨电极很难加工到非常光滑的表面,因此用石墨电极的精加工表面粗糙度较差。

从式(2.8)可知,影响表面粗糙度的因素主要是脉宽 t_e 与峰值电流 $\hat{i}_e$ 的乘积,也即单个脉冲能量的大小。但实践中发现,即使单脉冲能量很小,但在电极面积较小时,R_{max} 很难低于 2 μm(R_a 约为 0.32 μm),而且加工面积越大,可达到的最佳表面粗糙度越差。这是因为在煤油工作中的工具和工件相当于电容器的两个极,具有“潜布电容”(寄生电容),相当于在放电间隙上并联了一个电容器,当小能量的单个脉冲到达工具和工件时,电能被此电容“吸收”,只能起“充电”作用而不会引起火花放电。只有当多个脉冲充电到较高的电压,积累了较多的电能后,才能引起击穿放电,打出较大的放电的凹坑。这种由于潜布电容对加工较大面积使表面粗糙度恶化的影响,有时称为“电容效应”。

近年来国内外出现了“混粉加工”新工艺,可较大面积地加工出 R_a 为 0.1 ~0.05 μm 的光亮面。其办法是在煤油工作液中混入硅或铝等导电微粉,使工作液的电阻率降低,放电间隙成倍扩大,潜布电容成倍减少;同时,每次从工具到工件表面的放电通道,被微颗粒分割形成多个小的火花放电通道,到达工件表面的脉冲能量"分散"得很小,相应的放电痕也就小,可以稳定获得较大面积的光整表面。

(2)表面变质层

电火花加工过程中,在煤油、火花放电局部的瞬时高温高压下从煤油中分解出的碳微粒渗入工件表层,又在工作液的快速冷却作用下,材料的表面层发生了很大的变化。从最表层向里,主要有熔化凝固层和热影响层,还有从表层开始的显微裂纹,如图 2.41 所示。

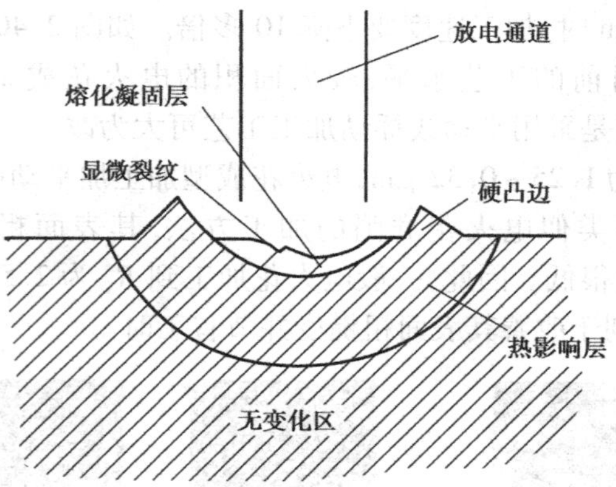

图 2.41　放电痕剖面显示的表面变质层

1)熔化凝固层

熔化凝固层位于工件表面最上层,它被放电时瞬时高温熔化后大部分抛出,小部分滞留下来,受工作液快速冷却而凝固。对于碳钢来说,熔化层在金相照片上呈现白色,故又称之为白层。它与基体金属完全不同,是一种树枝状的淬火铸造组织,与内层的结合也不甚牢固。它由马氏体和大量晶粒及极细的残余奥氏体及某些未熔化的碳化合物组成,用显微威氏硬度计测得其硬度在 1 000 乃至 1 000 以上。

熔化层的厚度随脉冲能量的增大而变厚,为 1 ~2 倍的 R_{max} 值,但一般不超过 0.1 mm。单个脉冲能量一定时,脉宽越窄,熔化层凝固越薄,因为大部分金属不是熔化而是在汽化状态下被抛出蚀除,不再残留在工件表面。

2)热影响层

热影响层介于熔化层和基体之间。热影响层的金属材料并没有熔化,只是受到高温的影响,使材料的金相组织发生了变化,它和基体材料之间并没有明显的界限。由于温度场分布和冷却速度的不同,对淬火钢,热影响层包括再淬火区、高温回火区和低温回火区;对未淬火钢,热影响层主要为淬火区,因此,淬火钢的热影响层厚度比未淬火钢大。

热影响层中靠近熔化凝固层的部分,由于受到高温作用并迅速冷却,形成淬火区,其厚度与条件有关,一般为 2 ~3 倍的最大微观平面度 R_{max} 值。对淬火钢,与淬火层相邻的部分受到温度的影响而形成高温、低温回火区,回火区的厚度约为最大微观平面度 R_{max} 的 3 ~4 倍。脉冲宽度越宽,向内传的热就越多,热影响层也越厚。

不同金属材料的热影响层其金相组织是不同的,耐热合金的热影响层与基体差异不大。

3)显微裂纹

电火花加工表面由于受到瞬时高温作用并迅速冷却而产生拉应力,往往在表面出现显微裂纹(见图 2.42)。实验表明,一般裂纹仅在熔化层(白层)内出现,只有在脉冲能量很大的情况下(粗加工时)才有可能扩展到热影响层。

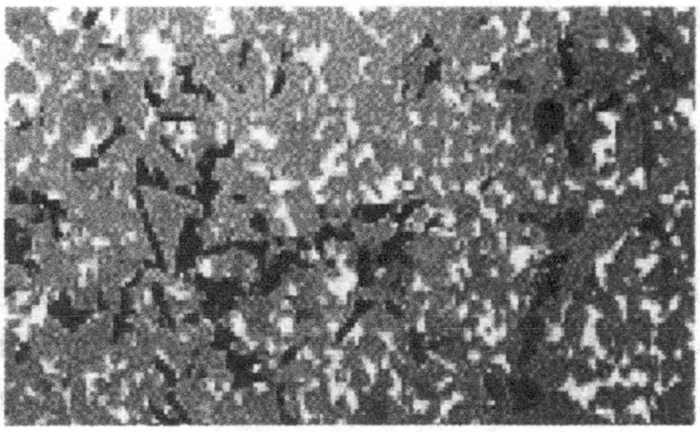

图2.42 电火花加工表面显微裂纹

显微裂纹与放电能量密切相关。能量越大,显微裂纹越宽、越深。脉冲能量很小时(如加工表面粗糙度 R_a 小于1.25 μm时),一般不出现裂纹。不同材料对裂纹的敏感性也不同,硬质合金等脆性材料易产生表面显微裂纹。在含铬、钨、钼、钒等合金元素的冷轧模具钢、热轧模具钢、高速钢、耐热钢中较易产生,在低碳钢和低合金钢中不产生。工件预先的热处理状态对裂纹产生的影响也很明显,加工淬火材料要比加工淬火后回火或退火的材料容易产生裂纹,因为淬火材料淬硬,原始内应力也较大。

由于存在表面变质层,加工表面一旦熔化就存在再凝固层,因此,在表面存在着残余拉应力(为70~80 Pa)。这种残余拉应力使抗疲劳强度减弱(正压力反而使抗疲劳强度变强),因此在放电加工之后,如果表面要求高,必须有精加工工序,以去除熔化再凝固层,这对模具的寿命是有益的。

(3)表面力学性能

表面机械性能主要包括显微硬度和耐磨性、残余应力、抗疲劳性能。

1)显微硬度及耐磨性

电火花加工后表面层的硬度一般高于基体材料,耐磨性好;对某些淬火钢可能稍低。对未淬火钢,特别是原来含碳量低的钢,热影响层的硬度都比基体材料高;对淬火钢,热影响层中的再淬火区硬度稍高或接近于基体硬度,而回火区的硬度比基体低,高温回火区又比低温回火区的硬度低。因此,一般来说,电火花加工表面最外层的硬度比较高,耐磨性好。但对于滚动摩擦,由于是交变载荷,特别是干摩擦,则因熔化凝固层和基体的结合不牢固,容易剥落而加快磨损。因此,有些要求高的模具需把电火花加工后的表面变质层事先研磨掉。

2)残余应力

电火花加工表面存在着由于瞬时的热胀冷缩产生的残余应力,以拉应力为主。残余应力大小与放电能量有关。因此,对表面层要求质量较高的工件,应尽量避免使用较大的电加工规准。

3)耐疲劳性能

电火花加工表面存在残余应力和显微裂纹,因此,抗疲劳性能一般较差。采用回火处理和喷丸处理,可使拉应力转化为压应力,提高抗疲劳性能。

试验表明,当表明粗糙度 R_a 在0.32~0.08 μm时,电火花加工表面的耐劳性能将与机械加工表面相近,这是因为电火花精微加工表面所使用的加工规准很小,熔化凝固层和热影响层均非常薄,不会出现显微裂纹,而且表面的残余拉应力也较小。因此,可采用小规准精加工或进行机械抛光去除表面变质层。

2.7 电火花成型穿孔加工工艺应用

电火花穿孔成型加工是利用火花放电腐蚀金属的原理,用工具电极对工件进行复制加工的工艺方法。机床主轴只在垂直方向进给、加工表面是二维直壁等截面的加工工艺,加工出的形状可以是圆孔、方孔或各类型孔。穿孔加工是相对于型腔加工而言的,有时也把穿孔加工和型腔加工统称为电火花穿孔成型加工。

电火花穿孔成型加工{穿孔加工:冲模、粉末冶金模、挤压模、型孔零件、小孔、小异形孔、深孔
型腔加工:型腔模(锻模、压铸模、塑料模、胶木模等)、型腔零件

2.7.1 冲模和型腔模的电火花加工

(1)冲模的电火花加工

冲模是生产上应用较多的一种模具。由于形状复杂和尺寸精度要求高,因此,它的制造已成为生产上的关键技术之一。特别是凹模,应用一般的机械加工是困难的,在某些情况下甚至不可能,而靠钳工加工则劳动量大,质量不易保证,还常因淬火变形而报废,采用电火花加工或线切割加工能较好地解决这些问题。冲模采用电火花加工工艺较机械加工工艺有以下优点:

①可在工件淬火后进行加工,避免了热处理变形的影响。

②冲模的配合间隙均匀,刃口耐磨,提高了模具质量。

③不受材料硬度的限制,可加工硬质合金等冲模,扩大了模具材料的选用范围。

④对于中、小型复杂的凹模,可不用镶拼结合,而采用整体式,可简化模具的结构,提高模具强度。

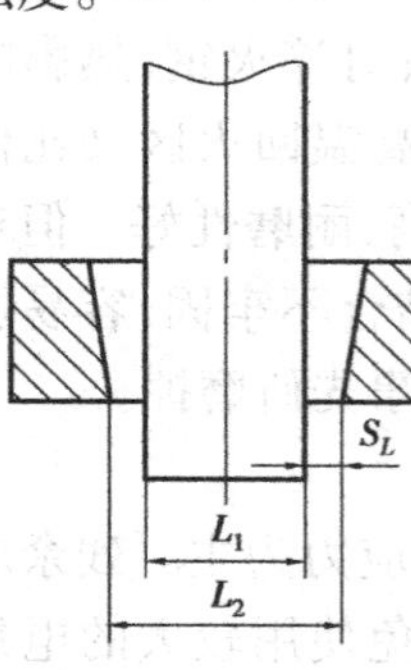

图 2.43 凹模电火花加工

冲模电火花加工中,凹模的尺寸精度主要靠工具电极来保证,因此,对工具电极的精度和表面粗糙度都应有一定的要求。如凹模的尺寸为 L_2,工具电极相应的尺寸为 L_1(见图 2.43),单侧面火花间隙值为 S_L,则

$$L_2 = L_1 + 2S_L \tag{2.9}$$

式中,火花间隙值 S_L 主要决定于脉冲参数与机床的精度,只要加工规准选择恰当,保证加工的稳定性,火花间隙值 S_L 的误差就很小,因此,只要工具电极的尺寸精确,用它加工出的凹模也就比较精确。

配合间隙是冲模的一个很重要质量指标,其大小与均匀性都直接影响冲件的质量及模具的寿命,在加工中必须给予保证。电火花穿孔加工达到配合间隙的方法主要有以下 3 种配合方法。

1)"钢打钢""反打正用"直接配合法

此方法是直接用加长的上冲头钢凸模作为电极直接加工凹模,加工时将凹模刃口端朝下

形成向上的“喇叭口”,加工后将工件翻过来使“喇叭口”(此喇叭口正好符合刃口斜度,有利于冲模落料)向下作为凹模,电极也倒过来把损耗部分切除或用低熔点合金浇固作为凸模,如图2.44所示为电火花穿孔成型加工直接配合法示意图。

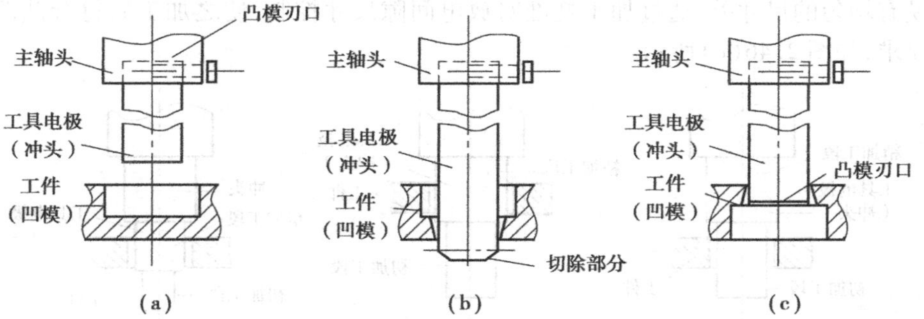

图2.44　电火花穿孔成型加工直接配合法示意图

(a)加工前　(b)加工后　(c)切除损耗部分

配合间隙靠调节脉冲参数,控制火花放电间隙来保证。这样,电火花加工后的凹模就可不用经任何修正而直接与凸模配合。这种方法具有配合间隙均匀、模具质量高、电极制造方便、钳工工作量少等优点。

但这种“钢打钢”时的工具电极和工件都是磁性材料,在直流分量的作用下易产生磁性,电蚀下来的金属屑可能被吸附在电极放电间隙的磁场中而形成不稳定的二次放电,使加工过程很不稳定。近年来由于采用了具有附加300 V高压击穿(高低压复合回路)的脉冲电源,情况有了很大改善。目前,电火花加工冲模时的单边配合间隙最小可达0.02 mm,甚至达到0.01 mm。因此,对一般的冲模加工,采用控制电极尺寸和火花间隙的方法可得到广泛的应用。

2)间接配合法

这种方法适用于冷冲模具的加工。它首先是将电火花性能良好的电极材料与冲头材料黏结在一起,共同线切割或磨削成型。然后用电极材料与冲头性能好的一端作为加工端,将工件反置固定,用“反打正用”的方法实行加工。这种方法可充分发挥加工端材料好的电火花加工工艺性能,还可达到与直接配合法相同的加工效果。

间接配合法的加工端材料可选用纯铜、铸铁或石墨。必须注意一定要黏结在冲头的非刃口端,才符合“反打正用”的加工原则,如图2.45所示。

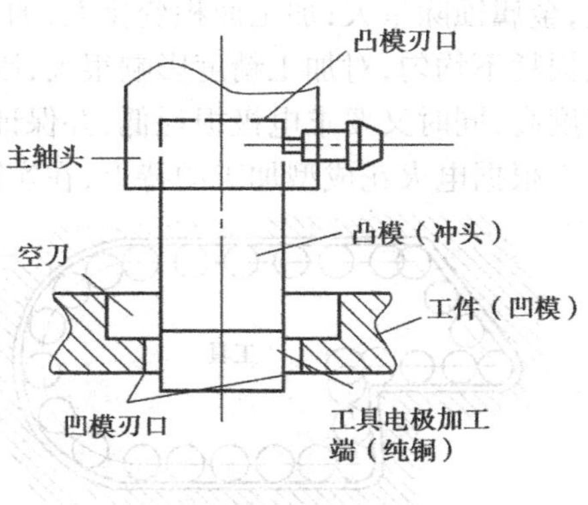

图2.45　电火花穿孔成型加工
间接配合法的示意图

3)阶梯工具电极加工法

在冷冲模具电火花成型加工中极为普遍,其应用方面有以下两种:

①无预孔或加工余量较大时,可以将工具电极制作为阶梯状,将工具电极分为两段,即缩小了尺寸的粗加工段和保持凸模尺寸的粗加工段。粗加工时,采用工具电极相对损耗较小、加工速度高的规准加工,粗加工段加工完成后只剩下较小的加工余量,如图2.46(a)所示。精加工段即凸模段,可采用类似于直接成型法的方法实行加工,以达到凸凹模配合的要求,如

图 2.46(b)所示。

②在加工小间隙、无间隙的冷冲模具时,配合间隙小于最小的电火花加工放电间隙,用凸模作为精加工是不能实行加工的,则可将凸模加长后加工或腐蚀成阶梯状,使阶梯的精加工段与凸模有均匀的尺寸差,通过加工规准对放电间隙尺寸控制,使之加工后符合凸凹模配合的技术要求,如图 2.46(c)所示。

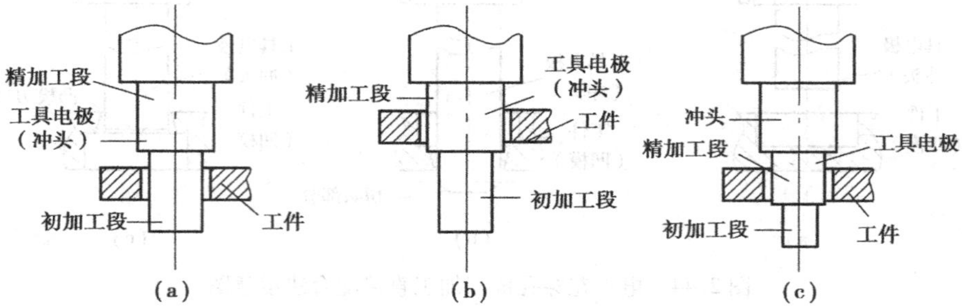

图 2.46　用阶梯工具加工冲模

除此以外,可根据模具或工件各种不同的尺寸特点和尺寸要求采用双阶梯、多阶梯工具电极。阶梯形的工具电极可以将直柄形的工具电极用“王水”酸洗、腐蚀而成。

随着数控线切割加工机床性能和数控线切割编程技术的不断提高和完善,可很方便地加工出任何配合间隙的冲模和落料模等,而且在有锥度切割功能的线切割机床上还可切割出刃口斜度 β 和落料角 α。因此,近年来绝大多数凸、凹冲模都已采用线切割加工。

(2)型腔模的电火花加工

型腔模主要包括锻模、压铸模、胶木模、塑料模及挤压模等,也包括一些型腔零件。由于均是盲孔加工、工作液循环和电蚀产物排除条件差,工具电极损耗后无法靠主轴进给补偿精度,金属蚀除量大;加工面积变化大,加工过程中电规准的变化范围也较大;而且型腔复杂,电极损耗不均匀,对加工精度影响很大,因此,对于型腔模的电火花加工,既要求蚀除量大,加工速度高,同时又要求电极损耗低,并保证所要求的精度和表面粗糙度是很困难的。

根据电火花成型加工的特点,在实际中通常采用单电极直接成型法,单电极平动(摇动)法,多工具电极更换法和分解工具电极加工法等。其中,单电极平动法是应用最广泛的方法。

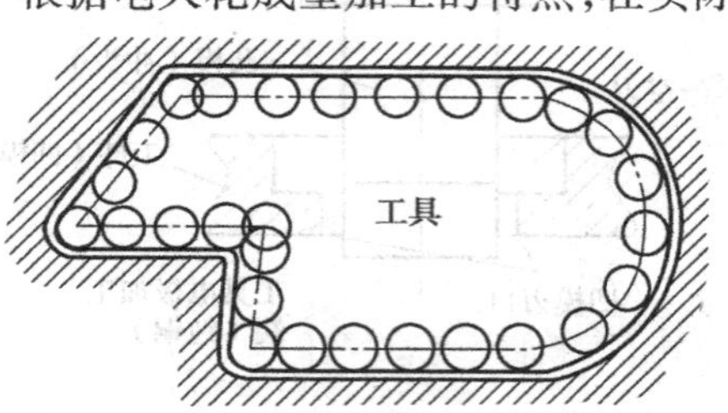

图 2.47　平动头扩大间隙原理图

1)单电极平动法

单电极平动法是指采用同一个工具电极完成模具型腔的粗、中及精加工。对普通的电火花机床,在加工过程中先用无损耗或低损耗电规准进行粗加工,然后采用平动使工具电极做圆周或平移运动(见图 2.47),按照粗、中、精的顺序逐级改变电规准,进行侧面平动修整加工。在加工过程中,借助平动头逐渐加大工具电极的偏心量,可以补偿前后两个加工电规准之间放电间隙的差值和表面微观不平度差,实现型腔侧面仿形修光,完成整个型腔的加工。

如果不采用平动(摇动)加工,如图 2.48(a)所示,在用粗加工电极对型腔进行粗加工后,型腔四周侧壁留下很大的放电间隙,且表面粗糙度很差,此时再用精加工规准已无法进行加工,必要时只好更换一个尺寸较大的精加工电极(见图 2.48(b)),费时又费钱。如果采用平动(摇动)加工(见图 2.48(c)、图 2.48(d)、图 2.48(e)),只要用一个电极向四周平动,逐步地由粗到精改变电规准,就可较快地加工出型腔来。

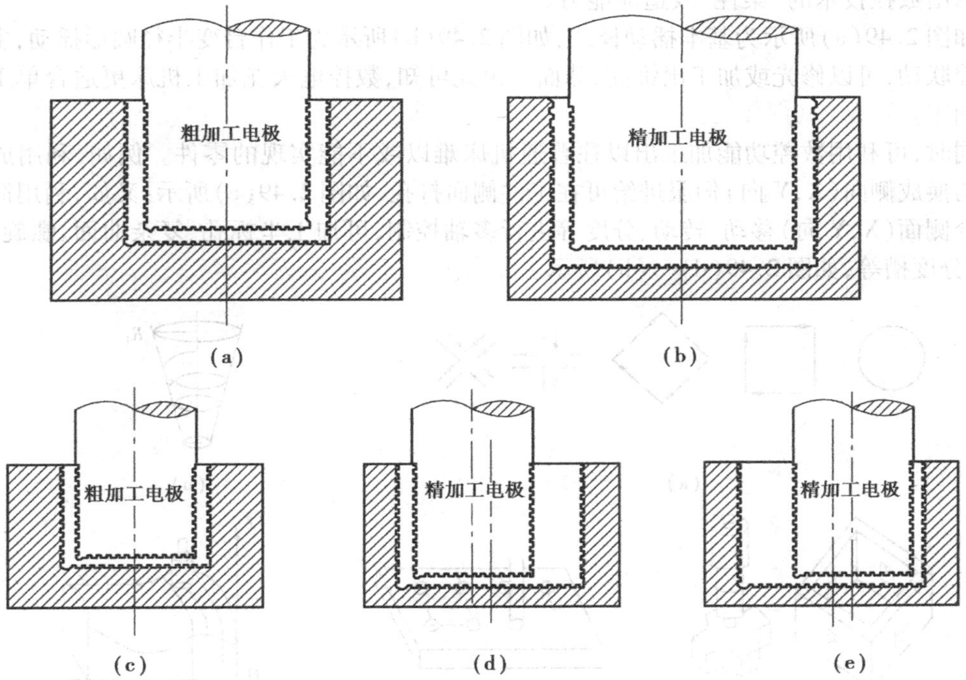

图 2.48　平动加工的优点

(a)粗加工　(b)更换大电极精加工　(c)粗加工

(d)精加工型腔(左侧)　(e)精加工型腔(右侧)

用平动头单工具电极平动法加工的最大优点是只需一个电极、一次装夹定位,便可达到 ±0.05 mm 的加工精度,并方便了电蚀产物的排除,使加工过程稳定。其缺点是电极损耗后难以获得高精度的型腔模,特别是难以加工出清棱、清角的型腔;因为平动时,电极上的每个点都按平动头的偏心半径做圆周运动,清角半径由偏心半径决定。此外,电极粗加工中容易引起不平的表面龟裂状的积炭层,影响型腔表面粗糙度。为弥补这一缺点,可采用精度较高的重复定位夹具,将粗加工后的电极取下,经均匀修光后,再重复定位装夹,再用平动头完成型腔的加工,可消除上述缺陷。完成这样一个周期后,随着加工电规准的不断切换,逐渐增大平动值,使型腔最后达到完全修光的目的。

采用数控电火花加工机床时,是利用工作台按一定轨迹做微量移动来修光侧面的,为区别于夹持在主轴头上的平动头的运动,通常将其称为摇动。由于摇动轨迹是靠数控系统产生的,所以具有更灵活多样的模式,除了小圆轨迹运动外,还有方形、十字形运动,因此更能适应复杂形状的侧面修光的需要,尤其可以做到尖角处的“清根”,这是一般平动头无法做到的。

目前我国生产的数控电火花机床,有单轴数控(主轴 Z 向、垂直方向伺服)、三轴数控(主轴 Z 向、水平轴 X,Y 方向伺服)和四轴数控(主轴能数控回转及分度,称为 C 轴,加 Z,X,Y 轴)。如果在工作台上加双轴数控回转台附件(绕 X 轴转动的称 A 轴,绕 Y 轴转动的称 B 轴),这样就称为六轴数控机床。如果主轴只进行普通旋转运动,没有数控分度功能,则称 R

轴,此类多轴数控机床可实现近年来出现的用简单电极(如棒状电极)展成法加工复杂表面,它是靠旋转的工具电极(旋转可使电极损耗均匀和促进排屑)和工件间的数控运动及正确的编程来实现的,不必制造复杂的工具电极,就可加工复杂的模具或零件,大大缩短了生产周期和展示出数控技术的"柔性"及适应能力。

如图2.49(a)所示为基本摇动模式,如图2.49(b)所示为工作台变半径圆形摇动,主轴上下数控联动,可以修光或加工出锥面、球面。由此可知,数控电火花加工机床更适合单工具电极法加工。

同时,可利用数控功能加工出以往普通机床难以或不能实现的零件。例如,利用成型电极并切换成侧向(X,Y向)伺服进给可在工件侧面打孔,如图2.49(c)所示;又如,利用简单电极配合侧面(X,Y向)移动、转动、分度等进行多轴控制,可加工坐标孔、复杂曲面、螺旋面、斜齿轮、分度槽等,如图2.49(d)—(h)所示。

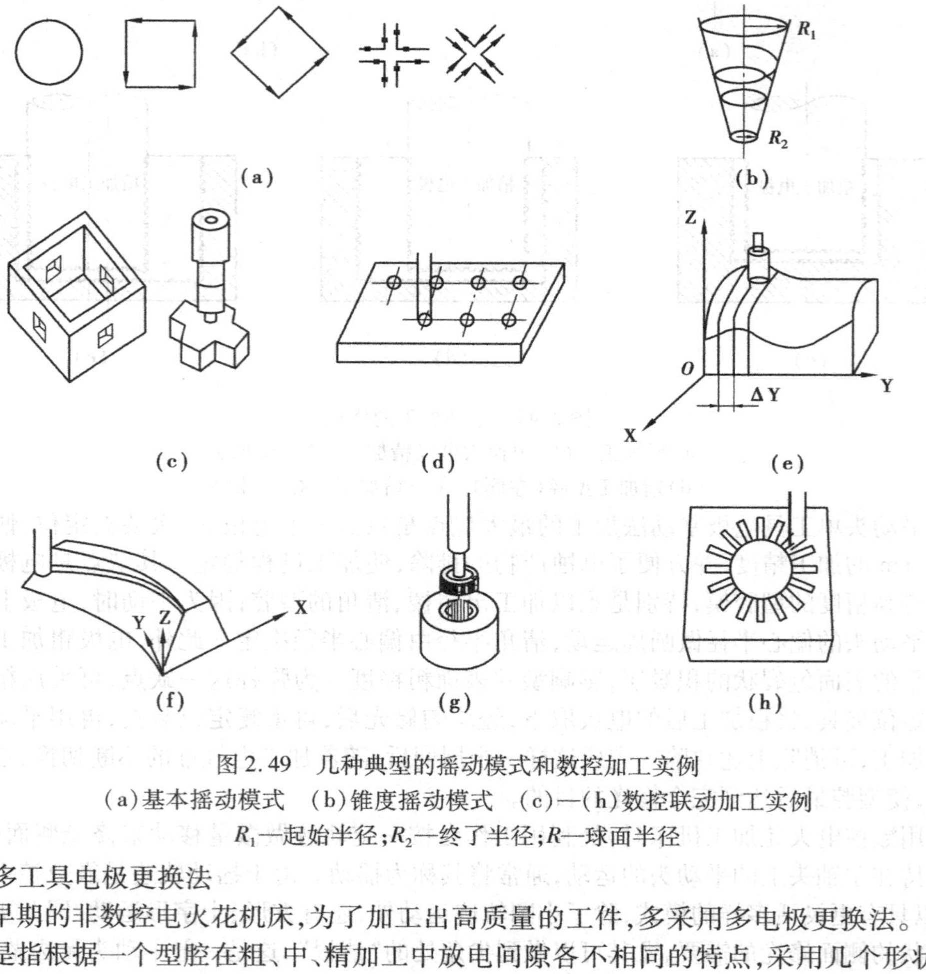

图2.49 几种典型的摇动模式和数控加工实例

(a)基本摇动模式 (b)锥度摇动模式 (c)—(h)数控联动加工实例

R_1—起始半径;R_2—终了半径;R—球面半径

2)多工具电极更换法

对早期的非数控电火花机床,为了加工出高质量的工件,多采用多电极更换法。多电极更换法是指根据一个型腔在粗、中、精加工中放电间隙各不相同的特点,采用几个形状相同、尺寸不同的工具电极完成一个型腔的粗、中、精加工。在加工时首先用粗加工电极蚀除大量金属,然后更换电极进行中、精加工;对于加工精度高的型腔,往往需要较多的电极来精修型腔。但多工具电极更换法对工具电极的制造精度有严格的要求,要求多个工具电极尺寸精度的一致性,同时各工具电极间相对位置的尺寸差极为均匀,要求定位装夹精度高,来确保在更换工具电极时的重复定位精度。

3)分解电极法

分解工具电极法是单工具电极平动法和多工具电极更换法的综合应用。它工艺灵活性强,仿形精度高,适用于尖角窄缝、深孔、深槽多的复杂型腔模具加工。

根据型腔的几何形状,把工具电极分解为主型腔电极和副型腔电极,其分别制造和使用。主型腔电极完成去除量大,形状简单的主型腔加工,如图2.50(a)所示;后用副型腔电极加工尖角、窄缝等部位的副型腔,如图2.50(b)所示。

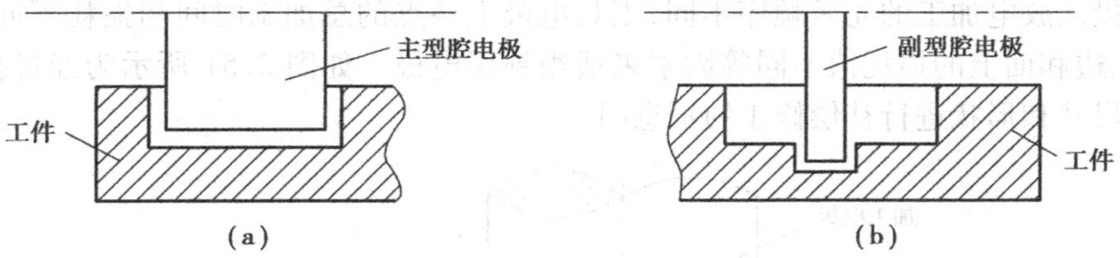

图2.50　分解工具电极加工法示意图
(a)主型腔加工　(b)副型腔加工

此方法的优点是能根据主、副型腔不同的加工条件,选择不同的加工电规准,有利于提高加工速度和改善加工表面质量,同时还可简化电极制造,便于电极修整。其缺点是主型腔和副型腔间的精确定位较难解决。

近年来,国外已广泛采用像加工中心那样具有电极库的多轴数控电火花机床,事先把复杂型腔分解为简单形状和相应的简单电极,编制好程序。加工过程中,自动更换电极和转换电规准,实现复杂型腔的加工。同时配合一套高精度辅助工具、夹具系统,可大大提高电极的装夹定位精度,使采用分解电极法加工的模具精度大为提高。

2.7.2　电火花成型加工的工具电极设计

(1)电极材料的选择

电火花加工常用电极材料的性能如表2.7所示。凸模一般选优质高碳钢T8A、T10A、铬钢Cr12、GCr15、硬质合金等。应注意,凸、凹模不可选用同一种钢材型号,否则电火花加工时就不易稳定。

表2.7　电火花加工常用电极材料的性能

电极材料	电加工性能		机加工性能	说　明
	稳定性	电极损耗		
钢	较差	中等	好	在选择电规准时注意加工稳定性
铸铁	一般	中等	好	为加工冷冲模时常用的电极材料
黄铜	好	大	尚好	电极损耗太大
紫铜	好	较大	较差	磨削困难,难与凸模联接后同时加工
石墨	尚好	小	尚好	机械强度较差,易崩角
铜钨合金	好	小	尚好	价格贵,在深孔、直壁孔、硬质合金模具加工中使用
银钨合金	好	小	尚好	价格贵,一般少用

型腔模首先选择耐蚀性高的电极材料提高加工精度，如铜钨合金、银钨合金以及石墨电极等，但铜钨合金和银钨合金成本高，机械加工比较困难，故采用较少，常用的是纯铜和石墨，其共同特点是宽脉冲粗加工时都能实现低损耗。

(2)电极的设计

电极设计是电火花加工中的关键点之一。在设计中，一是详细分析产品图纸，确定电火花加工位置；二是根据现有设备、材料、拟采用的加工工艺等具体情况确定电极的结构形式；三是根据不同的电极损耗、放电间隙等工艺要求对照型腔尺寸进行缩放，同时要考虑工具电极各部位投入放电加工的先后顺序不同，工具电极上各点的总加工时间和损耗不同，同一电极上端角、边和面上的损耗值不同等因素来适当补偿电极。如图 2.51 所示为经过损耗预测后对电极尺寸和形状进行补偿修正的示意图。

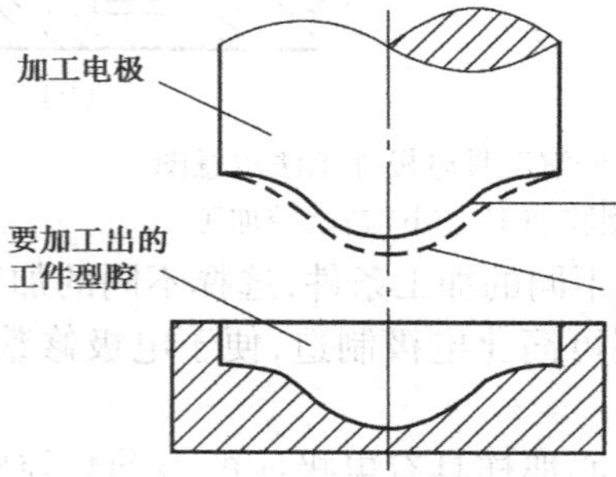

图 2.51　电极补偿图

由于凹模的精度主要决定于工具电极的精度，要求工具电极的尺寸精度和表面粗糙度比凹模高一级，一般精度不低于 IT7，表面粗糙度 R_a 小于 1.25 μm，且直线度、平面度和平行度在 100 mm 长度上不大于 0.01 mm。工具电极应有足够的长度，要考虑端部损耗后仍有足够的修光长度。若加工硬质合金时，由于电极损耗较大，电极还应适当加长。工具电极的截面轮廓尺寸除考虑配合间隙外，还要考虑比预定加工的型孔尺寸均匀地缩小一个加工时间的火花放电间隙。

(3)电极的水平尺寸

加工型腔模时的工具电极尺寸，一方面与模具的大小、形状、复杂程度有关，另一方面与电极材料、加工电流、深度、余量及间隙等因素有关。当采用平动法加工时，还应考虑所选用的平动量。

与主轴头进给方向垂直的电极尺寸称为水平尺寸，如图 2.52 所示。计算时，应加入放电间隙和平动量。任何有内、外直角及圆弧的型腔，可用公式确定为

$$a = A \pm Kb \tag{2.10}$$

式中　a——电极水平方向的尺寸；

A——型腔图纸上名义尺寸；

K——与型腔尺寸注法有关的系数，直径方向(双边)$K=2$，半径方向(单边)$K=1$；

b——电极单边缩放量(包括平动头偏心量，一般取 0.5～0.9 mm)，$b=s_L+H_{max}+h_{max}$，其中 s_L 是电火花加工时的表面加工间隙；

H_{max}——前一电规准加工时表面微观不平度最大值；

h_{max}——本电规准加工时表面微观不平度最大值。

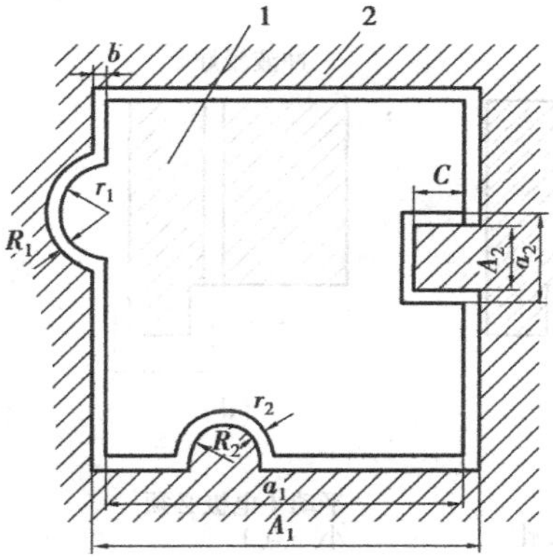

图 2.52　电极水平截面尺寸缩放示意图

1—工具电极;2—工作型腔

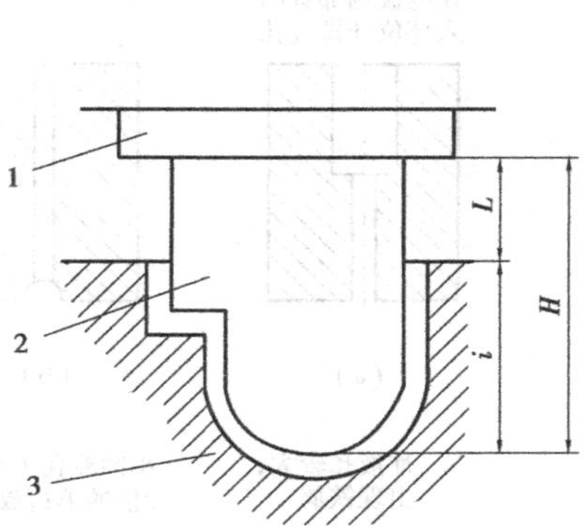

图 2.53　电极总高度确定说明图

1—夹具;2—电极;3—工件

式(2.9)中的“±”号按缩、放原则确定,如图2.52中,计算 a_1 用“−”号,计算 a_2 时用“+”号。

电极总高度 H 的确定如图 2.53 所示,可计算为

$$H = l + L \tag{2.11}$$

式中　H——除装夹部分外的电极总高度;

l——电极每加工一个型腔,在垂直方向的有效高度,包括型腔深度和电极端面损耗量,并扣除端面加工间隙值;

L——考虑到加工结束时,电极夹具不和夹具模块或压板发生接触,以及同一电极需重复使用而增加的高度。

(4)电极的排气孔和冲油孔

电火花成型加工时,型腔一般均为盲孔,排气、排屑条件较为困难,这直接影响加工效率与稳定性,精加工时还会影响加工表面粗糙度。为改善排气、排屑条件,大、中型腔加工电极都设计有排气、冲油孔。一般情况下,开孔的位置应尽量保证冲液均匀和气体易于排出。工作液的强迫循环(一般冲油压力 20 kPa),电极开孔示意图如图 2.54 所示。

(5)电极的制造

冲模电极的制造一般是先经普通机械加工,然后再成型磨削。一些不易磨削加工的材料,可在机械加工后,由钳工精修。目前直接用电火花线切割加工电极以获得广泛的应用。

采用钢凸模淬火后直接作为电极加工钢凹模时,可用线切割或成型磨削磨出。如果凸凹模配合间隙超出电火花加工间隙范围,则作为电极的部分必须在此基础上增大或缩小。可采用化学侵蚀的办法作出一面台阶,均匀减小到尺寸要求,或采用镀铜、镀锌的办法扩大到要求的尺寸。在加工冲模时,尤其是“钢打钢”加工冲模时,为了提高加工速度,常将电极工具的下端用化学腐蚀(酸洗)的方法均匀腐蚀去掉一定厚度,使电极工具成为阶梯形。这样,刚开始加工时可用较小的截面、较大的电规准进行粗加工,等到大部分留量已被蚀除、型孔基本穿透,再用上部较大截面的电极工具进行精加工,保证所需的模具配合间隙。

2.7.3　深小孔和异形孔的电火花加工

电火花高速小孔加工工艺是近年来新发展起来的。出现了专用电极制造商,加工直径为

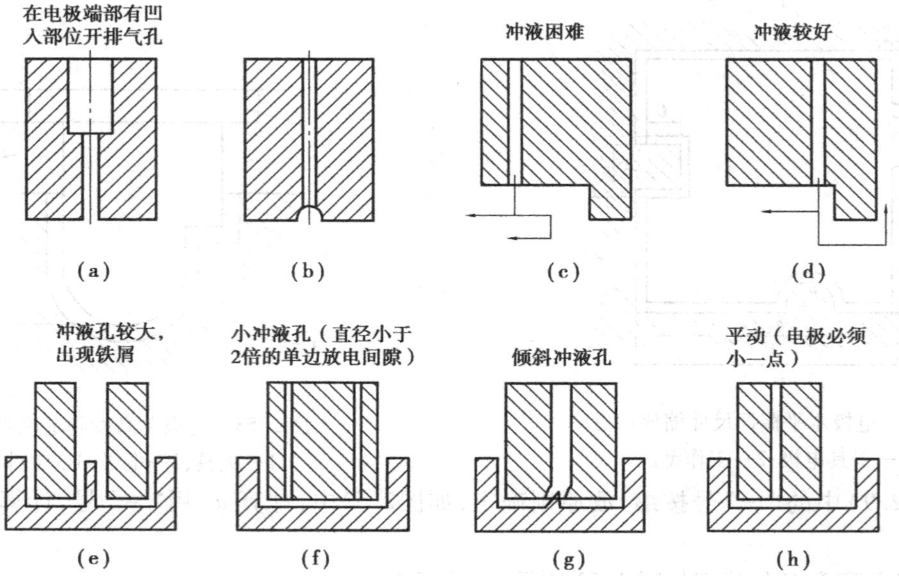

图 2.54　电极开孔示意图

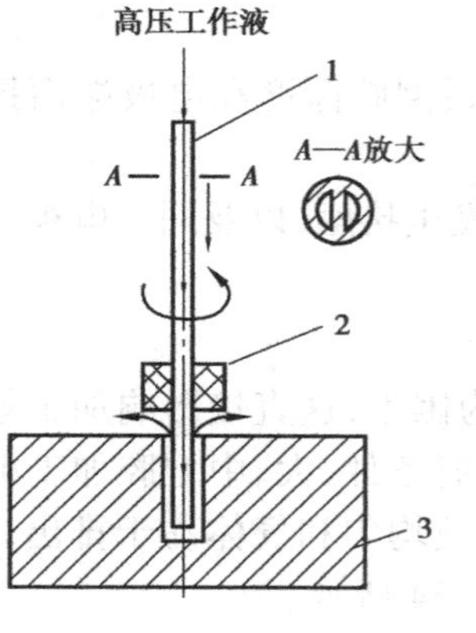

图 2.55　电火花高速小孔加工原理示意图

1—管电极;2—导向器;3—工件

ϕ0.1 ~ ϕ4 mm(间隔 0.1 mm)小孔的电极。

电火花高速小孔加工工艺采用中空的管状电极,如图 2.55 所示。加工时,工具电极做轴向进给运动,管电极中通入 1 ~ 5 MPa的高压工作液(自来水、去离子水、蒸馏水、乳化液或煤油),由于高压工作液能迅速将电极产物排除,且能强化火花放电的蚀除作用,加工时电极做回转运动,可使端面损耗均匀,不致受高压、高速工作液的反作用力而偏斜,相反,高压流动的工作液在小孔孔壁按螺旋线轨迹流出孔外,像静压轴承那样,使工具电极管"悬浮"在孔心,不易产生短路,加工速度高,一般小孔加工速度可达 20 ~ 60 mm/min,比普通钻削小孔的速度还要快。这种方法可加工出直线度和圆柱度很好的小深孔,最适合加工 ϕ0.3 ~ ϕ3 mm 的小孔,且深径比可超过 200。小孔加工精度可达 ±0.02 mm,孔壁的粗糙度 $R_a \leqslant 0.32$ μm。同时,可在斜面和曲面上打孔。这种方法已应用在加工线切割零件的预穿丝孔、喷嘴小孔等。

电火花加工不但能加工圆形小孔,而且能加工多种异形小孔,如图 2.56 所示为喷丝板异形孔的几种孔形。孔槽宽为 0.05 ~ 0.12 mm,公差为 ±5 μm,槽长公差为 ±0.02 mm,孔壁表面粗糙度值 R_a 应小于 0.32 μm。

加工微细而又复杂的异形小孔,与圆形小孔加工基本一样,关键是异形电极的制造,其次是异形电极的装夹和找正。制造异形小孔电极,主要有以下 3 种方法。

1)冷拔整体电极法

采用电火花线切割加工工艺并配合钳工修磨制成异形电极的硬质合金拉丝模,然后用该模具拉制成异形截面的电极。这种方法效率高,一致性和质量好,用于较大批量生产。冷拔、

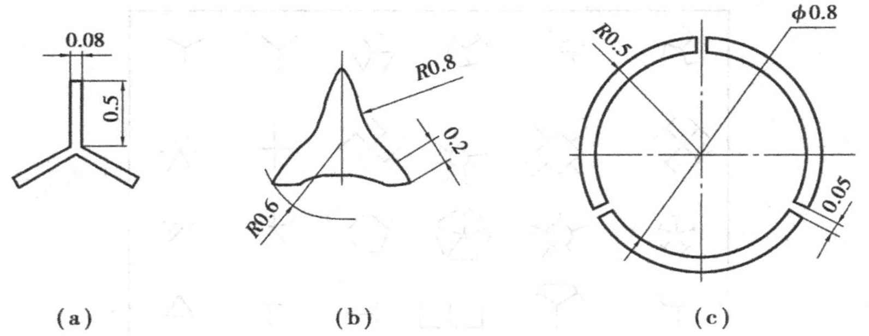

图2.56　喷丝板异形孔的几种孔形

(a)三叶形　(b)变形三角形　(c)中空形

冷挤压的Y形和十字形整体电极已在加工化纤纤维喷丝板的专业工厂中广泛使用。

2)电火花线切割加工整体电极法

利用精密电火花切割加工制成复杂成型截面的整体异形电极。这种方法的制造周期短、精度和刚度较好,易保证型孔加工质量,用于试制和小批生产。

3)电火花反拷加工整体电极法

如图2.57所示为电火花反拷加工制造异形电极的示意图,用这种方法制造的电极定位装夹方便而误差小。

由于加工异形小孔的工具电极结构复杂,装夹、定位比较困难,须采用专用夹具。如图2.58所示为三叶异形孔电极的专用夹具示意图,电极在装夹前需要注意修光、细研磨后装入夹具内紧牢。夹具装在机床主轴上,应调好电极与工件的垂直度及对中性。异形小孔加工时的电规准选择基本与圆形小孔加工相似。

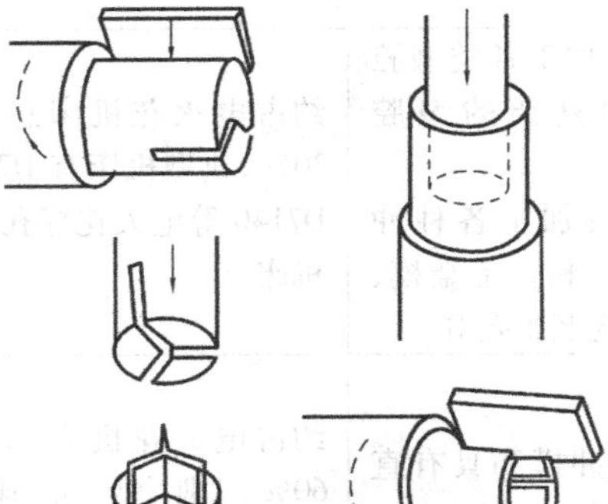

图2.57　电火花反拷加工异形电极示意图

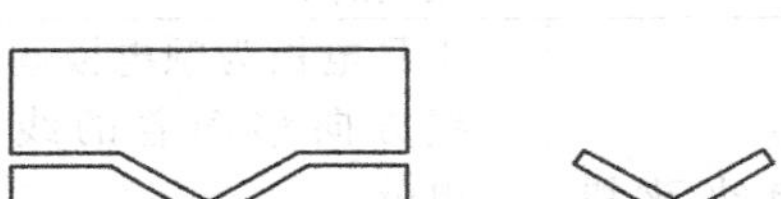

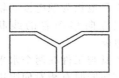

图2.58　异形孔电极三角形夹具示意图

我国针对图2.59的异形孔已研制了数字程序控制异形孔喷丝板专用电火花加工机床。电极丝进给由步进电动机伺服控制、送进速度能数显,并能自动进行组合加工、极性转换、电规准转换、工作台回转和自动分度、电极自动回升,可实现单孔全自动加工。

苏州电加工机床研究所制造生产的ZT007型整孔喷丝孔加工机床能用简单形状的扁电极(如ϕ0.1 mm×0.5 mm的手表游丝),通过数控组合,可加工出如Y形、十字形、米字形、三角形等,也可采用ϕ0.1～ϕ0.3 mm的细丝电极数控加工小圆孔。

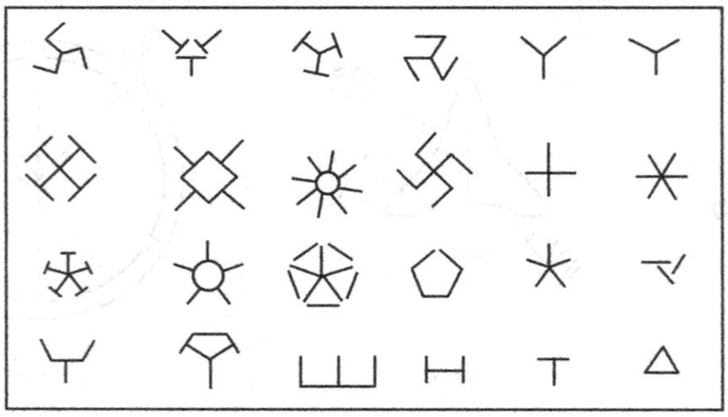

图 2.59　用扁丝电极组合加工异形孔

机床提供了开放式孔形编辑功能,用户可自主编辑各种由单槽或单孔组成的异形孔,机床采用细长条电极加工,由滚轮夹紧伺服进给,加工到设定深度后可自动回退。电极损耗后通过再进给机构可以自动补偿和自动修整电极丝,有很大的工艺适应能力和加工柔性,对异形小孔、成批生产有很好的经济效益和社会效益。

2.8　其他电火花加工

随着生产的发展,电火花加工领域不断扩大,除了电火花穿孔成型加工、电火花线切割加工外,还出现了许多其他方式的电火花加工方法,如表 2.8 所示。

表 2.8　其他电火花加工方法类型

类别	工艺方法	特　点	用　途	备　注
Ⅰ	电火花穿孔成型加工	1. 工具和工件间主要只有一个相对的伺服进给运动 2. 工具为成型电极,与被加工表面有相同的截面和相反的形状	1. 型腔加工:加工各类型腔模及各种复杂的型腔零件 2. 穿孔加工:加工各种冲模、挤压模、粉末冶金模、各种异形孔及微孔等	约占电火花机床总数的 30%,典型机床有 D7125, D7140 等电火花穿孔成型机床
Ⅱ	电火花线切割加工	1. 工具电极为顺电极丝轴线方向移动着的线状电极 2. 工具与工件在两个水平方向同时有相对伺服进给运动	1. 切割各种冲模和具有直纹面的零件 2. 下料、切割和窄缝加工	约占电火花机床总数的 60%,典型机床有 DK7725, DK7740 数控电火花线切割机床
Ⅲ	电火花内孔、外圆和成型磨削	1. 工具与工件有相对的旋转运动 2. 工具与工件间有径向和轴向的进给运动	1. 加工高精度、表面粗糙度小的小孔,如拉丝模、挤压模、微型轴承内环、钻套等 2. 加工外圆、小模数滚刀等	约占电火花机床总数的 3%,典型机床有 D6310 电火花小孔内圆磨床等

续表

类别	工艺方法	特点	用途	备注
Ⅳ	电火花同步共轭回转加工	1. 成型工具与工件均做旋转运动,但二者角速度相等或成整倍数,相对应接近的放电点可有切向相对运动速度 2. 工具相对工件可做纵、横向进给运动	以同步回转、展成回转、倍角速度回转等不同方式,加工各种复杂型面的零件,如高精度的异形齿轮,精密螺纹环规,高精度、高对称度、表面粗糙度小的内、外回转体表面等	约占电火花机床总数不足1%,典型机床有JN-2,JN-8内外螺纹加工机床
Ⅴ	电火花高速小孔加工	1. 采用细管(> ϕ0.3 mm)电极,管内冲入高压水基工作液 2. 细管电极旋转 3. 穿孔速度较高(60 mm/min)	1. 线切割穿丝预孔 2. 深径比很大的小孔,如喷嘴等	约占电火花机床2%,典型机床有D703A电火花高速小孔加工机床
Ⅵ	电火花表面强化、刻字	1. 工具在工件表面上振动 2. 工具相对工件移动	1. 模具刃口,刀、量具刃口表面强化和镀覆 2. 电火花刻字、打印记	约占电火花机床总数的2% ~ 3%,典型设备有D9105电火花强化器等

2.8.1 电火花小孔镗磨加工

在生产实践中,有些要求加工较高的精度和表面粗糙度的小深孔,但工件材料(如磁钢、硬质合金、耐热合金等)的机械加工性能很差。采用传统研磨方法加工时,生产率太低,采用内圆磨床磨削也很困难,因为内圆磨削小孔时砂轮轴较细,刚度很差,磨床的孔呈喇叭形,砂轮速度也很难达到要求,因而磨削效率下降,表面粗糙度值变大。采用不用很高转速的电火花磨削与镗磨加工是最有效的加工工艺。

电火花镗磨是工件做旋转运动、电极工具只做往复运动和进给运动而无旋转运动。如图2.60所示为加工示意图,工件5装夹在三爪自定心卡盘6上,由电动机7带动旋转,电极丝2

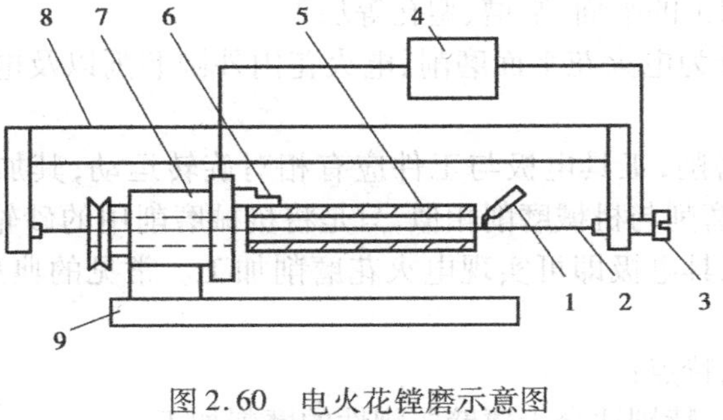

图2.60 电火花镗磨示意图

1—工作液管;2—电极丝(工具电极);3—螺钉;4—脉冲电源;5—工件;
6—三爪自定心卡盘;7—电动机;8—弓形架;9—工作台

由螺钉3拉紧,并保证与孔的旋转中心线相平行,固定在弓形架8上。为了保证被加工孔的直线度和表面粗糙度,工件(或电极丝)还作往复运动,这是由工作台9作往复运动来实现的。加工用的工作液由工作液管1浇注供给。

电火花镗磨虽然生产率较低,但比较容易实现,而且加工精度高,表面粗糙度小,小孔的圆度可达0.003~0.005 mm,表面粗糙度 R_a 小于0.32 μm,故生产中应有较多。目前已经用来加工小孔径的弹簧夹头,可先淬火,后开缝,再磨孔,以避免已磨圆的孔在开缝后又再变形。特别适用于镶有硬质合金的小型弹簧夹头(见图2.61)和内径1 mm以下、圆度在0.01 mm以内的钻套及偏心钻套,还用来加工粉末冶金用压模,这类压模多为硬质合金。如图2.62所示的硬质合金压模,其圆度小于0.003 mm。另外,如微型轴承的内环、冷挤压模的深孔、液压件深孔等,采用电火花镗磨,均取得了较好的效果。

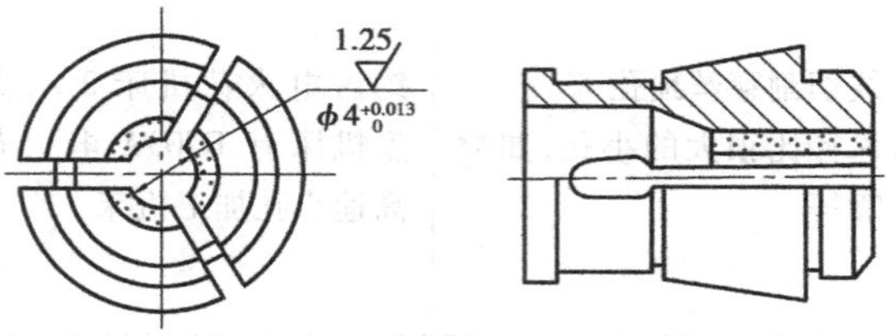

图2.61　硬质合金弹簧夹头图

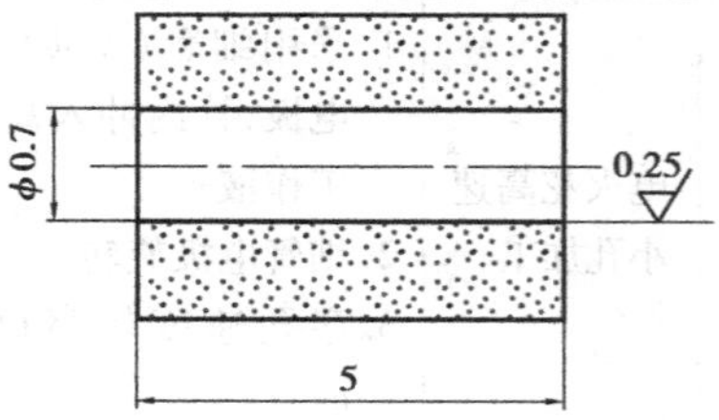

图2.62　硬质合金压模

2.8.2　电火花外表面磨削加工

电火花磨削是指工具电极和工件电极之间附加传统磨削相对运动的电火花加工。电火花磨削可在穿孔、成型机床上附加一套磨头来实现,使工具电极做旋转运动。如工件也附加一旋转运动,则可提高磨孔的圆度。也有设计成专用电火花磨床或电火花坐标磨孔机床的,也可用磨床、铣床、钻床改装,工具电极做往复运动,同时还自转。在坐标磨孔机床中,工具电极作往复运动,工件的孔距靠坐标系统来保证。这种办法操作比较方便,但机床结构复杂、制造精度要求高。

电火花磨削实质上是应用机械磨削的运动形式进行电火花加工。作为磨削,一般工具电极和工件都应各自做回转运动,或工具电极和工件有相对的回转运动。电火花磨削加工时,工件电极与工件并不接触,且放电爆炸力很小,不易引起工件及工具电极的变形。因此,适用于各类低刚度零件,诸如细长杆、薄壁环形工件、蜂窝结构件以及高硬度、高黏度的高温合金等常规机械磨削难以加工的平面、窄槽、型孔等加工。

电火花磨削还可分为电火花平面磨削、电火花内外圆磨削以及电火花成型磨削(如电火花成型镗磨和铲磨等)。

为了进行电火花磨削,工具电极与工件应有相对旋转运动,其加工示意图如图2.63所示。由图可知,电火花磨削与机械磨削相似,只是将机械磨削用的砂轮改用石墨或铜等导电、耐火花腐蚀材料制成工具电极即可实现电火花磨削加工。常见的典型电火花磨削方式如表2.9所示。

电火花磨削的工艺特点:

①机械作用力很小,特别适合于薄壁弱刚性的磨削加工。

②通过控制脉冲电源的电参数,能获得较高的加工尺寸精度及良好的表面粗糙度。

③加工范围广,如内、外圆,平面,螺纹,花键,齿轮等成型面,各类成型刀具等。

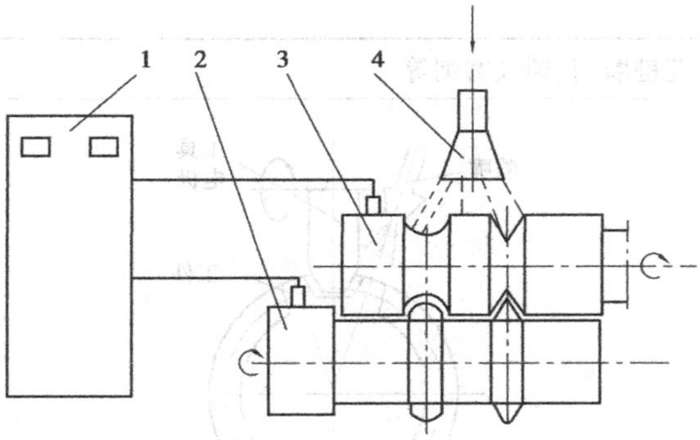

图2.63　电火花磨削加工示意图

1—脉冲电源;2—工件;3—工具电极;4—工作液喷头

④对小批量试制工作,可由毛坯直接磨削成型。

⑤工件及工具电极的转速较机械磨削成型低。

⑥工具电极与工件间放电面积在多数情况下比较小(尤其是采用周边磨削方式时),故电火花磨削加工效率低于常规电火花加工效率。

在实用中采用什么磨削方式,要根据工件加工部位的形状及结构、刚性等因素综合考虑确定。

表2.9　常见的电火花磨削方式

1. 周边磨削:如电火花外圆磨削、内圆磨削和轮缘平面磨削等	
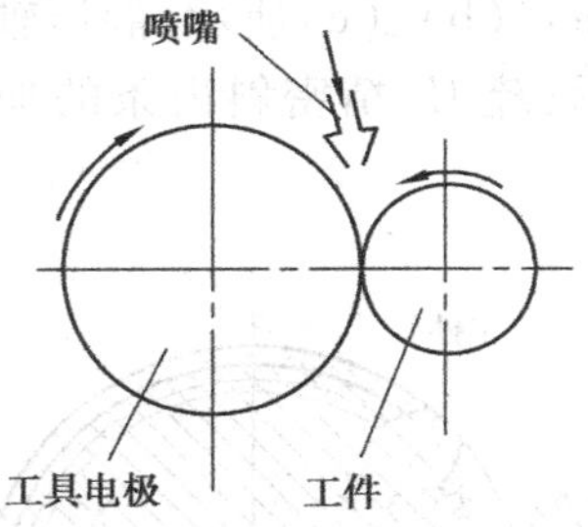 电火花外圆磨削	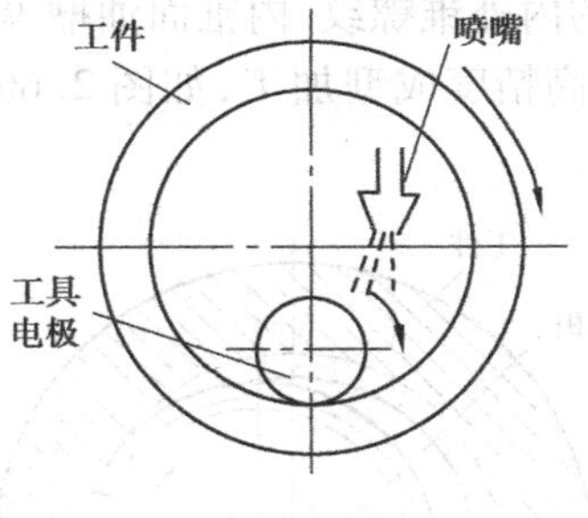 内圆磨削
2. 端面磨削:如立轴平面磨削、双端面磨削	
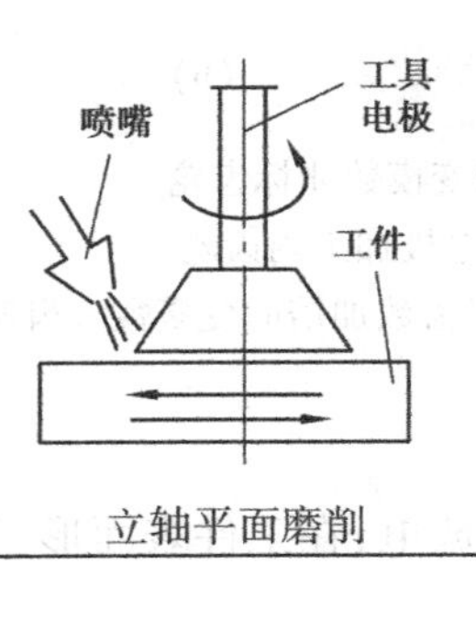 立轴平面磨削	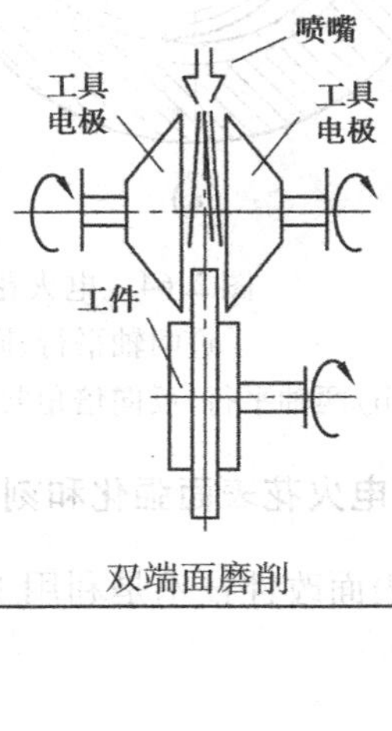 双端面磨削

续表

3. 成型磨削:如齿轮磨削、花键磨削、螺纹磨削等
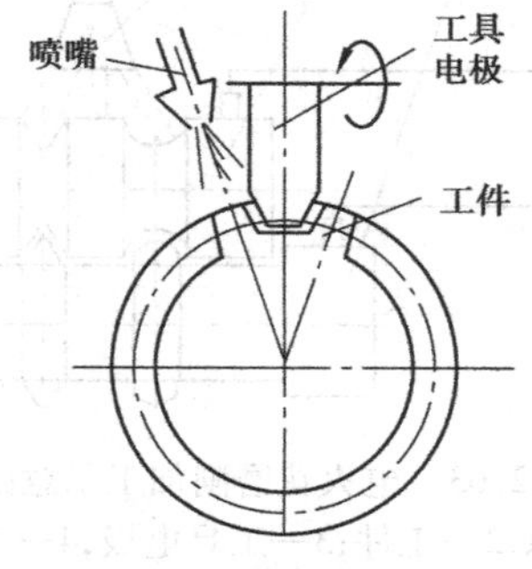 齿轮磨削

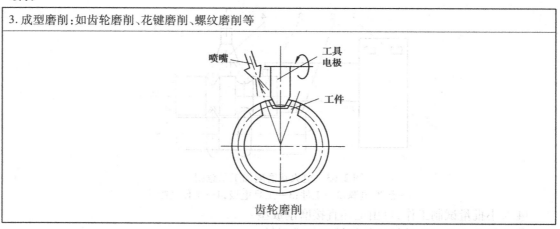

2.8.3 电火花共轭回转加工

所谓电火花共轭回转加工,是在加工过程中工具电极和工件电极之间附加满足被加工面要求的共轭回转运动的电火花加工工艺。目前主要运用在各类螺纹环规及塞规,特别适合于硬质合金材料及内螺纹的加工,两电极之间附加了同方向、同转速的旋转运动;精密的内、外齿轮加工,特别适用于非标准内齿轮加工,两电极附加了齿轮之间的啮合运动,如图 2.64 所示;精密的内外锥螺纹、内锥面油槽等的加工如图 2.65(a)、(b)、(c)所示;静压轴承油腔,回转泵体的高精度成型加工,如图 2.66(a)、(b)、(c)所示;疏刀、精密斜齿条的加工等,如图 2.67所示。

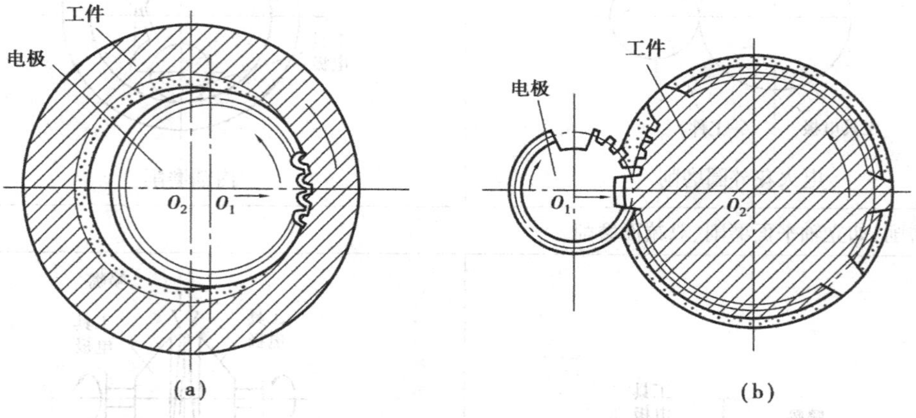

图 2.64 电火花共轭回转加工精密内齿轮和变模数非标齿轮
(a)两轴平行、同向同步共轭回转,用外齿轮电极加工内齿轮
(b)两轴平行,反向倍角共轭回转,用变模数小齿轮加工齿数加倍的变模数大齿轮

2.8.4 电火花表面强化和刻字

电火花表面改性技术是利用工件和电极之间的电火花放电,在工件表面形成一层所要求

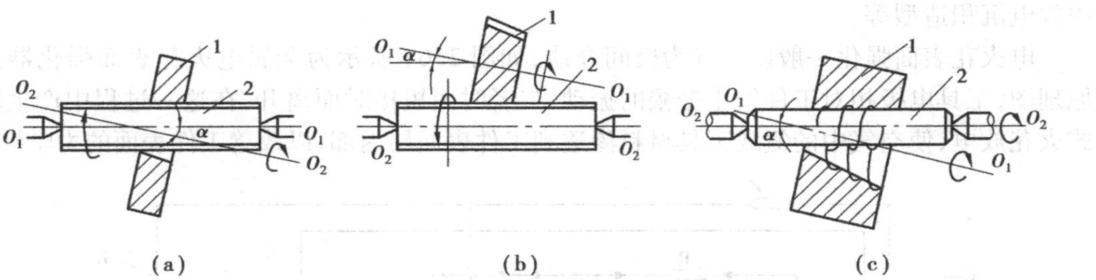

图 2.65　用圆柱螺纹工具电极电火花同步回转共轭式加工内、外锥螺纹或油槽
(a)内锥螺纹加工　(b)外锥螺纹加工　(c)内锥面油槽加工
1—工件;2—电极

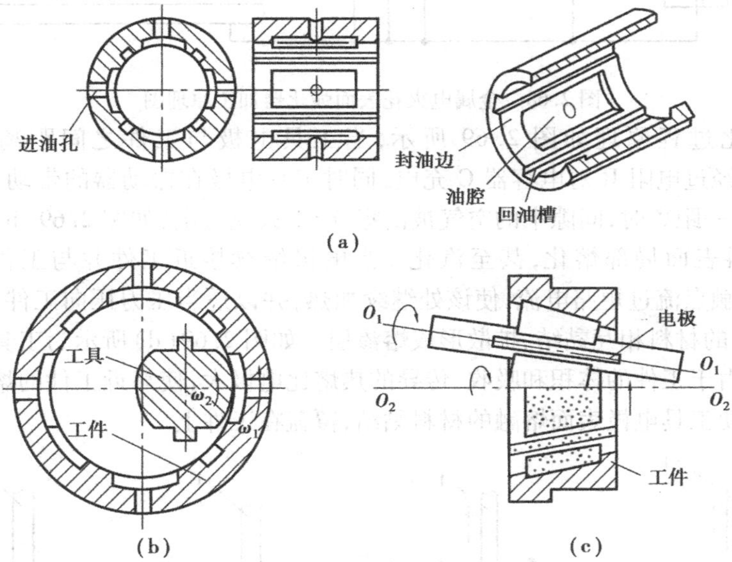

图 2.66　静压轴承和电火花共轭倍角同步回转加工原理
(a)静压轴承　(b)倍角同步回转电火花加工
(c)两轴斜交,同向倍角共轭回转,加工静压轴承的内锥油腔

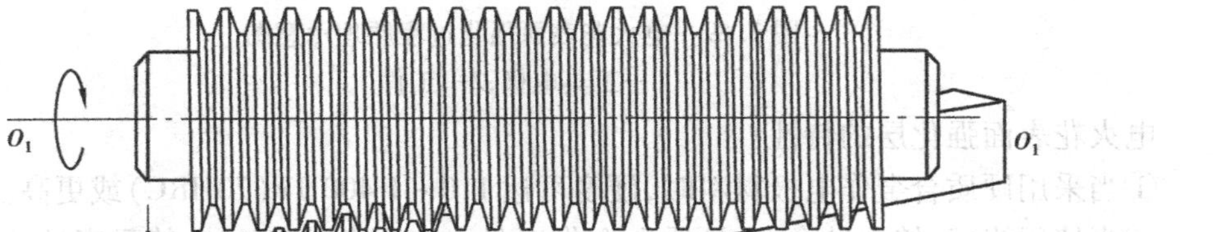

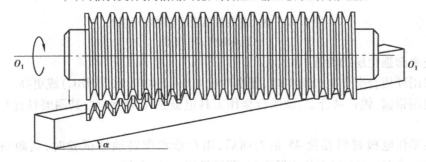

图 2.67　电火花加工精密斜齿条或梳刀

性能的处理膜,来实现对工件表面进行强化、改性的技术。主要有气体中电火花表面强化(传统的电火花表面强化),液体中电火花放电沉积表面改性处理,钛合金电火花放电着色,气体

中放电沉积造型等。

电火花表面强化一般以空气为极间介质，如图 2.68 所示为金属电火花表面强化器加工原理图，工具电极相对工件做小振幅的振动，二者时而短接时而离开，在这一过程中产生脉冲式火花放电，使空气中的氮或工具材料渗透到工件表面层内部，以改善工件表面的力学性能。

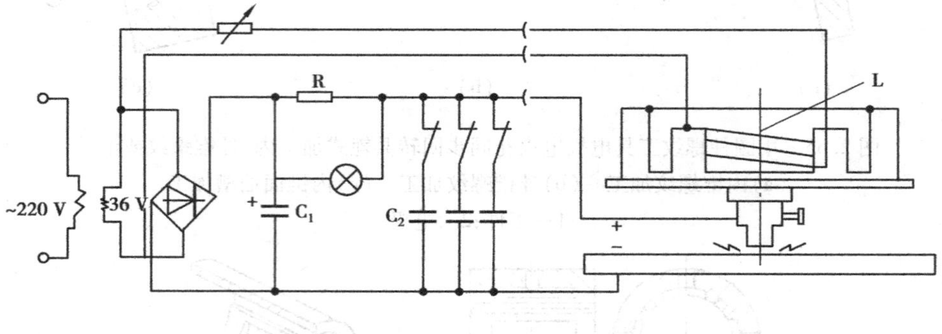

图 2.68　金属电火花表面强化器加工原理图

电火花强化过程原理如图 2.69 所示，当工具电极与工件之间距离较大时（见图 2.69(a)），电源经过电阻 R 对电容器 C 充电，同时工具电极在振动器的带动下向工件运动。当间隙接近于某一距离时，间隙中的空气被击穿，产生火花放电，如图 2.69(b)所示。使工具电极和工件材料表面局部熔化，甚至汽化。当电极继续接近工件并与工件接触时（见图 2.69(c)），在接触点流过短路电流，使该处继续加热，并以适当压力压向工件，使工具电极和工件表面熔化了的材料相互黏结、扩散形成熔渗层。如图 2.69(d)所示为工具电极在振动作用下离开工件，由于工件的体积和吸收、传导的热熔比电极大，使靠近工件的熔化层首先散热急剧冷凝，从而使工具电极表面熔融的材料黏结，覆盖在工件上。

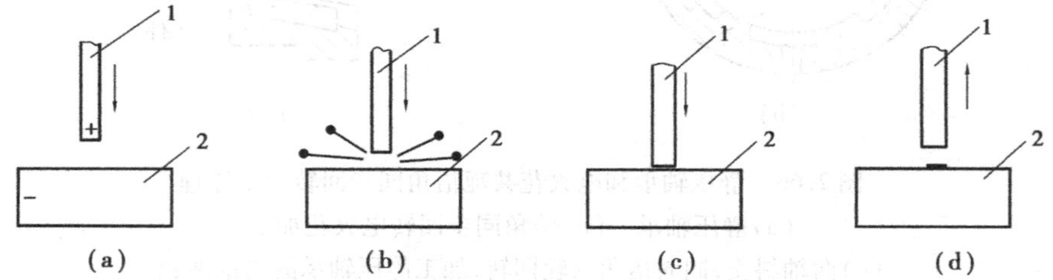

图 2.69　电火花表面强化过程原理示意图

1—工具电极；2—工件

电火花表面强化层的特性：

①当采用硬质合金作电极材料时，硬度可达 110 ~ 1 400HV(70HRC)或更高。

②当使用铬锰、钨铬钴合金、硬质合金作工具电极强化 45 钢时，其耐磨性比原表层提高 2 ~ 2.5 倍。

③用石墨作电极材料强化 45 钢表面后，用食盐水作腐蚀性试验时，其耐腐蚀性提高 90%。用 WC,CrMn 作电极强化不锈钢时，耐蚀性提高 3 ~ 5 倍。

④耐热性好可提高使用寿命。

⑤疲劳强度提高 2 倍左右。

⑥硬化层厚为 0.01 ~ 0.08 mm。

电火花强化工艺方法简单、经济、效果好，因此广泛应用于模具、刃具、量具、凸轮、导轨、水轮机及涡轮机叶片的表面强化，也可用于动平衡改变微变量质量，用于轴、孔尺寸配合的微量修复。

电火花表面强化的原理也可用于在产品上刻字、打印记。过去有些产品上的规格、商标等印记都是涂蜡及仿形铣刻字，然后用硫酸等酸洗腐蚀，有的靠用钢印打字。工序多，生产率低，劳动条件差。国内外在刃具、量具、轴承等产品上用电火花刻字、打印记取得很好的效果。一般有两种办法：一种是把产品商标、图案、规格、型号、出厂年月日等用铜片或铁片做成字头图形，作为工具电极（见图2.70），工具一边振动，一边与工件间火花放电，电蚀产物镀覆在工件表面形成印记，每打一个印记为0.5～1 s；另一种不用现成字头而用钼丝或钨丝电极，按缩放尺或靠模仿形刻字，每件时间稍长，为2～5 s。如果不需要字形美观，可不用缩放尺而成为手刻字的电笔。图中用钨丝接负极，工件接正极，可刻出黑色字迹，若工件是镀黑或表面发蓝处理过的，则可把工件接负极，钨丝接正极，可刻出银白色的字迹。

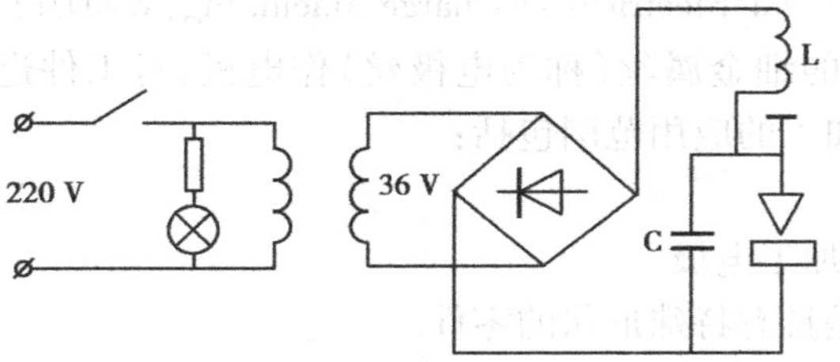

图2.70　电火花刻字打印装置线路

L—振动器线圈，ϕ0.5 mm 漆包线350匝，铁芯截面约0.5 cm^2；

C—纸介电容；0.1 μF，200 V

思考题

2.1　电火花成型加工的基本原理和必备条件是什么？

2.2　电火花腐蚀的微观过程大致可分为哪几个阶段？

2.3　电火花成型加工对脉冲电源的要求是什么？

2.4　电火花加工机床的自动进给系统与传统加工机床的自动进给系统有什么不同？造成这些区别的原因是什么？

2.5　电火花加工时，影响电蚀量的主要电参数有哪些？其中，起最大作用的参数是什么？

2.6　影响电火花加工精度的主要因素有哪些？

第3章 电火花线切割加工

电火花线切割(Wire cut Electrical Discharge Machining,WEDM),又称线切割。其基本工作原理是利用连续移动的细金属丝(称为电极丝)作电极,对工件进行脉冲火花放电蚀除金属、切割成型。线切割加工的应用范围包括:

①加工模具。

②加工电火花成型加工电极。

③加工零件,特别是具有特殊形状的零件。

电火花线切割具有加工余量小、加工精度高、生产周期短、制造成本低等突出优点,已在生产中获得广泛的应用。目前,国内外的电火花线切割机床已占电加工机床总数的60%以上。

3.1 电火花线切割加工原理和特点

3.1.1 电火花线切割加工原理

电火花线切割加工与电火花成型加工一样,都是基于电极之间脉冲放电时的电腐蚀现象。所不同的是,电火花成型加工必须事先将工具电极做成所需要的形状及尺寸精度,在电火花加工过程中将它逐步复制在工件上,以获得所需要的零件。电火花线切割加工则不需要成型工具电极,而是用一根长的金属丝做工具,以一定的速度沿电极丝轴线方向移动(低速走丝是单向移动,高速走丝是双向往返运动),它不断进入和离开切缝内的放电区。加工时,一方面,脉冲电源的正极接工件,负极接电极丝,并在电极丝与工件切缝之间喷射液体介质;另一方面,安装工件的工作台,则由控制装置根据预定的切割轨迹控制伺服电机驱动,从而加工出所需要的零件。如图3.1所示为电火花线切割原理图。

控制加工轨迹(加工的形状和尺寸)是由控制装置来完成的。根据控制方式不同,控制装置又可分为靠模仿形、光电跟踪及数字控制3种。随着计算机技术的发展,目前电火花线切割加工绝大部分都是采用CNC(计算机数字控制)控制装置。

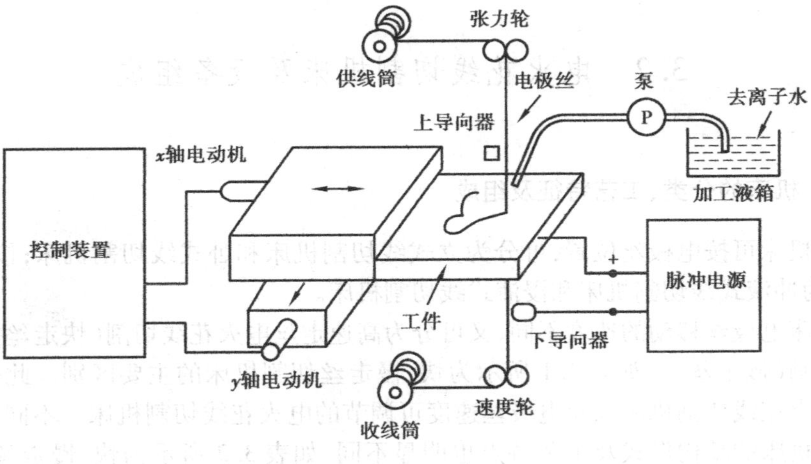

图 3.1　电火花线切割原理图

电火花线切割加工所用的液体介质，一般为去离子水，也可用煤油。而高速走丝电火花线切割加工则用皂化油的乳化液作工作液。

电极丝的移动由电极丝运丝系统（也称走丝机构）来完成，其收线筒控制电极丝移动速度，而供线筒控制电极丝的张力。高速走丝电火花线切割机是靠走丝机构的储丝筒正反转来实现电极丝往返移动的。

3.1.2　电火花线切割加工特点

电火花线切割加工与其他电火花加工一样，其加工速度与工件材料的力学性能（硬度和韧性）无关，常用来加工淬火钢、硬质合金、磁钢及不锈钢等金属材料，也可加工金刚石、陶瓷之类的非金属材料。电火花线切割的工艺特点可归纳如下：

①数控线切割加工是轮廓切割加工，无须设计和制造成型工具电极，大大降低了加工费用，缩短了生产周期。

②切缝可窄达仅 0.005 mm，可对工件材料沿轮廓进行“套料”加工，材料利用率高，能有效节约贵重材料。

③移动的长电极丝连续不断地通过切割区，单位长度电极丝的损耗量较小，加工精度高。

④一般采用水基工作液，可避免发生火灾，安全可靠，可实现昼夜无人值守连续加工。

⑤通常用于加工零件上的直壁曲面，通过 *X-Y-U-V* 四轴联动控制，也可进行锥度切割和加工上下截面异形体、形状扭曲的曲面体和球形体等零件。

⑥不能加工盲孔及纵向阶梯表面。

⑦电极丝小电流不能大，脉冲电源的脉宽较窄（2 ~ 60 μs），平均电流（1 ~ 5 A），工件常接正极。

⑧电极丝与工件之间存在“疏松接触”式轻压放电现象，间隙状态可认为正常放电、开路和短路共存。

3.2 电火花线切割机床及设备组成

3.2.1 机床的分类、工艺特征及组成

线切割机床可按电极丝位置,可分为立式线切割机床和卧式线切割机床;按工作液供给方式,可分为冲液式线切割机床和浸液式线切割机床。

根据机床电极丝移动的速度不同,又可分为高速走丝电火花线切割(快走丝)和低速走丝电火花线切割(慢走丝)。如表3.1所示为快、慢走丝切割机床的主要区别。此外,还有电极丝旋转的电火花线切割机床以及电极丝速度可调节的电火花线切割机床。不同的走丝方式,电火花切割机床的结构形式及工艺特点也明显不同,如表3.2所示为快、慢走丝线切割加工工艺水平比较。

表3.1 快、慢走丝线切割机床的主要区别

比较项目 \ 机床类型	快走丝线切割机床	慢走丝线切割机床
走丝速度/($m \cdot s^{-1}$)	≥2.5,常用6~10	<2.5,常用0.25~0.001
电极丝工作状态	往复供丝,反复使用	单向运行,一次性使用
电极丝材料	钼、钨钼合金	黄铜、铜、以铜为主体的合金或镀复材料
电极丝直径/mm	ϕ0.03~ϕ0.25 常用ϕ0.12~ϕ0.20	ϕ0.03~ϕ0.30 常用ϕ0.20
穿丝方式	只能手工	可手工、自动
工作电极丝长度	数百米	数千米
电极丝张力/N	上丝后即固定不变	可调,通常2.0~25
电极丝振动	较大	较小
运丝系统结构	较简单	复杂
脉冲电源	开路电压80~100 V 工作电流1~5 A	开路电压300 V左右 工作电流1~32 A
单面放电间隙/mm	0.01~0.03	0.01~0.12
工作液	线切割乳化液或水基工作液	去离子水,个别场合用煤油
工作液电阻率/($k\Omega \cdot cm$)	0.5~50	10~100
导丝机构形式	导轮,寿命较短	导丝器,寿命较长
机床价格	便宜	昂贵

表3.2 快、慢走丝线切割机床加工工艺水平比较

比较项目＼机床类型	快走丝线切割机	慢走丝线切割机
切割速度/($mm^2 \cdot min^{-1}$)	20~160	20~240
加工精度/mm	±0.02~0.005	±0.005~0.002
表面粗糙度 R_a/μm	3.2~1.6	1.6~0.1
重复定位精度/mm	±0.01	±0.002
电极丝损耗/mm	均布于参与工作的电极丝全长 加工(3~10)×104 mm^2 时,损耗0.01	不计
最大切割厚度/mm	钢500,铜610	400
最小切缝宽度/mm	0.09~0.04	0.014~0.004 5

随着线切割技术的发展,国内目前正在高速走丝机床的基础上积极发展中走丝技术。通过升级快走丝机床的硬件、软件,研究发展多次切割,张力控制等多项中走丝关键技术,中走丝机床在加工精度、表面粗糙度等工艺参数上已经比快走丝机床有了很大的提高并逐渐接近慢走丝机床,机床价格又远低于慢走丝机床。

电火花线切割加工设备主要由机床本体、脉冲电源、控制系统、工作液循环系统及机床附件等部分组成。

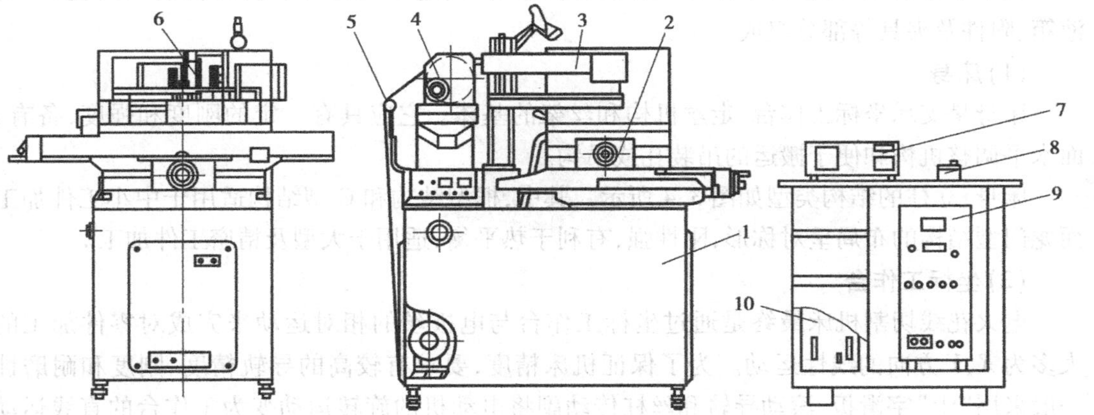

图3.2 DK7725d型快走丝数控电火花线切割机床

1—床身;2—工作台;3—导丝架;4—储丝筒;5—紧丝装置;

6—工作液循环系统;7—控制箱;8—程控机头;9—脉冲电源;10—驱动电源

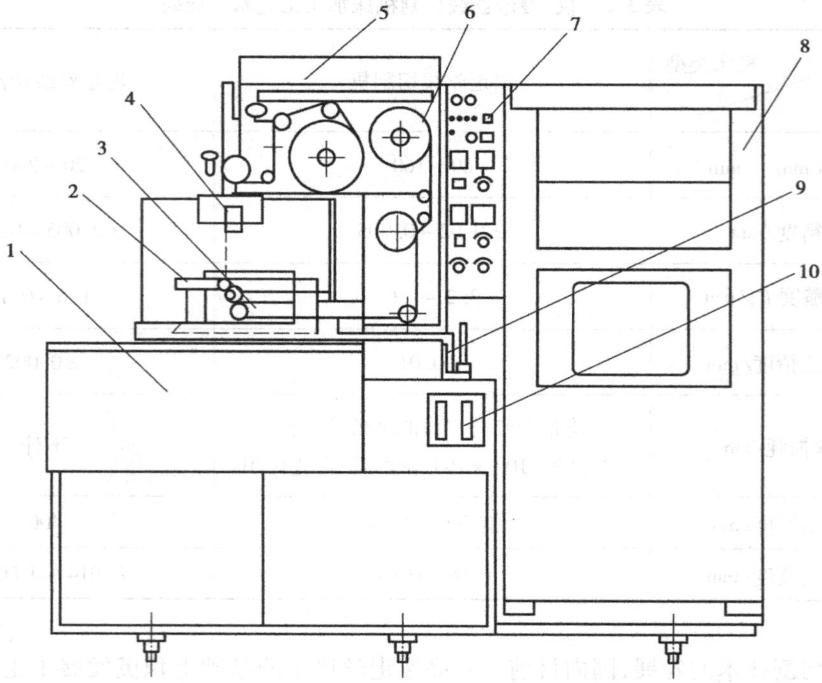

图 3.3　HC-6CNC 慢走丝线切割机床

1—床身;2—工作台;3—下导向架;4—上导向架;5—电容箱;
6—走丝机构;7—机械操作盘;8—数控柜;9—绘图装置;10—去离子水流量计

3.2.2　电火花线切割机床本体和走丝机构

机床本体由床身、坐标工作台、运丝机构、丝架(高速走丝机)或立柱(低速走丝机)、工作液箱、附件及夹具等部分组成。

(1)床身

床身是支承坐标工作台、走丝机构和丝架的基体。它应具有一定的刚度和强度,备有台面水平调整机构和便于搬运的吊装孔或吊钩。

床身、立柱的结构类型如图 3.4 所示。其中,框型结构和 C 型结构适用于中小工件加工,而龙门型结构的布局呈对称形,刚性强,有利于热平衡,适用于大型及精密工件加工。

(2)坐标工作台

电火花线切割机床最终是通过坐标工作台与电极丝的相对运动来完成对零件加工的。大多为 X,Y 方向的线性运动。为了保证机床精度,要求有较高的导轨精度、刚度和耐磨性。一般采用"十"字滑板、滚动导轨和丝杠传动副将电动机的旋转运动变为工作台的直线运动,通过 X,Y 方向的进给移动,可用获得各种平面图形的曲线轨迹。

(3)运丝机构

走丝系统使电极丝以一定的速度运动并保持一定的张力。在高速走丝机床上,一定长度的电极丝平整地卷绕在储丝筒上,丝张力与排绕时的拉紧力有关,现已研制出恒张力装置提高加工精度。为了重复使用该段电极丝,储丝筒通过联轴节与驱动电机相连,电机通过换向

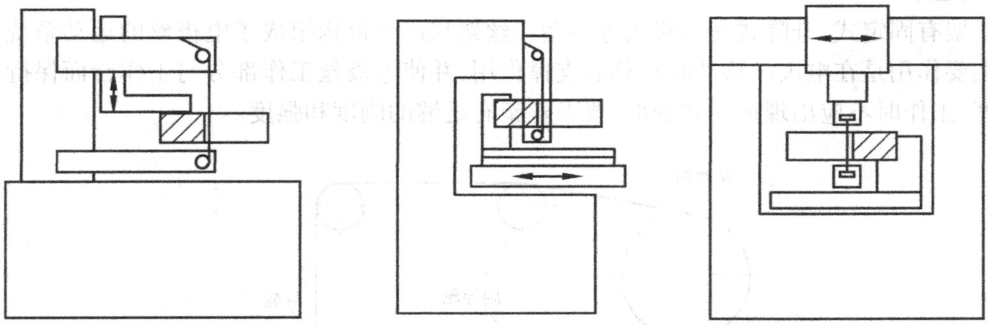

图3.4 床身的结构类型

(a)框型结构 (b)C型结构 (c)龙门结构

装置使储丝筒做正反交替运转。

低速走丝系统如图3.5所示。自未使用的金属丝筒2(绕有1~3 kg金属丝)、靠卷丝轮1使金属丝以较低的速度(通常0.2 m/s以下)移动。为了提供一定的张力(2~25 N),在走丝路径中装有一个机械式或电磁式张力机构4和5。为了实现断丝时可以自动停车并报警,走丝系统中通常还装有断丝检测微动开关。用过的电极丝集中到卷丝筒上或送到专门的收集器中。

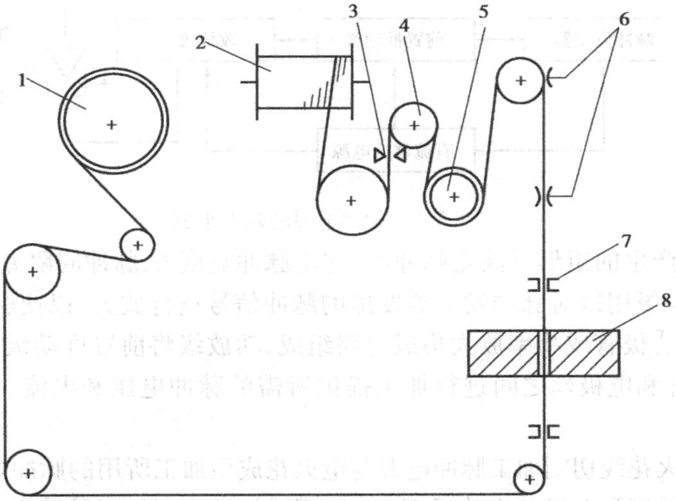

图3.5 低速走丝系统示意图

1—废丝卷丝轮;2—未使用的金属丝;3—拉丝模;4—张力电动机;
5—电极丝张力调节轴;6—退火装置;7—导向器;8—工件

为了减轻电极丝的振动,应使其跨度尽可能小(按工件厚度调整)。通常在工件的上下采用蓝宝石V形导向器或圆孔金刚石模导向器,其附近装有引电部分,工作液一般通过引电区和导向器再进入加工区,可使全部电极丝的通电部分都能冷却。近代的机床上还装有自动穿丝机构,能使电极丝经一个导向器穿过工件上的穿丝孔而被传送到另一个导向器,在必要时也能自动切断,为无人连续切割创造了条件。

(4)丝架

丝架有固定式、升降式和偏移式等类型。丝架与运丝机构组成了电极丝的运动系统。丝架的主要作用是在电极丝移动时对其起支撑作用,并使电极丝工作部分与工作台面保持一定的角度,工作时不应出现振动和变形,要求丝架有足够的刚度和强度。

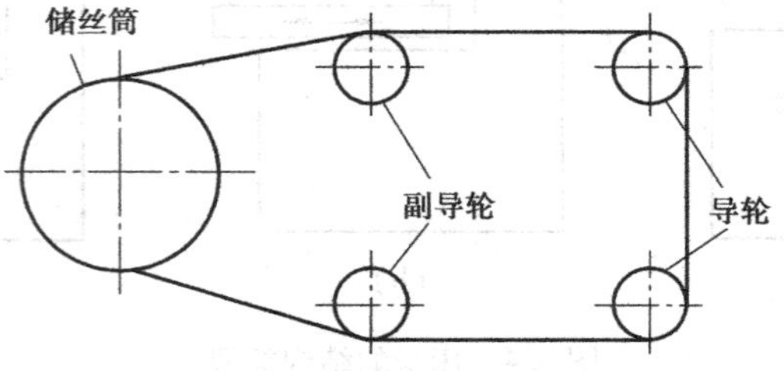

图 3.6　可调式丝架本体结构示意图

3.2.3　电火花线切割脉冲电源

高速走丝电火花线切割加工用的脉冲电源是高频脉冲电源,其脉冲重复频率为 10 ~ 100 kHz,多为矩形波。电火花线切割加工用的脉冲电源是由脉冲发生器、前置推动级、功放级及直流电源 4 部分组成,如图 3.7 所示。

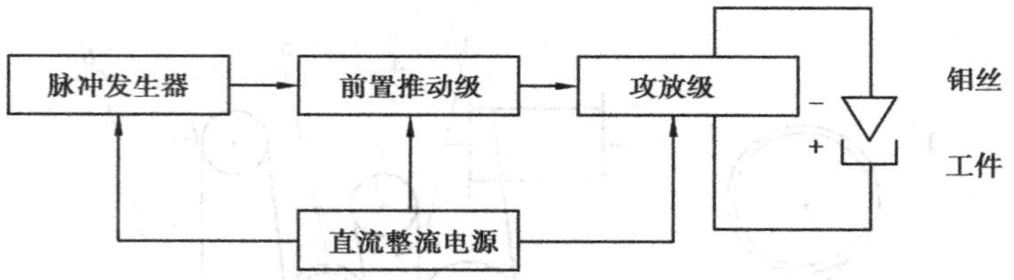

图 3.7　脉冲电源的基本组成

脉冲发生器产生的矩形方波是脉冲源,它由脉冲宽度 t_i、脉冲间隔 t_0 和脉冲频率 f 等参数表示;前置推动级用以对脉冲发生器发出的脉冲信号进行放大,以便驱动后面的功放级,一般由几个晶体三极管或功率放大集成电路组成,功放级将前置推动级所提供的脉冲信号进行放大,为工件和电极丝之间进行加工提供所需的脉冲电压和电流,使其获得足够的放电能量。

高速走丝电火花线切割加工脉冲电源与电火花成型加工所用的脉冲电源在原理上相同,但由于受表面粗糙度和电极丝允许承载电流的限制,线切割加工脉冲电源的脉宽很窄(2 ~ 60 μs),单个脉冲能量、平均电流(1 ~ 5 A)一般较小,故线切割加工总是采用正极性加工。脉冲电源的品种很多,常用的有晶体管脉冲电源、高频分组脉冲电源、并联电容型脉冲电源等。目前,线切割机床使用的脉冲电源以晶体管脉冲电源为主。

(1)晶体管脉冲电源

控制功率管 VT 的基极形成电压脉宽 t_i 和电流脉宽 t_e,限流电阻 R_1 和 R_2 决定峰值电流 $\hat{i}_e$。它主要用于快走丝,因为慢走丝排屑差,要求采用 0.1 μs 的窄脉宽和 500 A 以上高峰值电流,开关元件难,体积也大。

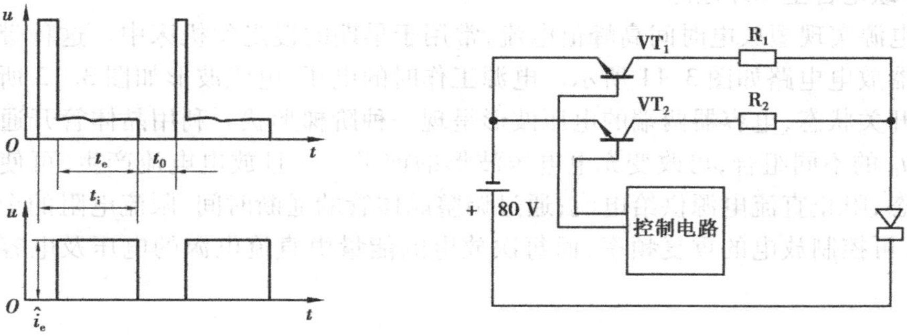

图3.8　晶体管矩形波脉冲电压、电流波形及其脉冲电源

(2)高频分组脉冲电源

高频分组脉冲波形如图3.9所示。它是矩形波派生的一种波形,即把较高频率的小脉宽 t_i 和小脉间 t_0 的矩形波形脉冲分组为大脉宽 T_i 和大脉间 T_0 的输出。高频分组脉冲电源兼顾切割速度和表面粗糙度的要求,得到广泛的运用。

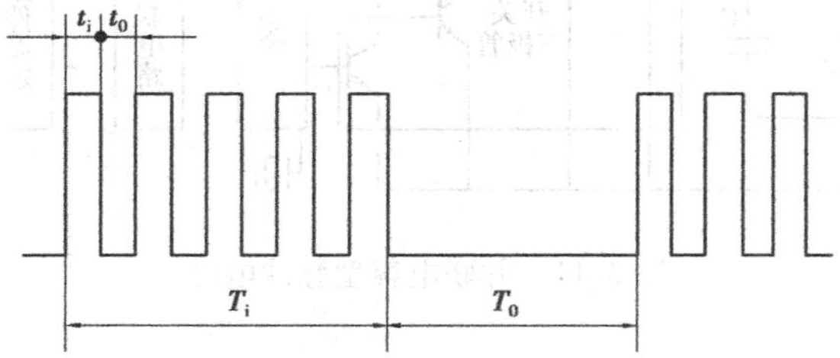

图3.9　高频分组脉冲波形

高频分组脉冲电源的电路原理框图如图3.10所示。脉冲形成电路是由高频短脉冲发生器、低频分组脉冲发生器和门电路组成。高频脉冲发生器是产生窄脉冲宽度和窄脉冲间隔的高频多谐振荡器;低频分组脉冲发生器是产生宽脉冲宽度和较宽脉冲间隔的低频多谐振荡器,两多谐振荡器输出的脉冲信号经过与门后,便输出高频分组脉冲。然后与矩形波脉冲电源一样,把高频分组脉冲信号进行脉冲放大,再经功率输出级,把高频分组脉冲能量输送到放电间隙中去。

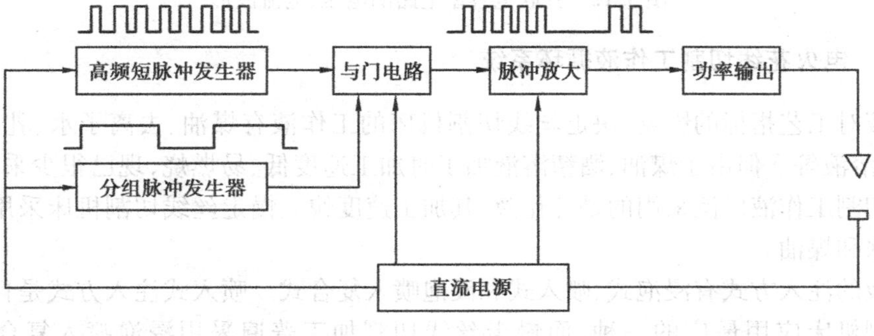

图3.10　高频分组脉冲电源电路原理框图

(3)并联电容型脉冲电源

这种电源实现短放电时间高峰值电流，常用于早期的慢走丝机床中。这种带晶体管控制的电容器放电电路如图3.11所示。电源工作时的电压、电流波形如图3.12所示。按照晶体管的开关状态，电容器两端的电压波形呈现一种阶梯形状。利用晶体管开通时间 t_i 和截止时间 t_0 的不同组合，可改变充电电压波形的前沿。一旦放电电流产生，可使晶体管变为截止状态，阻止直流电源供给电流；通过调整晶体管的通断时间、限流电阻的个数及电容器的容量，可控制放电的重复频率，而每次放电的能量由直流电源的电压及电容器的容量决定。

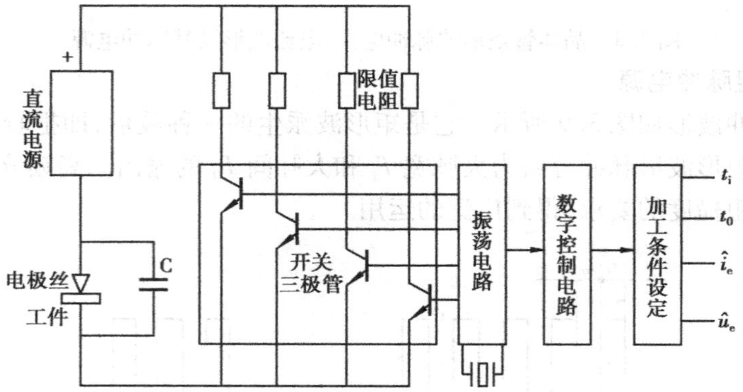

图3.11 并联电容型脉冲电源

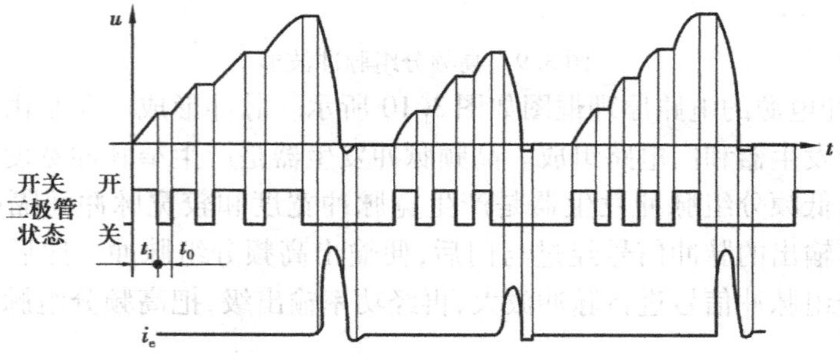

图3.12 并联电容型电路的电压、电流波形

3.2.4 电火花线切割工作液循环系统

工作液对工艺指标的影响，快走丝线切割机床的工作液有煤油、去离子水、乳化液、洗涤剂液、酒精溶液等。但由于煤油、酒精溶液加工时加工速度低、易燃烧，现已很少采用。目前，快走丝线切割工作液广泛采用的是乳化液，其加工速度快。慢走丝线切割机床采用的工作液是去离子水和煤油。

工作液的注入方式有浸泡式、喷入式和浸泡喷入复合式。喷入式注入方式是目前国产快走丝线切割机床应用最广的一种，而慢走丝线切割加工普遍采用浸泡喷入复合式的注入方式。

(1)高速走丝机床的工作液系统

一般线切割机床的工作液系统包括工作液箱、工作液泵、流量控制阀、进液管、回液管及过滤网罩等,如图3.13所示。

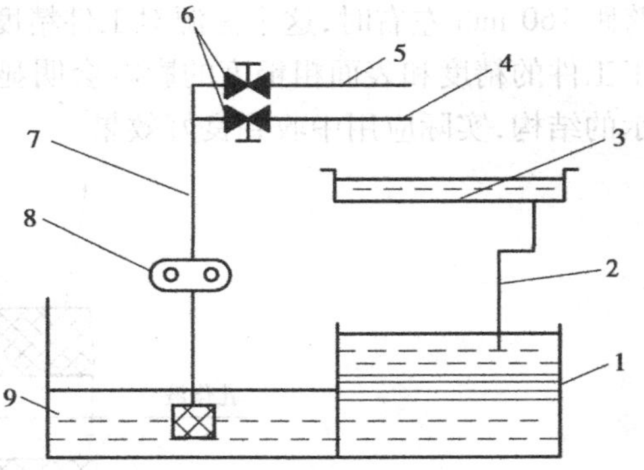

图3.13　线切割机床工作液系统

1—过滤器;2—回液管;3—工作台;4—下丝臂进液管;5—上丝臂进液管;6—流量控制阀;7—进液管;8—工作液泵;9—工作液箱

1)工作液过滤装置

如图3.14所示,用过的工作液经管道流到漏斗5,经磁钢2、泡沫塑料3、纱布袋1流入水池中。这时基本上已将电蚀物过滤掉,再流过两块隔墙4、铜网布6、磁钢2,工作液得到过滤。此种过滤装置不需特殊设备,方法简单,可靠实用,设备费用低。

坐标工作台的回水系统装有射流吸水装置,如图3.15所示。在进水管中装一个分流,流进回水管,使回水管具有一定的流速,造成负压,台面的工作液在大气压下畅通流入管而不外溢。

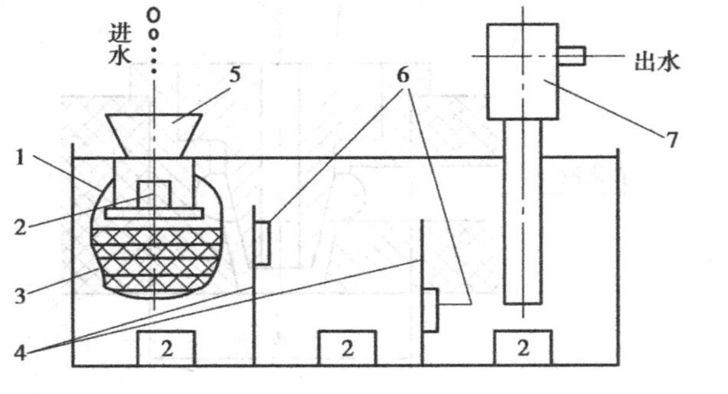

图3.14　工作液过滤图

1—纱布袋;2—磁钢;3—泡沫塑料;4—隔墙;5—漏斗;6—铜网布;7—工作液泵

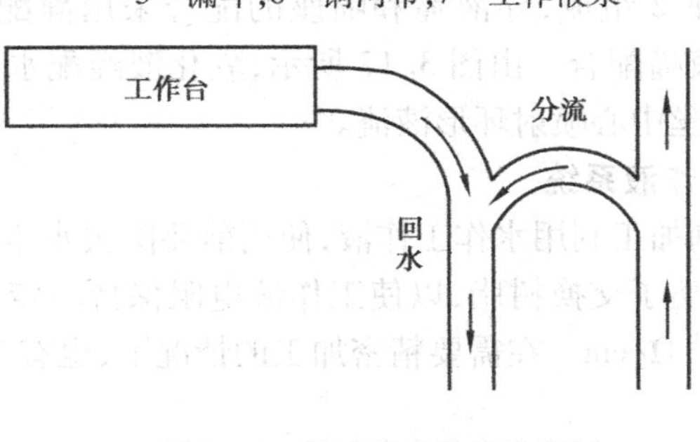

图3.15　射流吸水装置示意图

2)工作液喷嘴结构

工作液供到工件上一般是采用从电极丝四周进液的方法,其结构比较复杂。当然也可将工作液用喷嘴直接冲到工件与电极丝间。如图3.16所示,乳化液经配水板直接穿过喷嘴中心的钼丝。由于液流实际上是不稳定的,因此液流对钼丝直接产生一个不规则振源,当线架跨距 160 mm 左右时，这个振源对工件精度和表面粗糙度的影响较小。随着线架的增高，对加工工件的精度和表面粗糙度的影响会明显增大。为了克服上述缺点，可改进为如图 3.17 所示的结构，实际应用中收到良好效果。

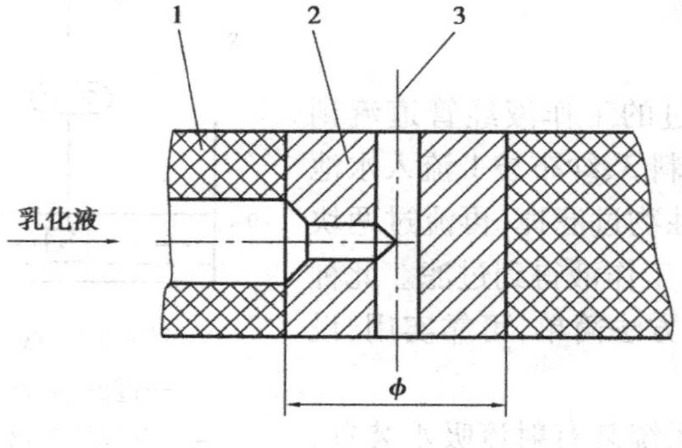

图 3.16 喷嘴

1—配水板；2—喷嘴；3—钼丝

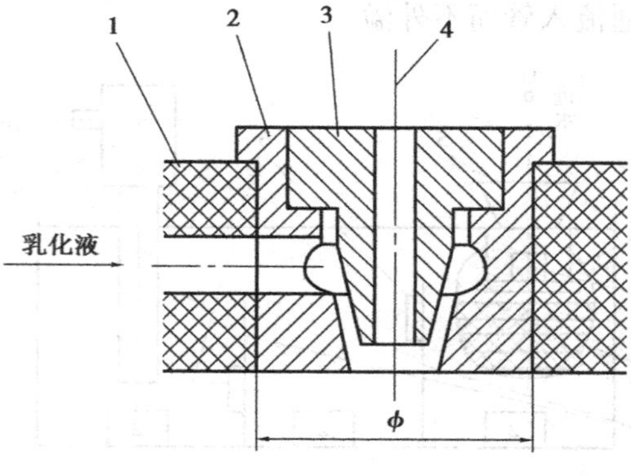

图 3.17 环形喷嘴

1—配水板；2—嘴座；3—导液嘴；4—钼丝

喷嘴由导液嘴 3 和嘴座 2 组成，导液嘴和嘴座的配合采用静配合，装配时先将嘴座在 200 ℃机油中加温后与导液嘴配合。由图 3.17 所示，乳化液经配水板 1 进入嘴座环形缓冲腔，由导液嘴的隔离改为钼丝中心喷射环形液流。

（2）低速走丝机床的工作液系统

低速走丝电火花线切割加工利用水作工作液，使用前要除去水中的离子，称为去离子水。为此，工作液循环装置要用离子交换树脂，以使工作液电阻保持一定。通常在加工中使用的电阻值为 $5\times10^4\sim7.5\times10^4\ \Omega/\mathrm{cm}$。在需要精密加工的情况下，也有工作液的恒温控制装置。

1）工作液箱

如图 3.18 所示为用于向电极间（电极丝和加工物间）供应工作液的装置。储存工作液的工作液箱由过滤工作液的过滤器箱、控制水的阻抗比的水质计、净化器组成。

2）管道系统

低速走丝线切割机床管道系统如图 3.19 所示。近年来，有些采用浸泡式供液方法，由于被加工工件浸没在工作液中，因此，对加工精度及加工的稳定性有一定的好处。

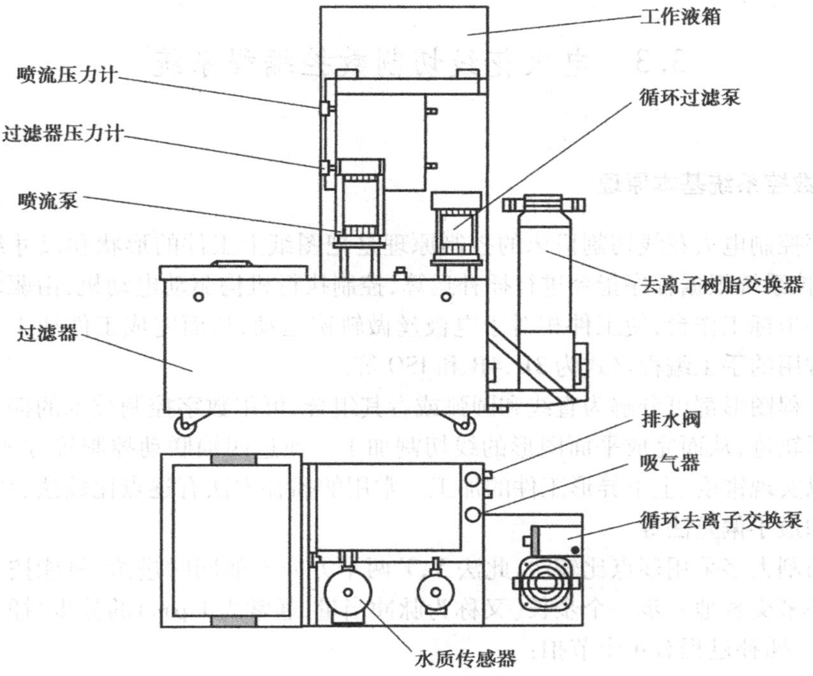

图3.18　工作液箱组成

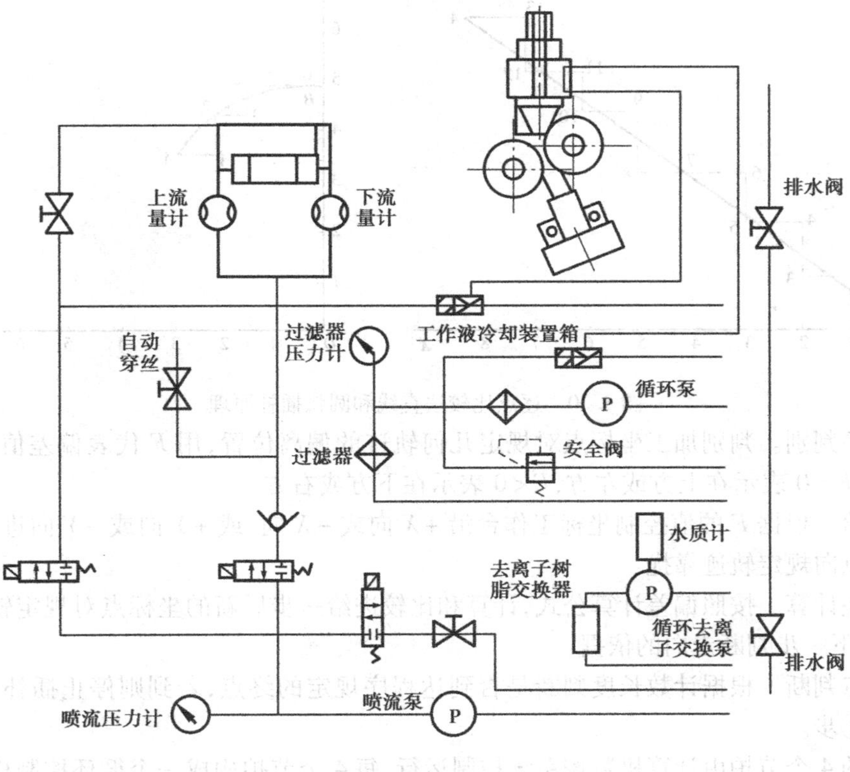

图3.19　低速走丝线切割机床管道系统图

3.3 电火花线切割数控编程系统

3.3.1 数控系统基本原理

数字程序控制电火花线切割机床的控制原理是把图纸上工件的形状和尺寸编制成程序指令,机床数控系统根据程序指令进行插补运算,控制执行机构驱动电动机,由驱动电动机带动精密丝杠和坐标工作台,使工件相对于电极丝做轨迹运动,从而完成工件加工。我国数控线切割机床常用的手工编程格式为3B,4B和ISO等。

常见的工程图形都可分解为直线和圆弧或者其组合,可用数字控制技术的插补方法实现直线或者圆弧轨迹,从而完成平面图形的线切割加工。通过四轴联动控制等方式,线切割数控加工还可以实现锥度、上下异形工件的加工。常用的插补方法有逐点比较法、数字积分法、矢量判别法和最小偏差法等。

高速线切割大多采用逐点比较法,此法 X,Y 两个方向不能同时进给,只能按直线的斜度或圆弧的曲率来交替地一步一个步长(又称为脉冲当量,通常为1 μm)的分步"插补"进给,如图3.20所示。插补过程有4个节拍:

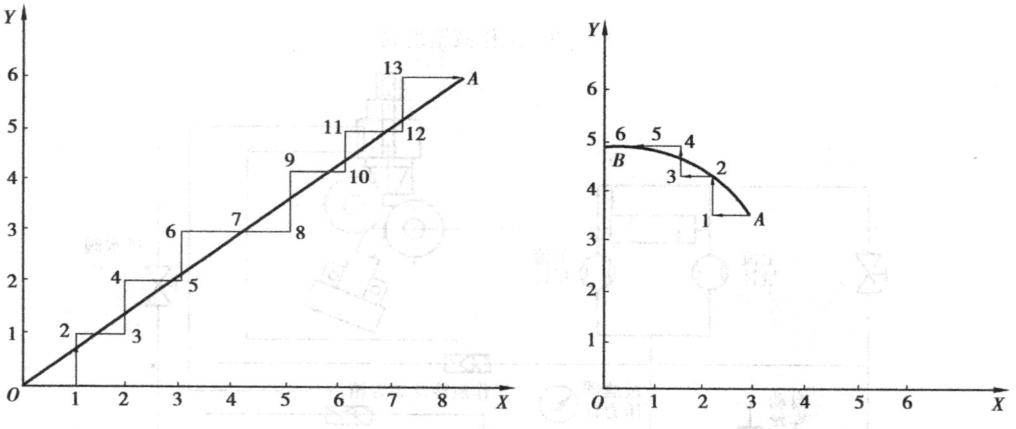

图3.20 逐点比较法直线和圆弧插补原理

①偏差判别。判别加工坐标点对规定几何轨迹的偏离位置,用 F 代表偏差值。$F=0$ 表示在线上,$F>0$ 表示在上方或左方,$F<0$ 表示在下方或右方。

②进给。根据 F 的值控制坐标工作台沿 $+X$ 向或 $-X$ 向、或 $+Y$ 向或 $-Y$ 向进给一步,使加工坐标点向规定轨迹靠拢。

③偏差计算。按照偏差计算公式,计算和比较进给一步后新的坐标点对规定轨迹的偏差 F 值,作为下一步判断走向的依据。

④终点判断。根据计数长度判断是否到达程序规定的终点,若到则停止插补和进给,否则回到第①步。

上述的4个节拍由计算机数控系统控制运行,每4个节拍构成一个循环控制机床进给一步。进给的快慢是根据放电间隙的大小采样后由压-频转换变频电路得来的进给脉冲信号,用它向 CPU 申请中断，CPU 每接受一次中断申请，就进行上述 4 个节拍运行一个循环，决定 X 或 Y 方向进给一步，然后通过并行 I/O 接口芯片驱动步进电机带动工作台进给 1 μm。

在上述 4 个步骤中，偏差计算是非常关键的一步。具体算法如下所述。

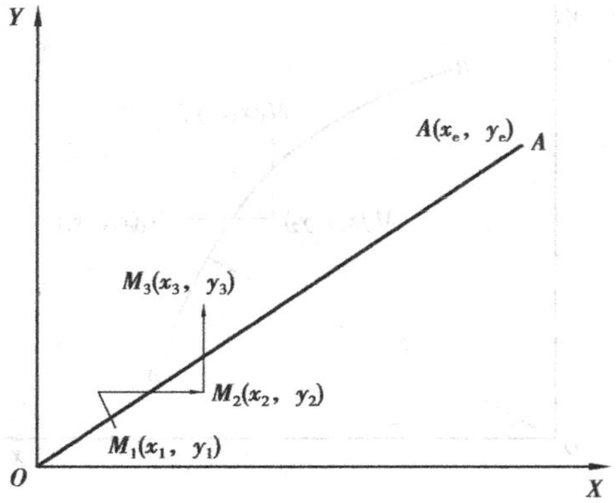

图 3.21　直线的偏差判别

如图 3.21 所示为切割第一象限的斜线 $\overline{OA}$，O 为坐标原点，A 为终点，其坐标为 (x_e, y_e)。

因凡 $\overline{OA}$ 线上的点都必须符合下面的比例关系

$$\frac{x}{y} = \frac{x_e}{y_e}$$

即

$$x_e y = x y_e$$

因此，若用 $F = x_e y - x y_e$ 来表示偏差大小，则可根据偏差计算的结果判别加工点的位置，并决定滑板的走向，即当 $F \geqslant 0$ 时，说明加工点在 $\overline{OA}$ 上方（包括在线上），滑板应沿 x 轴的正向进给一步；当 $F < 0$ 时，说明加工点在 $\overline{OA}$ 下方，滑板应沿 y 轴正向进给一步。

在加工过程中计算机是根据递推法进行偏差计算的，即滑板每走一步后，新的加工点偏差是用前一点的加工偏差来推算的。例如，在某一时刻加工至 $M_1(x_1, y_1)$ 点（见图 3.21），M_1 点在斜线的上方，其偏差为

$$F_1 = x_e y_1 - x_1 y_e \geqslant 0$$

则应控制滑板沿 X 轴正向进给 1 μm，到新的加工点 $M_2(x_2, y_2)$，得

$$x_2 = x_1 + 1 \qquad y_2 = y_1$$

所以，M_2 点的加工偏差

$$\begin{aligned} F_2 &= x_e y_2 - x_2 y_e \\ &= (x_e y_1) - (x_1 + 1) y_e \\ &= x_e y_1 - x_1 y_e - y_e \\ &= F_1 - y_e \end{aligned}$$

设 M_2 在 $\overline{OA}$ 的下方，即 $F_2 < 0$，则应控制滑板沿 Y 轴正向进给 1 μm，到新的加工点 $M_3(x_3, y_3)$，得

$$x_3 = x_2 \qquad y_3 = y_2 + 1$$

$$\begin{aligned} F_3 &= x_e y_3 - x_3 y_e = x_e (y_2 + 1) - x_2 y_e \\ &= x_e y_2 - x_2 y_e + x_e = F_2 + x_e \end{aligned}$$

其余逐点依照上述方法进行判别、进给和计算。

从上述两个偏差计算式可知，采用递推法推算偏差 F 时，只用到终点坐标值，而不必计算加工点的坐标值。

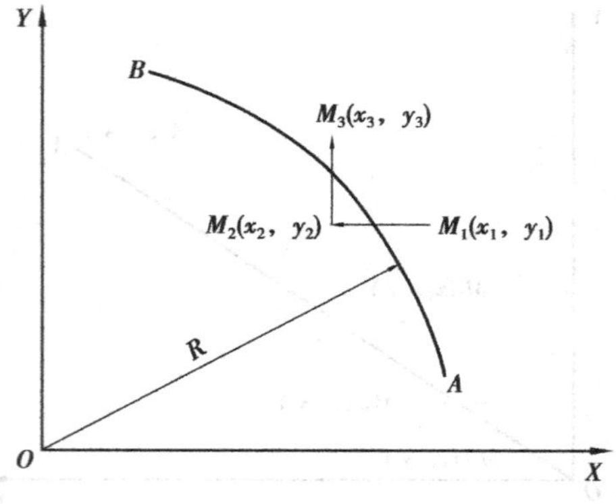

图 3.22　圆弧的偏差判别

如图 3.22 所示为逆时针方向切割第一象限圆弧$\overset{\frown}{AB}$，其半径为 R，其圆心为坐标原点。则圆弧上的点必须符合下面的关系

$$x^2 + y^2 = R^2$$

即

$$x^2 + y^2 - R^2 = 0$$

故可用偏差 $F = x^2 + y^2 - R^2$ 的大小进行判别，即当 $F \geqslant 0$ 时，说明加工点在圆弧外（包括在圆弧上）；当 $F < 0$ 时，说明加工点在圆弧内。设在某一时刻加工点 $M_1(x_1, y_1)$ 在圆外，其偏差必然为

$$F_1 = x_1^2 + y_1^2 - R^2 > 0$$

故应控制滑板沿 X 轴负向进给一步到 $M_2(x_2, y_2)$，得

$$x_2 = y_2 - 1 \qquad y_2 = y_1$$

M_2点的加工偏差为

$$F_2 = x_2^2 + y_2^2 - R^2 = (x_1 + 1)^2 + y_1^2 - R^2 = x_1^2 + y_1^2 - R^2 - 2x_1 + 1 = F_1 - 2x_1 + 1$$

设 M_2点已在圆内，即 $F_2 < 0$，则应控制滑板沿 Y 轴正向进给一步到 $M_3(x_3, y_3)$，得

$$x_3 = x_2 \qquad y_3 = y_2 + 1$$

故 M_3点的加工偏差为

$$F_3 = x_3^2 + y_3^2 - R^2 = x_2 + (y_2 + 1)^2 - R^2 = x_2^2 + y_2^2 - R^2 + 2y + 1 = F_2 + 2y_2 + 1$$

其余逐点依照上述方法进行判别、进给和计算。

上述为斜线和圆弧在第一象限的情况，当斜线或圆弧处于第二、第三、第四象限时，可用同样方法推算出偏差公式。

3.3.2　3B 数控编程要点

常见的图形都是由直线和圆弧组成的，任何复杂的图形，只要分解为直线和圆弧就可依次分别编程。编程时，需要参数有 5 个：切割的起点或终点坐标 x，y 值；切割时的计数长度 J（切割长度在 X 轴或 Y 轴上的投影长度）；切割时的计数方向 G；切割轨迹的类型，称为加工指令 Z。

(1)切割 3B 代码程序格式

线切割加工轨迹图形是由直线和圆弧组成的,它们的 3B 程序指令格式为 BxByBJGZ,其意义如表 3.3 所示。

表 3.3　3B 代码指令意义

B	x	B	y	B	J	G	Z
分隔符	X 坐标值	分隔符	Y 坐标值	分隔符	计数长度	计数方向	加工指令

B 为分隔符,它的作用是将 X,Y,J 数码区分开来;X,Y 为增量(相对)坐标值;J 为加工线段的计数长度;G 为加工线段计数方向;Z 为加工指令。加工指令 Z 的意义如图 3.23 所示。

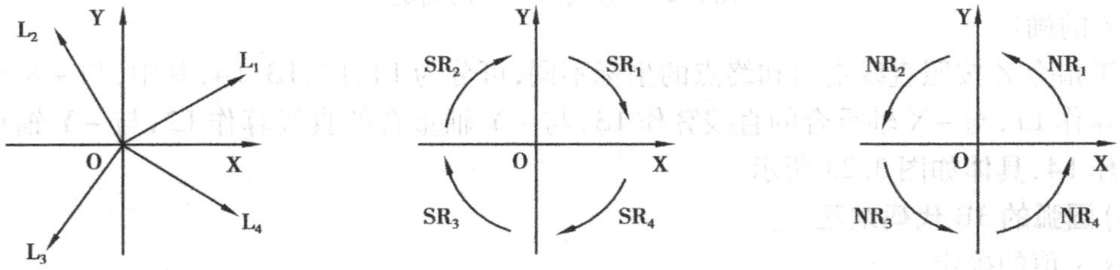

图 3.23　3B 代码直线和圆弧的加工指令

直线按走向和终点分为 L1,L2,L3 和 L4 4 种;圆弧按进入象限及走向分为 SR1,SR2,SR3,SR4 及 NR1,NR2,NR3,NR4 8 种。

(2)直线的 3B 代码编程

1)x,y 值的确定

①以直线的起点为原点,建立正常的直角坐标系,x,y 表示直线终点的坐标绝对值,单位为 μm。

②在直线 3B 代码中,x,y 值主要是确定该直线的斜率,故可将直线终点坐标的绝对值除以它们的最大公约数作为 x,y 的值,以简化数值。

③若直线与 X 或 Y 轴重合,为区别一般直线,x,y 均可写为 0,也可以不写。

2)G 的确定

G 用来确定加工时的计数方向,分 Gx 和 Gy。直线编程的计数方向的选取方法是:以要加工的直线的起点为原点,建立直角坐标系,取该直线终点坐标绝对值大的坐标轴为计数方向。具体确定方法为:若终点坐标为(x_e,y_e),令 $x = |x_e|$,$y = |y_e|$,若 $y < x$,则 G = Gx (见图 3.24(a));若 $y > x$,则 G = Gy (见图 3.24(b));若 $y = x$,则在第一、第三象限取 G = Gy,在第二、第四象限取 G = Gx。由上可知,计数方向的确定以 45°线为界,取与终点处走向较平行的轴作为计数方向,具体如图 3.24(c)所示。

3)J 的确定

J 为计数长度,以 μm 为单位。以前编程应写满 6 位数,不足 6 位前面补零,现在的机床基本上可不用补零。

J 的取值方法为:由计数方向 G 确定投影方向,若 G = Gx,则将直线向 X 轴投影得到长度的绝对值即为 J 的值;若 G = Gy,则将直线向 Y 轴投影得到长度的绝对值即为 J 的值。

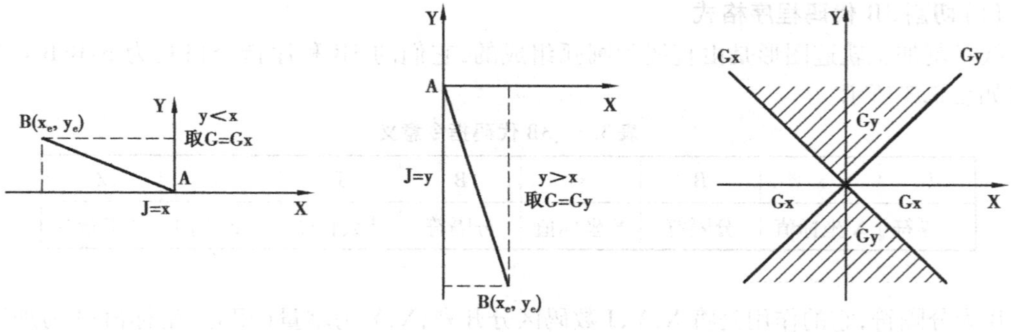

(a)　　(b)　　(c)

图 3.24　直线编程 G 的确定

4)Z 的确定

加工指令 Z 按照直线走向和终点的坐标不同,可分为 L1,L2,L3,L4,其中,与 + X 轴重合的直线算作 L1,与 − X 轴重合的直线算作 L3,与 + Y 轴重合的直线算作 L2,与 − Y 轴重合的直线算作 L4,具体如图 3.23 所示。

(3)圆弧的 3B 代码编程

1)x,y 值的确定

以圆弧的圆心为原点,建立正常的直角坐标系,x,y 表示圆弧起点坐标的绝对值,单位为 μm。如在图 3.25(a)中,x = 30000,y = 40000;在图 3.25(b)中,x = 40000,y = 30000。

2)G 的确定

G 用来确定加工时的计数方向,分 Gx 和 Gy。圆弧编程的计数方向的选取方法是:以某圆心为原点建立直角坐标系,取终点坐标绝对值小的轴为计数方向。具体确定方法为:若圆弧终点坐标为(x_e,y_e),令 $x = |x_e|$,$y = |y_e|$,若 $y < x$,则 G = Gy(见图 3.25(a));若 $y > x$,则 G = Gx(见图 3.25(b));若 $y = x$,则 Gx,Gy 均可。由上可知,圆弧计数方向由圆弧终点的坐标绝对值大小决定,其确定方法与直线刚好相反,即取与圆弧终点处走向较平行的轴作为计数方向,具体如图 3.25(c)所示。

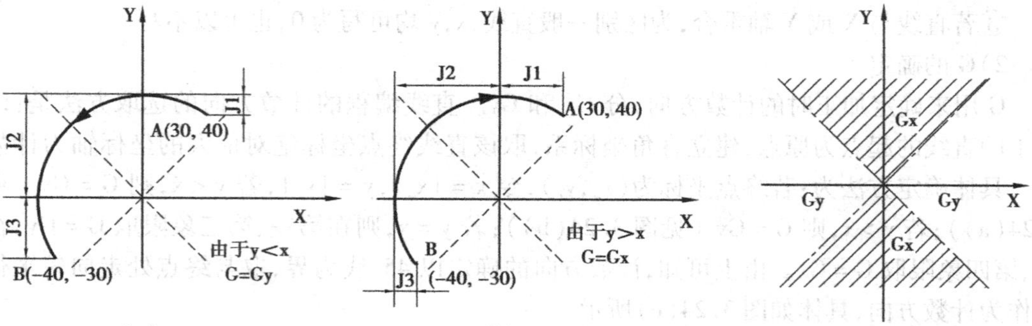

(a)　　(b)　　(c)

图 3.25　圆弧编程 G 的确定

3)J 的确定

圆弧编程中 J 的取值方法:由计数方向 G 确定投影方向,若 G = Gx,则将圆弧向 X 轴投影;若 G = Gy,则将圆弧向 Y 轴投影。J 值为各个象限圆弧投影长度绝对值的和。如在图 3.25(a)、(b)中,J1,J2,J3 大小分别如图中所示,J = |J1| + |J2| + |J3|。

4)Z的确定

加工指令Z按切割的走向可分为顺圆S和逆圆N,于是共有8种指令:SR1,SR2,SR3,SR4,NR1,NR2,NR3,NR4,具体可参考前文。

3.3.3 ISO代码的手工编程方法

线切割的ISO代码主要有G指令(准备功能指令)、M指令(辅助功能指令)等,其格式与意义部分与数控铣床、车床的代码相同,如表3.4所示。

加工圆弧或者直线的线切割ISO代码程序段的格式为

Nxxxx Gxx Xxxxxxx Yxxxxxx Ixxxxxx Jxxxxxx

其中,N表示程序段号,xxxx为1~4位数的序号,G表示准备功能,其后的两位数xx表示不同的功能,X,Y表示直线或者圆弧的终点坐标,I,J为圆弧插补的圆心坐标,其后的xxxxxx为1~6位数字坐标值。

而辅助功能的线切割ISO代码程序段格式一般为

Nxxxx Mxx

其中,N表示程序段号,M表示辅助功能。

表3.4 线切割ISO代码含义

代码	功能	代码	功能
G00	快速移动,定位指令	G42	电极丝半径右补偿(沿进给方向看)
G01	直线插补	G90	绝对坐标指令
G02	顺时针圆弧插补	G91	增量坐标指令
G03	逆时针圆弧插补	G92	定制坐标原点
G40	取消电极丝补偿	M00	暂定指令
G41	电极丝半径左补偿(沿进给方向看)	M02	程序结束指令

上述指令中,G40,G41,G42,G90,G91为模态指令,即指定该指令后在遇到下一条指令前,该指令一直有效。

指令G90设定当前编程为绝对坐标方式。即设定图形中某点为坐标原点,该模式的所有X,Y,I,J坐标为相对于该原点的绝对坐标。

指令G91设定当前编程为相对坐标方式。此时,X,Y,I,J的坐标值为以当前切割段起点坐标为原点的相对坐标值。

指令G92用于指定工件坐标系原点。即将当前钼丝位置设定为距离坐标原点的一定距离处。

在基本的ISO指令之外,有些厂家为了完成锥度、上下异形、多次切割等特殊的加工要求,通常扩展ISO代码来完成相应的功能。如采用G50,G51,G52取消和指定等锥左偏、右偏加工等。下面的程序段为某线切割编程系统为实现上下异形加工而制订的程序段格式,即

Nxxxx Gxx Xxxxxxx Yxxxxxx Ixxxxxx Jxxxxxx Gxx Uxxxxxx Vxxxxxx Ixxxxxx Jxxxxxx。

其中,前半段G,X,Y,I,J指令指定了XY平面的加工轨迹,后半段的G,U,V,I,J指令指定了对应的UV平面加工轨迹,从而实现上下异形的加工。

3.3.4 电火花线切割数控编程实例

线切割手工编程在加工零件图的基础上,通常需要通过以下步骤完成:

①确定加工路线。从起始点开始,安排切入段,沿工件加工路径的各加工段以及切出段,确定整个零件的加工路线。

②计算参数值。针对加工路径每段,计算相应段或者各坐标点的 x,y 等值,同时确定其他相应参数。

③填写程序单。按照采用的代码格式,分段填写对应的加工程序单,完成手工编程。

下面给出几个具体的零件图形及其相应实例程序段(注:在本章图形所标注的尺寸中若无说明,单位都为 mm)。

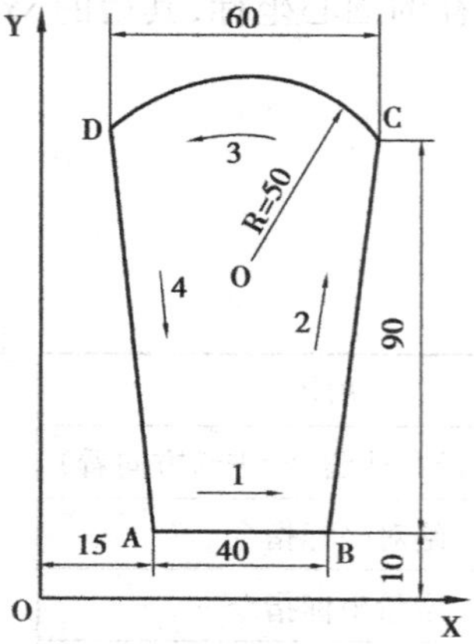

图 3.26 编程图形

例 1 按 A—B—C—D—A 的加工路径加工如图 3.36 所示的零件。

解 ①根据已经确定的加工路径,计算每段相应的坐标值及参数,从而确定该图形的 3B 代码程序段为

BBB40000GxL1

B1B9B90000GyL1

B30000B40000B60000GxNR1

B1B9B90000GyL4

②ISO 对绝对坐标编程。设定 A 点为钼丝起始点,根据每段计算 A,B,C,D 的坐标,其 ISO 代码程序段为

N01 G90

N02 G92 X15000 Y10000

N03 G01 X55000 Y10000

N04 G01 X65000 Y100000

N05 G03 X5000 Y100000 I35000 J60000

N06 G01 X15000 Y10000

③ISO 相对坐标编程。设 A 点为起始点,计算每段终点相对于起点的坐标,最终确定 ISO 代码程序段为

N01 G91

N02 G01 X40000 Y0

N03 G01 X10 Y90000

N04 G03 X－60000 Y0I－20000 J－40000

N05 G01 X10000 Y－90000

例 2 编制加工如图 3.27(a)所示的线切割加工程序。已知线切割加工用的电极丝直径为 0.18 mm,单边放电间隙为 0.01 mm,图中 A 点为穿丝孔,加工方向沿 A—B—C—D—E—F—G—H—A 进行。

解 ①分析现用线切割加工凸模状的零件图,实际加工中由于钼丝半径和放电间隙的影响,钼丝中心运行的轨迹形状如图 3.27(b)所示的虚线,即加工轨迹与零件图相差一个补偿量,补偿量的大小为在加工中需要注意的是 E′F′圆弧的编程,圆弧 EF(见图 3.27(a))与圆弧

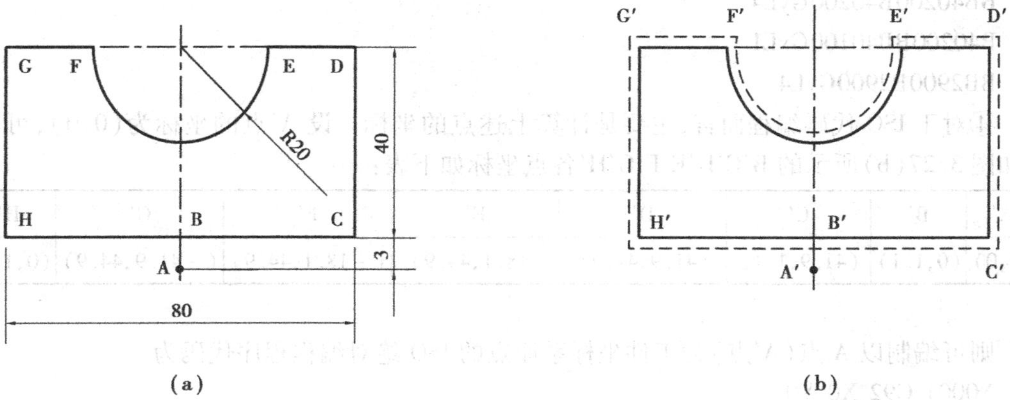

图 3.27 编程图形
(a)零件图 (b)钼丝轨迹图

E′F′(见图 3.27(b))有较多不同点,它们的特点比较如下表:

	起点	起点所在象限	圆弧首先进入象限	圆弧经历象限
圆弧 EF	E	X 轴上	第四象限	第二、第三象限
圆弧 E′F′	E′	第一象限	第一象限	第一、第二、第三、第四象限

②计算并编制圆弧 E′F′的 3B 代码。在图 3.27(b)中,最难编制的是圆弧 E′F′,其具体计算过程如下:

以圆弧 E′F′的圆心为坐标原点,建立直角坐标系,则 E′点的坐标为

$$X_{E'} = \sqrt{(20-1)^2 - 0.1^2} = 19.900\ \text{mm}$$

$$Y_E = 0.1\ \text{mm}$$

根据对称原理可得 F′的坐标为(-19.900,0.1)。

根据上述计算可知圆弧 E′F′的终点坐标的 Y 的绝对值小,故计数方向为 Y。圆弧 E′F′在第一、第二、第三、第四象限分别向 Y 轴投影得到长度的绝对值分别为 0.1 mm,19.9 mm,19.9 mm,0.1 mm,故 J=40000。

圆弧 E′F′首先在第一象限顺时针切割,故加工指令为 SR1。由上可知,圆弧 E′F′的 3B 代码如下表:

E′F′	B	19900	B	100	B	40000	G	Y	SR	1

③经过上述分析计算,可得轨迹形状的 3B 程序为

BBB2900GyL2

B40100BB40100GxL1

BB40200B40200GyL2

BBB20200GxL3

B19900B100B40000GySR1

B20200BB20200GxL3

BB40200B40200GyL4

B40200BB40100GxL1

BB2900B2900GyL4

④对于 ISO 代码编程而言，主要是计算上述点的坐标。设 A′点的坐标为(0,0)，可计算出如图 3.27(b)所示的 B′C′D′E′F′G′H′各点坐标如下表：

A′	B′	C′	D′	E′	F′	G′	H′
(0,0)	(0,1.1)	(41.9,1.1)	(41.9,44.9)	(18.1,44.9)	(−18.1,44.9)	(−41.9,44.9)	(0,1.1)

则可编制以 A 点(A′点)为工件坐标系原点的 ISO 绝对编程程序代码为

```
N0001 G92 X0 Y0
N0002 G01 X0 Y1100
N0003 G01 X41900 Y1100
N0004 G01 X41900 Y44900
N0005 G01 X18100 Y44900
N0006 G02 X－18100 Y44900 I0 J43000
N0007 G01 X－41900 Y44900
N0008 G01 X0 Y1100
N0009 G01 X0 Y0
N0010 M02
```

3.3.5 计算机辅助编程

当零件复杂或者具有非圆曲线时，手工编程工作量大，容易出错。因此，利用计算机辅助编程(自动编程)是近年来线切割系统的发展趋势。自动编程的思想是通过某种手段将零件的几何特征输入计算机辅助编程系统，编程系统通过处理后生成相应格式的加工程序代码，从而完成零件编程。传统的辅助编程系统通常通过特定的语言(APT 语言)将零件信息输入计算机，而近年的发展趋势是编程系统直接读取零件图信息，通过后置处理后生成零件的加工程序。如图 3.28 所示为某线切割系统对 AutoCAD 生成的上下异形零件图自动生成的 ISO 加工程序。

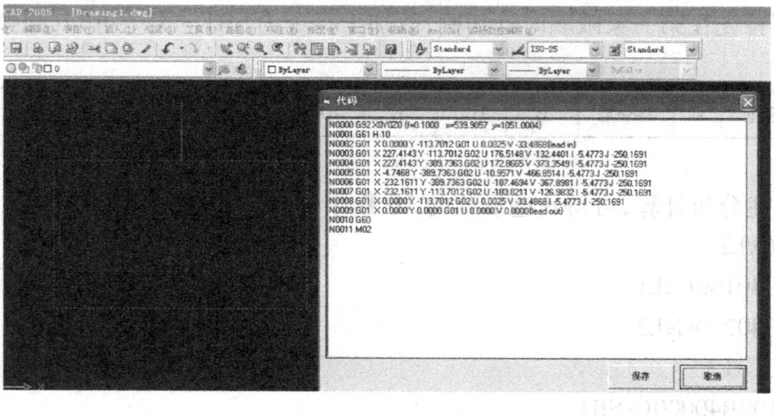

图 3.28 计算机辅助编程

3.4　电火花线切割的工艺规律

3.4.1　电火花线切割加工速度和精度影响因素

切割速度是指在一定的加工条件下，单位时间内电极丝中心线在工件上切过的面积总和，单位为 mm^2/min。

加工精度是指加工后工件的尺寸精度、几何形状精度和相互位置精度的总称。

(1)影响线切割加工速度的主要因素

影响电火花线切割加工切割速度的因素很多，包括脉冲参数、电极丝的直径、电极丝材料、工件、工作液、进给方式及排屑条件等。

在其他条件保持不变的情况下，提高脉冲峰值电流可按比例提高单个脉冲放电能量，因而可按比例提高切割速度；增加脉冲宽度可使切割速度增加；减小脉冲间隔会使脉冲放电频率增加，随之切割速度提高；由于脉冲电源的内阻不变，开路电压的升高会使切割速度明显提高。

电极丝的粗细直接影响切割速度。在排屑条件良好的情况下，增大电极丝直径会使切缝宽度 b 增大而导致切割速度下降。但增大峰值电流在很大程度上可以提高切割速度，电极丝承受峰值电流的大小与其截面积成正比，因此，在追求高效切割时，一般还是采用粗丝并加大峰值电流加工。

电极丝的张紧力越大，在加工时所发生的振动振幅则会变小，因而切缝变窄，且不易发生短路，加工精度高。但张力过大，容易引起断丝，反而使切割速度下降。

走丝速度越快，切缝放电区温升就较小，工作液进入加工区速度则越快，电蚀产物的排出速度也越快，这有助于提高加工稳定性，并减少产生二次放电的概率，因而有助于提高切割速度。低速走丝电火花线切割的走丝速度一般为 0.2 m/s 以下，高速走丝电火花线切割的走丝速度一般为 2 ~ 11 m/s。

在电火花线切割加工中，工作液起到降低温度、迅速排除蚀除物的作用。增大工作液的压力与流速，排出蚀除物容易，可提高切割速度，但过高反而会引起电极丝的振动，影响切割速度，因此可维持层流为限。

电火花线切割所用的工作液有煤油、去离子水和皂化油乳化液 3 大类。用煤油作工作液时，加工表面的质量和加工精度都很好，但煤油极易着火，必须采用浸没式加工，不允许采用喷油方式，故很少采用。去离子水不会着火，且黏度低，切割效率高，是低速走丝电火花线切割加工常用的工作液。

工件材料薄，工作液易进入，对排屑和消电离有利，加工稳定性好，但工件太薄，放电脉冲利用率和切割效率较低，电极丝易抖动，加工质量变差；工件材料厚，工作液难以进入和充满放电间隙，加工稳定性差，但电极丝不易抖动，对提高加工精度和表面粗糙度有利。最初切割速度随工件厚度的增加而增加，达到某一最大值后反而下降，这是因为厚度过大，排屑条件变差。

工件材料不同，其熔点、汽化点、热导率不同，加工效果也不同。铜的切割速度高于钢，钢高于铜钨合金，铜钨合金高于硬质合金。在高速走丝电火花线切割，采用乳化液作为工作液时，加工黄铜、铝、淬火钢时，加工过程比较稳定，切割速度高；加工不锈钢、磁钢、未淬火钢时，切割速度较低，表面粗糙度较差；加工硬质合金时，加工速度较低，但加工稳定性、粗糙度较好。

变频进给速度对切割速度、加工精度和表面加工质量的影响很大。因此调节进给速度应紧密跟踪工件的蚀除速度，以保持加工间隙恒定在最佳之处。实际上某一具体加工条件下只存在一个相应的最佳进给量，此时电极丝的进给速度恰好等于工件实际可能的最大蚀除速度。如果工人设置的进给速度小于工件实际可能的蚀除速度（称欠跟踪或欠进给），则加工状态偏开路，无形中降低了生产率；如果设置好的进给速度大于工件实际可能的蚀除速度（过跟踪或过进给），则加工偏短路，实际上进给和切割速度反而也将下降，而且增加了断丝和“短路闷死”的危险。

最好的变频进给应当使有效放电状态比例尽量大，开路和短路状态的比例尽可能的小，此时切割速度达到加工条件下的最大值，此时相应的加工精度和表面质量也是最好的。如果变频进给速度超过工件的蚀除速度，会出现频繁的短路现象，切割速度反而降低，表面粗糙度也差，上下端面切割成焦黄色，断丝频率增大；反之，变频进给速度太慢，级间将偏于开路，直接影响切割速度，同时由于间隙较大，在间隙中电极丝的振动造成时而开路时而短路，也会影响表面粗糙度。

(2)影响加工精度的主要因素

在电火花线切割过程中，影响加工精度的因素包括了机床、脉冲电源、控制系统、工作液、电极丝、工件材料及电参数等。尺寸精度主要与流速、脉冲电源的稳定性等有关；形状精度除指线切割加工中出现的一般形状精度外，还有切缝宽度、角部精度、圆度、直线度、上下端面尺寸差等。位置精度一般与机床精度关系较大，影响形状精度的一些因素对位置精度也有影响。

电火花线切割机床的机床传动精度高，加工效果好；传动精度低，加工效果差；如果传动精度达不到要求时，则无法实现工件的尺寸加工。电火花线切割的尺寸精度很大程度上取决于坐标工作台的传动精度。其主要取决于如下 4 个因素：

①传动机构部件的精度（丝杠、螺母、齿轮、蜗轮、蜗杆、导轨等部件制造精度）。

②配合间隙（主要包括丝杠副、齿轮副、蜗轮副及键等配合间隙）。

③装配精度（主要是丝杠和螺母的三线对中，齿轮间均匀配合，蜗轮蜗杆的吻合相切，纵、横向两拖板的丝杠与导轨的平行度，以及两拖板导轨间的垂直度）。

④机床工作环境的影响（温度、湿度、防尘、振动等影响）。

走丝机构是机床重要的组成部分之一。它直接影响着加工效果，走丝速度越快，影响越大。电极丝在放电加工区域移动的平稳程度，取决于走丝机构的传动精度。实践表明，导轮径向跳动、轴向蹿动、V 形槽磨损、导轮安装密封不好、储丝筒振动等因素均使电极丝传动精度降低，引起电极丝抖动，使加工表面出现条纹，直接影响加工精度和表面粗糙度。

为了减少电极丝抖动，提高电极丝运动精度，除了保证走丝机构的加工与装配精度，有的还在两导轮之间加装电极丝保持器，即宝石限位器。宝石限位器可使电极丝在放电间隙中振动减小，提高电极丝的位置精度，有利于提高各项工艺指标。

3.4.2　电火花线切割加工表面质量影响因素

电火花线切割加工的表面质量主要包括加工表面粗糙度、切割条纹及表面组织变化层3部分。

(1)影响加工表面粗糙度的主要因素

电火花线切割加工表面是由无数的放电小凹坑组成的,因而无光泽,但润滑性和耐磨性一般都比机械加工同等级粗糙度的表面要好。影响加工表面粗糙度的因素虽然很多,但主要是脉冲参数影响。此外,工件材料、工作液种类以及电极丝张紧力与移动速度等有一定的影响。

1)脉冲参数

无论是增大脉冲峰值电流还是增加脉宽,都会因它增大了脉冲能量而使加工表面粗糙度R_a值增大。空载电压升高,由于电源内阻不变,脉冲峰值电流会随之增大,因而加工表面粗糙度值也明显增大。增大峰值电流、脉宽等脉冲参数有利于切割速度的提高,也会使加工表面粗糙度R_a值增大,只是影响的程度不一而已。

2)工件材料

由于工件材料的热学性质不同,在相同的脉冲能量下加工的表面粗糙度是不一样的。加工高熔点材料(如硬质合金),其加工表面粗糙度值就要比加工熔点低的材料(如铜、铝)小,当然,切割速度也会下降。

3)工作液

采用煤油作工作液时,切割速度低,但表面粗糙度较好;而用去离子水作工作液时,切割速度较高,而加工表面粗糙度R_a值也会相应增大。高速走丝电火花线切割加工常用皂化油乳化液作工作液,但种类型号不同,也会影响切割速度和表面粗糙度。

(2)影响切割条纹的主要因素

电火花线切割加工表面,从微观来看是由无数个放电小凹坑叠加而成的表面,其放电凹坑的深度直接影响加工表面的粗糙度。但从宏观来看,电火花线切割加工表面会呈现许多切割条纹,这在高速走丝电火花线切割加工中尤为明显。

影响切割条纹深度与宽度的因素很多,包括脉冲参数、走丝方式及其稳定性、工件厚度及其材质的均匀性、工作液种类与成分以及进给控制方式等。

1)脉冲参数

脉冲参数的改变,不仅会影响放电间隙大小,而且对电极丝振动也会有影响。降低脉冲电压或者减小脉冲放电能量,有利于减小单面放电间隙及电极丝的振动振幅,有利于减小切割条纹的深度。对低速走丝电火花线切割来说,由于运丝系统工作比较平稳,重要任务是设法稳定脉冲参数,减少放电间隙及电极丝振幅变化,以减小切割条纹深度。

2)走丝方式

走丝方式及运丝系统的稳定性对切割条纹的影响十分显著。一般来说,低速走丝电火花线切割加工,运丝系统比较平稳,远比高速走丝要好。提高低速走丝的电极丝张紧力、缩短导向器与工件之间的距离、降低电极丝移动速度以及选用与电极丝丝径相匹配的导向器,都有助于电极丝运行稳定,减小条纹深度。高速走丝则不同,由于电极丝的高速移动,必然会引起强烈的振动,加上导向导轮不可避免地会产生径向跳动和轴向窜动。这些都会导致切割条纹的产生。实际上,电极丝在高速往返运动中,由于上下导向导轮的运动摩擦阻力不一,在切割加工时不仅会改变电极丝的张力,而且还会影响电极丝支点的位置变化,使往返切割条纹十分明显。曾经有人发现,用短钼丝加工可改善表面切割条纹。其原理是每次电极丝换向移动时间间隔内实际切割长度控制在电极丝的半径范围之内。根据这一原理,采用短程往返走丝数字程序控制方式,效果十分明显。如果采用高耐磨性导向器,并使导向器尽量靠近工件,也能改善加工表面切割条纹,提高加工表面质量。

3)工件厚度与材质

切割的工件厚度越小,或是导向器工件越远,其切割条纹就越明显。此外,如果工作材料中含有不导电的杂质,也会迫使电极丝“绕道而行”,产生明显的条纹,严重时还会影响加工精度。

4)工作液

在电火花线切割加工中,在同一加工条件下,使用不同的工作液,不仅切割速度不同,而且加工表面切割条纹也相差较大。因此实际应用中,需根据所加工的材料及厚度,合理选择合适的工作液满足加工要求。

(3)影响加工表面组织变化层的主要因素

在电火花线切割加工过程中,由于脉冲放电时所产生的瞬时高温和工作液冷却作用,工件表面会发生组织变化,并可粗略地分为熔融凝固层(包括新黏附的松散层和极凝固层)、淬火层和热影响层3部分。

3.4.3 电火花线切割加工的合理电参数选择

线切割加工时,其电参数主要有空载电压、峰值电流、脉冲宽度、脉冲间隔、放电电流等。下面介绍如何合理地选择电参数。

(1)电参数的影响

1)脉冲宽度 t_i

一般 $t_i = 2 \sim 60\ \mu m$,分组脉冲及光整加工 t_i 可小于 $0.5\ \mu m$。t_i 增大加工表面粗糙度则变差。

2)脉冲间隔 t_0

t_0 减小,平均电流增大,切割快;过小则易引起电弧和断丝。一般 $t_0 = (4 \sim 8) t_i$。

3)开路电压 $\hat{u}_i$

$\hat{u}_i$ 提高,加工间隙增大,排屑变易,提高了切割速度和加工稳定性,但易造成电极丝振动,丝损耗也会增大。

4)放电峰值电流 $\hat{i}_e$

$\hat{i}_e$ 增大时,切割速度提高,但表面粗糙度变差,丝损加大且易断丝。快走丝 $\hat{i}_e$ 一般小于 40 A,平均小于 5 A;慢走丝因为脉宽窄,丝径粗,故峰值电流可达 100 ~ 500 A 甚至 700 A(快走丝常用丝径 $\phi 0.12 \sim 0.20$ mm、慢走丝常用 $\phi 0.20$ mm)。

5)放电波形

电流波形前缘上升平缓则电极丝损耗少,但脉宽很窄时,陡的波形才能有效进行加工。

(2)合理地选择电参数

1)要求切割速度高时

当脉冲电源控制电压高、短路电流大、脉冲宽度大时,则切割速度高,但表面粗糙度要差些,因此在满足表面粗糙度的前提下追求高的切割速度,同时要选择适当的脉冲间隔。

2)要求表面粗糙度好时

无论是矩形波还是分组波,其单个脉冲能量小,则表面粗糙度小,即脉冲宽度小、脉冲间隔适当、峰值电压低、峰值电流小时,表面粗糙度较好。

若切割的工件厚度在 80 mm 以内,则选用分组的脉冲电源。与其他电源相比,在相同的切割速度条件下,它可获得较好的表面粗糙度。

3)要求电极丝损耗小时

应当选用前阶梯波形或脉冲前沿上升缓慢的波形,由于这种波形电流的上升率低,故可减少电极丝损耗。

4)要求切割厚工件时

选用矩形波、高压波、大电流、大脉冲宽度和大的脉冲间隔可充分消除电离,从而保证加工的稳定性。

3.5　线切割加工工艺应用

电火花线切割加工已广泛用于国防和民用的生产和科研工作中,用于各种难以加工材料、复杂表面和有特殊要求的零件、刀具和模具。

3.5.1　电火花线切割加工工艺

(1)具有切割直壁二维型面的线切割加工工艺

机床只有工作台 X,Y 两个数控轴,电极丝在切割时始终处于垂直于工作台台面状态,因此只能切割直上直下的直壁二维图形曲面,常用以切割直壁没有落料角(无锥度)的冲模、工具电极和零件。其结构简单、价格便宜、可控精度较高。

(2)具有斜度切割功能,可实现等锥角三维曲面切割工艺

机床除工作台有 X,Y 两个数控轴外,在上丝架上还安装有小型工作台 U,V 两个数控轴,使电极丝上端可做倾斜移动,从而切割出倾斜有锥度的表面。由于 X,Y 和 U,V 4 个数控轴是同步、成比例的,因此切割出的斜度(锥角)是相等的,可用于切割有落料角的冲模。可调的锥角最早只有 3°~10°,随着技术的改进增加到 30°甚至 60°以上。现代大多数快走丝线切割机床都属于此类机床。

(3)可实现变锥度、上下异形面切割工艺

机床在 X,Y 和 U,V 工作台等机械结构与上述机床类似,所不同的是在编程和控制软件上有所区别。为了能切割出上下不同的截面,如上圆下方的多维曲面,在软件上需按上截面和下截面分别编程,然后在切割时加以"合成"(如指定上下异形面上的对应点等)。电极丝在切割时可随时改变斜度。

3.5.2　电火花线切割加工扩展应用

X,Y 和 U,V 四轴联动能切割上下异形截面的线切割机床,但仍无法加工出螺旋表面、双曲线表面和正弦曲面等复杂表面。

如果增加一个数控回转工作台附件,工件装在用步进电动机回转的工作台上,采用数控移动和数控转动相结合的方式编程,用θ角方向的单步转动来代替Y轴方向的单步移动,即可加工出螺旋表面、双曲线表面和正弦曲面等复杂表面。

如图3.29所示,在X轴或Y轴方向切入后,工件仅按θ轴单轴伺服转动,可切割出图示的双曲面体。

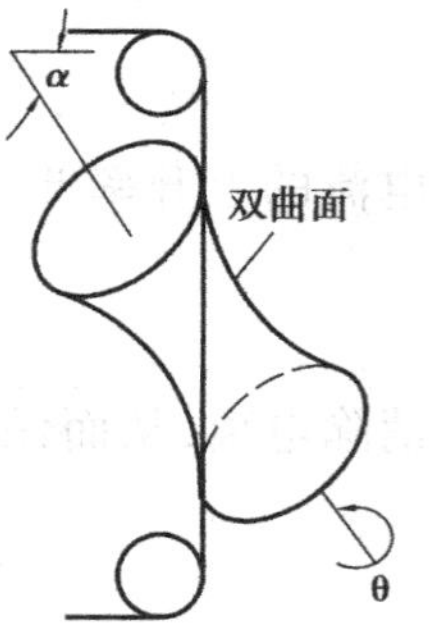

图3.29 工件倾斜,数控回转线切割加工双曲面工件

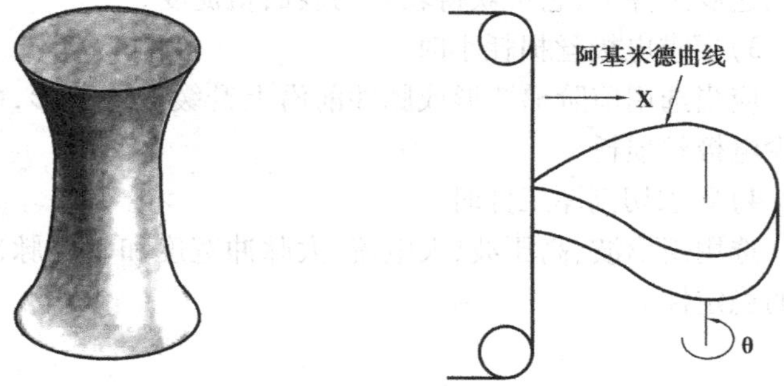

图3.30 数控移动加工件转动加工阿基米德螺旋线凸轮

如图3.30所示为X轴与θ轴联动插补(按极坐标ρ,θ数控插补),可切割出阿基米德螺线的平面凸轮。

如图3.31(a)所示为钼丝工件中心平面沿X轴切入,与θ轴转动两轴数控联动,可"一分为二"地将圆柱体切成两个"麻花"瓣螺旋面零件。如图3.31(b)所示为切割出来的一个螺旋面零件。

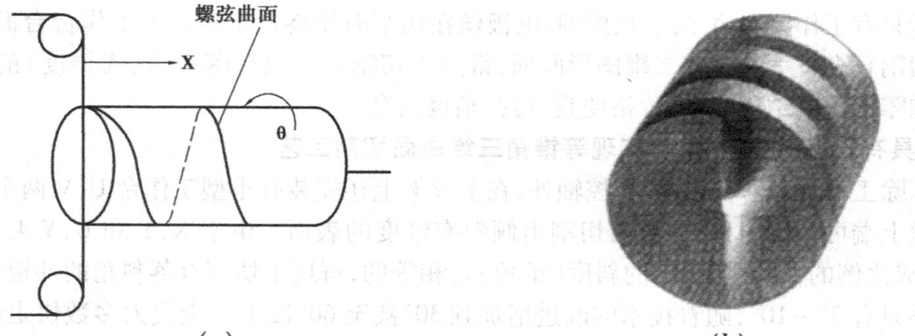

图3.31 数控移动加转动加工螺旋曲面

如图3.32所示为钼丝自穿丝孔或中心平面切入后与θ轴联动,钼丝在X轴向反复移动数次,θ轴转动一圈,即可切割出两个端面为正弦曲面的零件。

如图3.33所示为切割带有窄螺旋槽的套管,可用作机器人等精密传动部件中的挠性接头。钼丝沿Y轴侧向切入至中心平面后,钼丝一边沿X轴移动,与工件按θ轴转动相配合。切割出的套管扭转刚度很高,弯曲刚度稍低。

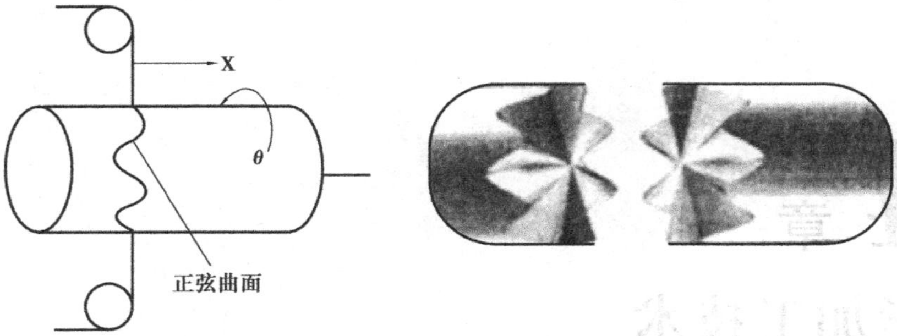

(a)　　　(b)

图3.32　数控往复移动加转动线切割加工正弦曲面

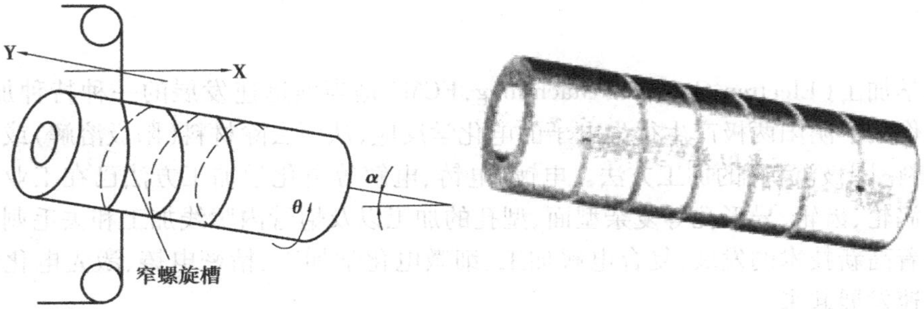

(a)　　　(b)

图3.33　数控移动加转动线切割加工窄螺旋槽

思考题

3.1　电火花线切割的工艺和机理与电火花成型加工有什么相同点和不同点？

3.2　电火花线切割机床有哪些分类？其基本组成和工艺特征如何？

3.3　电火花线切割加工的零件有何特点？

3.4　试述电火花线切割的主要工艺指标及其影响因素。

3.5　加工如图3.34所示4条直线和一个半圆组成的型孔。穿丝孔在图中①点，按图中箭头顺序进行加工①—②—③—④—⑤—⑥—⑦—⑧，请编制加工该型孔的线切割加工3B和ISO代码程序。

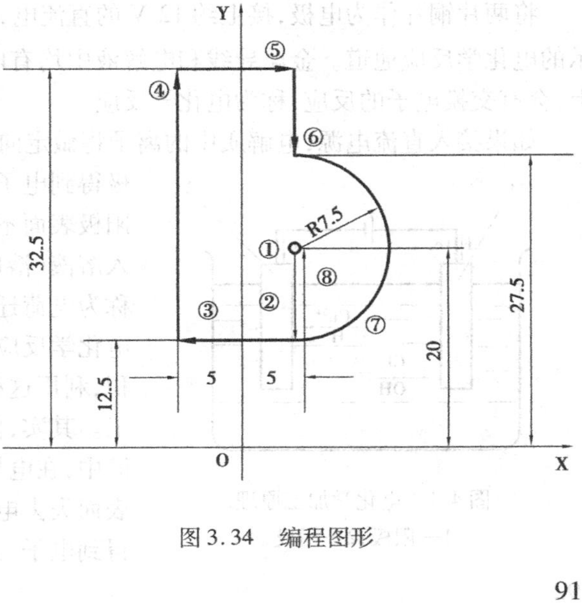

图3.34　编程图形

第 4 章

电化学加工技术

电化学加工(Electron-Chemical Machining, ECM)是当前迅速发展的一种特种加工方式，是在电的作用下阴阳两极产生得失电子的电化学反应，从而去除材料(阳极溶解)或在工件表面镀覆材料(阴极沉积)的加工方法。电镀、电铸、电解等电化学加工方法已在工业上被广泛地应用在涡轮、齿轮、异形孔等复杂型面、型孔的加工以及炮管内膛线加工和去毛刺等工艺过程。伴随着高新技术的发展，复合电解加工、细微电化学加工、精密电铸、激光电化学加工等技术也迅速发展起来。

4.1 电化学加工基本原理和分类

4.1.1 电化学加工基本原理

(1)电化学加工的基本过程

将两片铜片作为电极，接上约 12 V 的直流电，并浸入 $CuCl_2$ 的水溶液中，形成如图 4.1 所示的电化学反应通道。金属导线和电解液中均有电流通过。在铜片(电极)和电解液的界面上，会有交换电子的反应，称为电化学反应。

如果接入直流电源，电解质中的离子将做定向运动，Cu^{2+} 离子向阴极(负极)移动，并在阴极得到电子，还原成铜原子沉积在阴极表面。相反，在阳极表面不断有铜原子失去电子，变成 Cu^{2+} 离子而进入溶液(溶解)。电解质溶液中正负离子的定向移动称为电荷迁移。在阴阳两极产生得失电子的反应称为电化学反应。在图 4.1 中将会产生阳极溶解和阴极沉积，利用这种原理进行金属加工的方法称为电化学加工。其实，任何两种不同的金属放入任何导电的水溶液中，在电场的作用下都会有类似的情况发生。阳极表面失去电子(氧化反应)产生阳极溶解、蚀除，阴极得到电子(还原反应)的金属离子还原成位原子，沉积

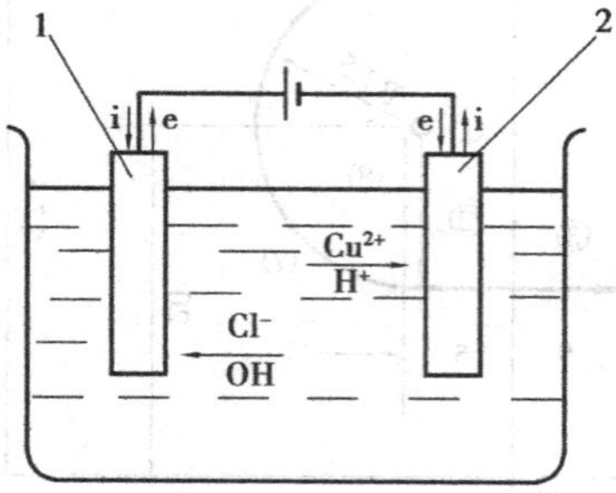

图 4.1 电化学加工原理
1—阳极;2—阴极

在阴极表面。

(2)法拉第定律

电解加工作为一种加工工艺方法,人们所关心的不仅是其加工原理,而且在实践上更关心其加工过程中工件尺寸、形状以及被加工表面质量的变化规律。而既可定性分析,又可定量计算,能够深刻揭示电解加工工艺规律的基本定律就是法拉第(Faraday)定律。

法拉第定律包括以下两项内容:

①在电极的两相界面处(如金属/溶液界面上)发生电化学反应的物质质量与通过其界面上的电量成正比,此称法拉第第一定律。

②在电极上溶解或析出1 mol当量任何物质所需的电量是一样的,与该物质的本性无关,此称法拉第第二定律。根据电极上溶解或析出1 mol当量物质在两相界面上电子得失量的理论计算,同时也被实验所证实,对任何物质这一特定的电量均为常数,称为法拉第常数,记为F,即

$$F \approx 96\ 500(\mathrm{A \cdot s/mol, C/mol}) \approx 1\ 608.3(\mathrm{A \cdot min/mol})$$

对于电解加工,如果阳极只发生金属溶解而没有析出其他物质时,根据法拉第第一定律,金属溶解的理论质量为

$$M = kQ = kIt \tag{4.1}$$

式中　M——阳极溶解的金属质量,g;

k——单位电量溶解的元素质量,称为元素的质量电化学当量,g/(A·s)或g/(A·min);

Q——通过两相界面的电量,A·s或A·min;

I——电流强度,A;

t——电流通过的时间,s或min。

对于原子价为n(更确切地讲,应该是参与电极反应的离子价,或在电极反应中得失电子数)、相对原子质量为A的元素,其1 mol质量为A/n(g);则根据式(4.1)可写为

$$\frac{A}{n} = kF$$

可得

$$k = \frac{A}{nF} \tag{4.2}$$

这是有关质量电化当量理论计算的重要表达式。

对于零件加工而言,人们更关心的是工件几何量的变化。由式(4.1)容易得到阳极溶解金属的体积为

$$V = \frac{M}{\rho} = \frac{kIt}{\rho} = \omega It \tag{4.3}$$

式中　V——阳极溶解金属的体积,cm^3;

ρ——金属的密度,g/cm^3;

ω——单位电量溶解的元素体积,即元素的体积电化当量,$cm^3/(A \cdot s)$或$cm^3/(A \cdot min)$。

显而易见

$$\omega = \frac{k}{\rho} = \frac{A}{nF\rho}$$

部分金属的体积电化当量 ω 值如表4.1所示。

表4.1　部分金属的体积电化当量

金属	密度 ρ/(g·cm^{-3})	相对原子质量 A	原子价 n	体积电化当量 ω/[cm^3·(A·min^{-1})]
铝	2.71	26.98	3	0.002 1
钨	19.2	183.92	5	0.001 2
铁	7.86	55.85	2	0.002 1
			3	0.001 5
钴	8.86	58.94	2	0.002 1
			3	0.001 4
镁	1.74	24.32	2	0.004 4
锰	7.4	54.94	2	0.002 3
			4	0.001 2
铜	8.93	63.57	1	0.004 4
			2	0.002 2
钼	10.2	95.95	4	0.001 5
			6	0.001 0
镍	8.96	58.69	2	0.002 1
			3	0.001 4
铌	8.6	92.91	3	0.002 2
			5	0.001 3
钛	4.5	47.9	4	0.001 7
铬	7.16	52.01	3	0.001 5
			6	0.000 8
锌	7.14	65.38	2	0.002 8

(3)电极电位

原子是由电子和原子核组成,金属原子也是由带负电的电子和带正电的原子核组成,最外层的电子受原子核的约束比较小,容易失去,使得原子变成了离子。金属的组成其实是金属离子叠加而成,外层的电子具有一定的自由性,不一定属于哪个离子,称为自由电子。当金属和金属原子组成的盐溶液(或其他溶液)接触时,弱极性分子水的负极端就吸附到金属正离子上,形成水化离子。当水的动能超过一定数值时,就克服金属对该离子的约束跑到溶液中去,这就等于把电子失去(留在金属里)。当然,溶液中的离子也有可能因动能不够而被金属俘获，相当于得到电子，变成原子。这是个动态的过程，在某个状态会达到平衡，即从金属上跑到溶液中的离子数量等于从溶液中跑回金属上的离子数量。当金属活泼性大时，金属本身因为留下的电子多就带上了负电，在金属附近的溶液里因带正电水化离子多而带正电，这样就形成了双电层（Etectric Double Layer，EDL）。双电层结构如图 4.2 所示。当金属的活泼性越强，这种趋势越强；反之，如果金属活泼性很差，甚至从金属上跑出来的离子比溶液里跑回到金属上的还多，则金属带正电，而溶液带负电。

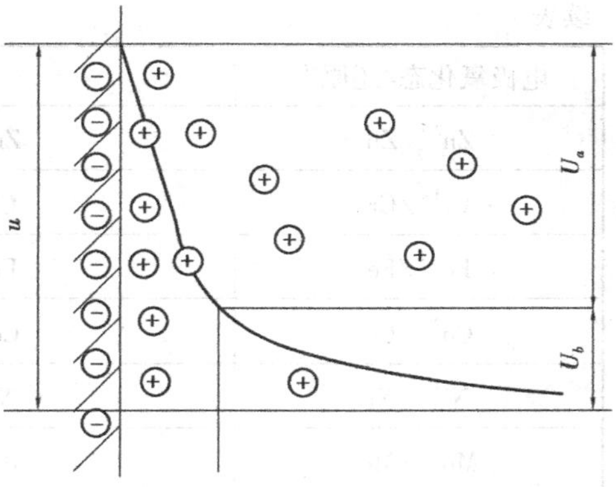

图 4.2　双电层结构和电位分布

在给定溶液中建立起来的双电层，除了受静电作用外，由于分子、离子的热运动，使双电层的离子层获得了分散构造，双电层的电位分布如图 4.2 所示。只有界面上极薄的一层具有较大的电位差。

由于双电层的存在，在正负电层之间，也就是金属和溶液之间形成了电位差。金属及其盐溶液之间的电位差称为电极电位。由于是金属本身盐溶液中的溶解和沉积相平衡的电位差，故也称为平衡电极电位。

到目前为止一种金属与其盐溶液之间的电极电位还没有直接测量的办法，某金属与任一导电溶液之间的双电层的电位差也难以直接测量，但是盐桥法可测量出两种不同电极电位的差。生产实践中采用以一种电极作为标准和其他电极比较得出的相对值，称为标准电极电位。通常以标准氢电极电位作为基准，人为地将氢电极电位规定为零。如表 4.2 所示为常用离子在 25 ℃时的标准电极电位，把金属放在此金属离子的有效质量浓度为 1 g/L 的溶液中，此电极的电位与标准氢电极的电位差，作为标准电极电位，用 U°表示。用它可测算出不同材料的电极表面在不同的电解液中，哪些元素将首先发生电化学反应，即可用电位来测算不同元素之间产生电化学反应先后的可能性。一般电位最负的元素首先在阳极表面产生电化学反应，反之电位最正的元素首先在阴极表面产生电化学反应。表 4.2 反映了物质得失电子的能力，即氧化还原能力。

表 4.2　常用离子在 25 ℃时的标准电极电位

电极氧化态/还原态	电极反应	电极电位/V
K^+/K	$K^+ + e = K$	-2.925
Ca^{2+}/Ca	$Ca^{2+} + 2e = Ca$	-2.84
Na^+/Na	$Na^+ + e = Na$	-2.713
Ti^{2+}/Ti	$Ti^{2+} + 2e = Ti$	-1.75
Al^{3+}/Al	$Al^{3+} + 3e = Al$	-1.66
V^{3+}/V	$V^{3+} + 3e = V$	-1.5
Mn^{2+}/Mn	$Mn^{2+} + 2e = Mn$	-1.05

续表

电极氧化态/还原态	电极反应	电极电位/V
Zn^{2+}/Zn	$Zn^{2+}+2e=Zn$	−0.763
Cr^{3+}/Cr	$Cr^{3+}+3e=Cr$	−0.71
Fe^{2+}/Fe	$Fe^{2+}+2e=Fe$	−0.44
Co^{2+}/Co	$Co^{2+}+2e=Co$	−0.27
Ni^{3+}/Ni	$Ni^{3+}+3e=Ni$	−0.23
Mo^{3+}/Mo	$Mo^{3+}+3e=Mo$	−0.20
Sn^{2+}/Sn	$Sn^{2+}+2e=Sn$	−0.14
Pb^{2+}/Pb	$Pb^{2+}+2e=Pb$	−0.126
Fe^{3+}/Fe	$Fe^{3+}+3e=Fe$	−0.036
H^+/H	$H^++e=H$	0
Cu^{2+}/Cu	$Cu^{2+}+2e=Cu$	+0.34
O_2/OH^-	$O_2+1/2O_2+2e=OH^-$	+0.401
Cu^+/Cu	$Cu^++e=Cu$	+0.522
Fe^{3+}/Fe^{2+}	$Fe^{3+}+e=Fe^{2+}$	+0.771
Ag^+/Ag	$Ag^++e=Ag$	+0.799 6
Mn^{4+}/Mn^{2+}	$MnO_2+4H^++2e=Mn^{2+}+2H_2O$	+1.208
Cr^{6+}/Cr^{3+}	$Cr_2O_7^{2-}+14H^++6e=Cr^{3+}+7H_2O$	+1.33
Cl_2/Cl^-	$Cl_2+2e=Cl^-$	+1.358 3
F_2/F^-	$F_2+2e=2F^-$	+2.87

(4)电极极化

前面讨论的是在没有电流通过电极时的平衡电极电位，电极界面上电荷交换处于平衡状态时的情况。当有电流通过时，电极的平衡状态被打破，使得阳极电位向正方向增大（代数值增大），阴极电位向负方向增大（代数值减小），这种现象称为电极极化。电极极化曲线如图4.3所示，极化后的电极电位（E）与平衡电极电位的差值称为超电位。随着电流密度的增加，超电位也会增加。

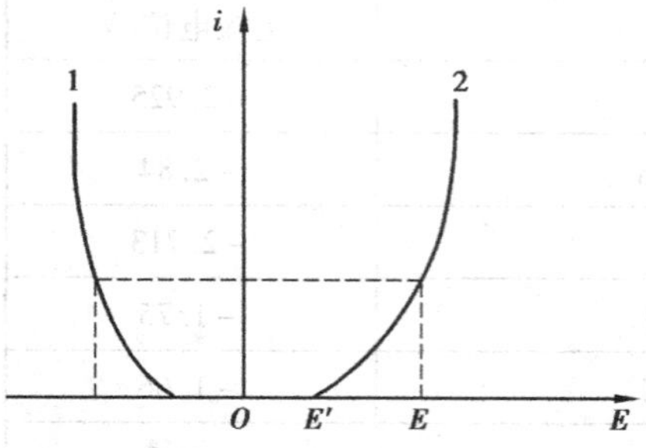

图4.3　电极极化曲线
1—阴极端；2—阳极端

电解加工时，阳极和阴极都存在着离子扩散、迁移和电化学反应两个过程。在极化过程中，由于迁移、扩散缓慢引起的电极极化，称为浓差极化；而由于电化学反应缓慢引起的电极极化，称为电化学极化。

1）浓差极化

在极化过程中，金属不断溶解的条件之一是生成的金属离子需要越过双电层向外迁移和扩散，从而与溶液的离子反应，最后离开反应系统。然而扩散与迁移的速度是有一定的限制的，在外电场作用下，如果电化学反应过程进行很快，阳极表面液体层中的金属离子扩散、迁移缓慢，来不及扩散到溶液中去，使阳极表面形成金属离子堆积，引起电位增大，这就是浓差极化。

在阴极由于水中氢离子的移动速度很快，故一般氢的浓差极化是很小的。凡能加速电极表面离子的扩散和迁移速度的措施，都能减小浓差极化，如提高电解液流动速度、搅拌电解液、升高电解液温度等。

2）电化学极化

电化学极化也称活化极化，主要发生在阴极，从电源流入的电子来不及转移给电解液中的氢离子，因而在阴极上积累了过多的电子，使阴极电位向负移，从而形成电化学极化。

在阳极金属溶解的电化学极化一般很小，但是当阳极上产生析氧反应时，就会产生相当严重的电化学极化。

电解液的流速对电化学极化几乎没有影响，而仅仅取决于电化学反应，即与电极材料和电解液成分有关。此外，与电极表面状态、电解液温度、电流密度有关。电解液温度升高，反应速度加快，电化学极化减小；电流密度越高，电化学极化也越严重。

极化情况对电化学反应极为重要，它可帮助人们研究电极反应过程，有助于理解和掌握电化学加工机理。由上可知，在阳极电极电位低的物质容易失去电子，因此只要外加电压达到某物质的电极电位，该物质就开始失去电子。但是由于极化会使阳极的电位升高，在原来的电压下物质不会失去电子，极化明显影响阳极材料的溶解。

(5)活化和钝化

钝化极化是由于电化学反应过程中，会在阳极金属表面上形成一层致密而又非常薄的黏膜，这层黏膜由氧化物、氢氧化物或盐组成，也称为钝化膜，从而使金属表面失去了原有的活泼性，导致金属的溶解过程减慢，这就是通常所说的阳极钝化现象。

有时在某种极端的情况下，这层薄膜会完全阻止阳极金属的溶解。在电化学加工过程中，把去掉钝化膜这一过程称为活化。引起活化的因素很多，如把电解液加热、加入活性离子氯、通入还原性气体、采用机械的办法破坏钝化膜等。

4.1.2　电化学加工应用分类

电化学加工按作用原理可分成3类。第Ⅰ类是利用电化学反应过程中的阳极溶解来进行加工，主要有电解加工和电化学抛光等；第Ⅱ类是用电化学反应过程中的阴极沉积来进行加工，主要有电镀、电铸等；第Ⅲ类是利用电化学加工与其他加工方法相结合的电化学复合加工工艺进行加工，目前主要有电解磨削、电解放电加工等。电化学加工的类别如表4.3所示。

表 4.3　电化学加工应用分类

类别	加工方法及原理	应　用
Ⅰ	电解加工(阳极溶解) 电化学抛光(阳极溶解)	用于形状、尺寸加工 用于表面加工、去毛刺
Ⅱ	电镀(阴极沉积) 涂镀(阴极沉积) 电铸(阴极沉积) 复合镀(阴极沉积)	用于表面加工、装饰 用于表面加工、尺寸修复 用于形状尺寸加工、复制 用于表面加工、磨具制造
Ⅲ	电解磨削,包括电解研磨、电解珩磨(阳极溶解、机械磨削) 电解放电加工(阳极溶解、电火花蚀除)	用于形状尺寸加工、光整加工 用于形状尺寸加工

4.2　电解加工

电解加工是电化学加工的一种重要方法,在模具制造、特别是大型模具制造中应用广泛。它是在电解抛光的基础上发展而来的,但由于电解抛光的加工间隙大、电流密度小、电解液不流动,故只能进行抛光而无法进行尺寸加工。

4.2.1　电解加工原理

电解加工是利用金属在电解液中产生的阳极溶解现象,去除多余材料的工件成型加工方法。电解加工原理如图 4.4 所示。将加工工件作为阳极接直流电源正极,与加工工件形状相似的工具电极作为阴极接直流电源负极,工具和工件之间保持 0.1 ~ 0.8 mm 的间隙。当两极之间加 6 ~ 24 V 的直流电压时,间隙内有高速流动(5 ~ 60 m/s)的电解液流过,间隙内的电解液和两极之间形成导电通道。这样工件表面的金属材料在电解液中不断溶解,溶解物被高速流动的电解液带走。如果工具电极以一个适当的速度向工件运动,使工件和工具之间的间隙不会因为阳极材料被溶解而增大,这样工件材料将不断被溶解,工具的形状就会复制到工件上。

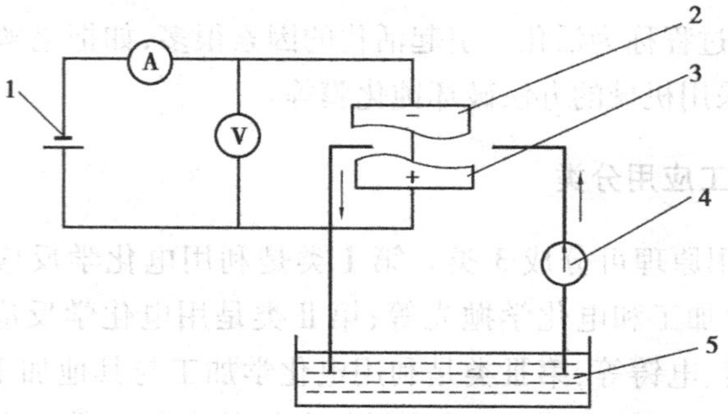

图 4.4　电解加工系统图

1—电源;2—工具;3—工件;4—泵;5—电解液槽

在刚开始加工时,工件毛坯的形状与工具电极不一致(见图4.5(a)),使得阴阳两极间的间隙差别较大,会引起两极间隙内的电流密度分布不均匀。这时间隙大处的电流密度小,金属溶解速度慢,间隙小处的电流密度大,金属溶解速度快。随着工具电极的不断进给,两极之间各处的间隙会趋于一致,阳极表面的形状也就逐渐地与阴极表面相吻合(见图4.5(b)),最终完全吻合,从而把工具电极的尺寸和形状复制到工件上,达到尺寸加工的目的。

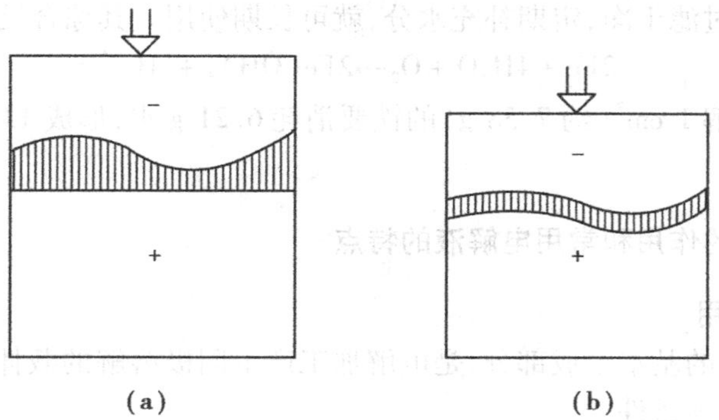

图4.5　电解加工成型原理示意图

一般电解加工两极的间隙较小(为0.1~0.8 mm),电流密度较大(为20~1 500 A/cm^2),电解液压力较大(为0.5~2 MPa),电解液流速较高(为5~60 m/s)。

4.2.2　NaCl 电解液中的电极反应和产物

一般情况下,工件材料不是纯金属,而是合金,其金相组织也不完全一致,电解液的成分、温度、流速等因素对电解过程都有影响,使得电解加工中电极间的反应极为复杂。下面以铁在氯化钠电解液中进行电解加工为例,分析阳极和阴极发生的电极反应。

由于 NaCl 和 H_2O 的离解,在电解液中存在着 H^+,OH^-,Na^+,Cl^- 4种离子,通常将发生如下反应:

在阳极上发生铁的溶解,Fe 一般以 Fe^{2+} 的形式进入电解液,即

$$Fe - 2e \rightarrow Fe^{2+}$$

溶于电解液中的 Fe^{2+} 和 OH^- 化合,生成 $Fe(OH)_2$,由于它在水溶液中的溶解度很小,故产生沉淀,即

$$Fe^{2+} + 2OH^- \rightarrow Fe(OH)_2 \downarrow$$

$Fe(OH)_2$ 沉淀为墨绿色的絮状物,被流动的电解液带走。$Fe(OH)_2$ 又与电解液中及空气中的氧气发生化学反应,生成 $Fe(OH)_3$,即

$$4\,Fe(OH)_2 + 2H_2O + O_2 \rightarrow 4Fe(OH)_3 \downarrow$$

$Fe(OH)_3$ 呈红棕色,因此在电解过程中,电解溶液起初为墨绿色,以后逐渐变为红棕色。

同时在阳极还有可能(概率极小)发生如下反应,即

$$Fe - 3e \rightarrow Fe^{3+}$$

$$2\,Cl^- - 2e \rightarrow Cl_2 \uparrow$$

$$4\,OH^- - 4e \rightarrow O_2 \uparrow + 2H_2O$$

在阴极上,主要的反应是氢气的析出。由于阴极上积存大量的多余电子,使电解液中带

正电的氢离子被吸引到阴极表面，并从阴极上得到电子形成氢气析出，其反应过程为

$$2H^+ + 2e \rightarrow H_2 \uparrow$$

综上所述，在电解加工过程中，阳极的铁不断地以 Fe^{2+} 的形式被溶解，最后生成 $Fe(OH)_3$ 沉淀，在阴极上则不断地产生氢气。电解液中的水在形成 $Fe(OH)_3$ 和 H_2 的过程中被分解（消耗），使得电解液的浓度稍有变化，而 Na^+ 和 Cl^- 只起导电作用，在电解加工过程中并无消耗，因此电解液只要过滤干净，定期补充水分，就可长期使用。其综合反应过程为

$$2Fe + 4H_2O + O_2 \rightarrow 2Fe(OH)_3 + H_2 \uparrow$$

可以计算出，溶解 1 cm^3（约 7.58 g）的铁要消耗 6.21 g 水，形成 13.78 g 的渣，析出 0.28 g 的氢气。

4.2.3 电解液的作用和常用电解液的特点

（1）电解液的作用

电解液是电解池的基本组成部分，是电解加工产生阳极溶解的载体。正确地选用电解液是实现电解加工的基本条件。

电解液的主要作用如下：

①与工件及阴极组成进行电化学反应的电化学体系，实现所要求的电解加工过程；同时，电解液所含导电离子是电解池中传送电流的介质，这是其最基本的作用。

②排除电解产物，控制极化，使金属工件在电场作用下能够进行电化学反应，使阳极溶解能正常、连续进行。

③及时带走电解加工过程中所产生的热量，使加工区不致过热而引起沸腾、蒸发，起更新和冷却作用。

（2）对电解液的要求

①导电率要高，流动性要好，可保证用较低的加工电压获得较大的加工电流，能在较低的压力下得到较高的流速，减少发热。

②电解质在溶液中的电离度和溶解度要大。一般来说，电解液中的阳离子总是具有较负的标准电极电位，如 Na^+、K^+ 等离子。

③阳极的电解产物应是不溶性的化合物，这样便于处理，不会在阴极表面沉积。

④性能稳定，操作使用安全，对设备产生的腐蚀作用轻，不易燃，不爆炸，对环境污染和人体危害要小。

⑤价格低廉，适应性广，使用寿命长。

（3）常用电解液

电解液可分为中性盐溶液、酸性溶液和碱性溶液 3 种。中性盐溶液的腐蚀性弱，使用安全性好，工程中普遍采用。最常见的是 $NaCl$，$NaNO_3$，$NaClO_3$ 3 种，现分别进行介绍。

1）NaCl 溶液

NaCl 溶液中含有活性离子 Cl^-，电极电位较正，不会产生析氧、析氯等反应，阳极表面不易产生钝化膜，Na^+ 的电极电位较负，不会产生阴极沉积，故具有较大的蚀除速度、较高的电流效率和较好的加工表面粗糙度。

NaCl 在水中几乎完全电离，导电能力弱，适应性好，而且价格低、货源足，是应用最为广泛的一种电解液。

NaCl 溶液的蚀除速度高，但杂散腐蚀大，故复制精度差。NaCl 溶液的质量分数一般控制在 20% 以内，常为 14% ~18%，而复制精度要求高时，甚至采用 5% ~10% 的低质量分数。

NaCl 溶液的常用温度为 25 ~35 ℃，加工钛合金时可大于 45 ℃。

2) $NaNO_3$ 溶液

$NaNO_3$ 溶液是钝化型电解液，其阳极钝化曲线如图 4.6 所示。在曲线 *AB* 段，随着阳极电极电位升高，电流密度增大，符合正常的阳极溶解规律。当阳极电位超过 *B* 点后，由于钝化膜的形成使电流密度急剧减少，到 *C* 点时金属表面进入钝化状态。当电位超过 *D* 点，钝化膜开始破坏，电流密度又随着电位的升高而迅速增大，金属表面进入超钝化状态，阳极溶解速度又急剧增加。如果在电解加工时，工件的加工区处在超钝化状态（*DE* 段），而非加工区由于其阳极电位较低，处于钝化状态（*CD* 段）受到钝化膜的保护，就可以减小杂散腐蚀，提高加工精度。

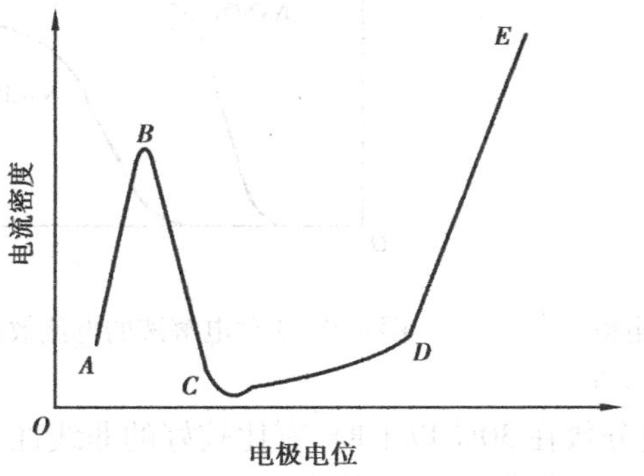

图 4.6　钢在 $NaNO_3$ 溶液中的阳极钝化曲线

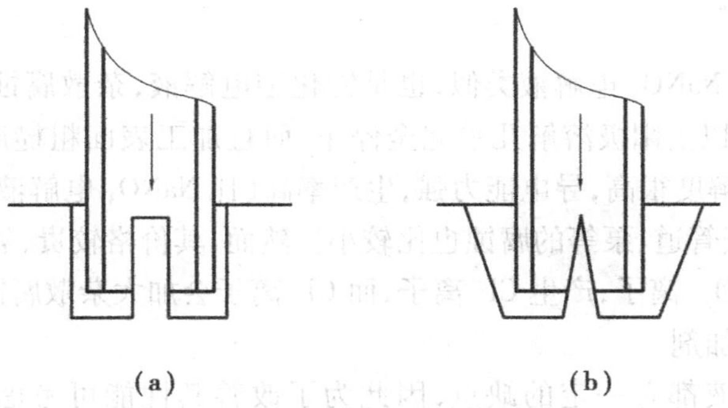

图 4.7　杂散腐蚀情况的比较

(a) $NaNO_3$　(b) NaCl

所谓杂散腐蚀，指的是除了加工区域正常电解溶解外，由于工件非加工侧面等也有电场存在，也会产生阳极溶解，从而会产生侧面腐蚀，影响电解加工的复制精度。如图 4.7 所示为采用 NaCl 溶液和 $NaNO_3$ 溶液时杂散腐蚀情况的比较。

质量分数为 5% 的 $NaNO_3$ 电解液电解加工孔所用阴极及加工结果如图 4.8 所示。阴极工作圈的高度为 1.2 mm，其凸起部分为 0.58 mm，加工的孔没有锥度。当侧面间隙到达 0.78 mm 时侧面即被保护起来，此临界间隙称为切断间隙；此时的电流密度称为切断电流。

$NaNO_3$ 电解液和 $NaClO_3$ 电解液之所以具有切断间隙特性，是由于它们都是钝化型电解液，在阳极表面形成钝化膜，虽然有电流通过，但阳极不溶解，此时的电流效率为零。只有当加工间隙小于切断间隙时，也即电流密度大于切断电流时，钝化膜才被破坏，工件被腐蚀。如图4.9所示为3种常用电解液的电流效率和电流密度关系曲线。从图中可以看出，NaCl电解液的电流效率接近于100%，而 $NaNO_3$ 电解液和 $NaClO_3$ 电解液的电流效率和电流密度的关系是一条曲线，当电流密度小于切断电流时，电流效率为零，电解作用消失，这种电解液称为非线性电解液。

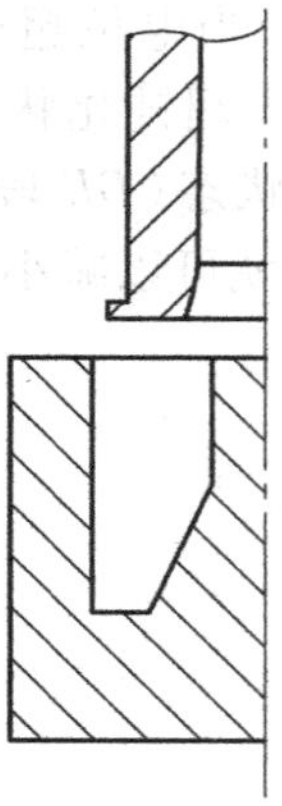

图4.8　$NaNO_3$电解液电解加工孔所用阴极及加工结果

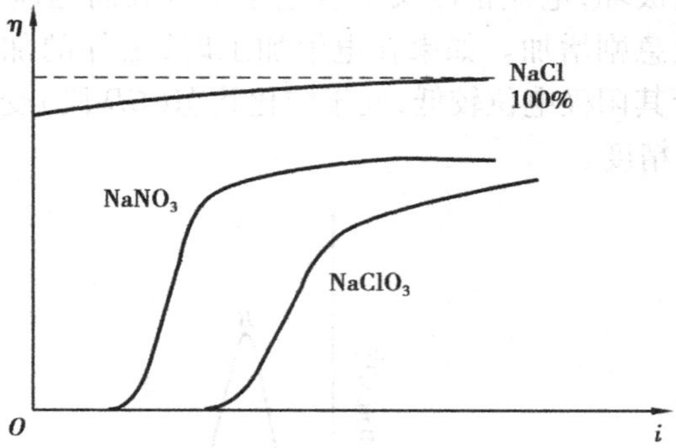

图4.9　3种电解液的电流效率和电流密度关系曲线

$NaNO_3$ 电解液的质量分数在30%以下时，有比较好的非线性，成型精度比较高，而且对机床设备的腐蚀性小，使用安全，价格不高。其主要缺点是电流效率低，加工时有氨气逸出，故电解液会被部分消耗。

3) $NaClO_3$ 电解液

$NaClO_3$ 电解液和 $NaNO_3$ 电解液类似，也是钝化型电解液，杂散腐蚀小，加工精度高。当加工间隙达1.25 mm以上阳极溶解几乎完全停止，而且加工表面粗糙度也很好。$NaClO_3$ 电解液的另一特点是溶解度很高，导电能力强，生产率高（比 $NaNO_3$ 电解液的高，但比NaCl的要低）。另外，它对机床、管道、泵等的腐蚀也比较小。然而，其价格较贵，氧化能力很强，而且在电解过程不断消耗 ClO_3^- 离子，产生 Cl^- 离子，而 Cl^- 离子会加大杂散腐蚀。

4）电解液中的添加剂

几种常用的电解液都有一定的缺点，因此为了改善其性能可考虑增加添加剂。例如，NaCl溶液的杂散腐蚀比较大，可增加一些含氧酸盐（如磷酸盐），使表面产生一定的钝化膜，提高成型精度。又如，$NaNO_3$ 电解液的成型精度虽高，但电流效率相对较低，可添加少量的NaCl来平衡电流效率和加工精度。为改善加工表面质量，可添加络合剂、光亮剂等，如加入少量NaF可改善表面粗糙度。

4.2.4　电解液配方和流速流向

(1)电解液的配方

单一的电解液都有一定的局限性。因此，常在电解液中使用添加剂来改善电解液的性能,或将两种以上的添加剂按一定比例混合制成复合电解液。例如,NaCl 溶液的杂散腐蚀比较大,可增加一些含氧酸盐(如磷酸盐),使表面产生一定的钝化膜,提高成型精度。为了减轻对设备、工件的腐蚀,在电解液中加入缓蚀剂;为了改善工件加工表面质量,可添加络合剂、光亮剂等。常用电解液的配方如表 4.4 所示。

表 4.4　常用电解液的配方

序号	电解液配方	被加工材料	电压/V	电流密度/$(A\cdot cm^{-2})$
以 NaCl 为主				
1	14% ~ 18% NaCl 水溶液	各种碳钢、炮管钢、合金钢	3 ~ 15	10 ~ 25
2	15% NaCl + 1% ~ 5% Na_2SiO_2	各种碳钢、合金钢等	12 ~ 15	10 ~ 40
3	NaCl(200 g/L) + H_3BO_4(25 g/L)	各种碳钢、合金钢、镍基合金钢	12 ~ 15	15 ~ 25
4	NaCl(120 g/L) + $NaNO_3$(60 g/L)	合金钢、镍基合金	12 ~ 15	15 ~ 25
5	NaCl(120 g/L) + $NaNO_3$(60 g/L) + H_3PO_4(60 g/L)	镍基合金	12 ~ 15	15 ~ 25
6	3% NaCl 水溶液	T50A	20	
7	NaCl(200 g/L) + 酒石酸(80 g/L)	优质钢		
8	18% NaCl + 5% NaOH	硬质合金	12 ~ 15	15 ~ 25
9	18% NaCl + 5% NaOH + 1% 酒石酸	硬质合金		25
以酒石酸(钾、钠)为主				
1	酒石酸钾钠(158 g/L) + NaOH(60 g/L) + NaCl(50 g/L)	钨钴类、钨钴钛类硬质合金		40 ~ 60
2	酒石酸钠(113 g/L) + NaOH(35 g/L) + NaCl(68 g/L)	钨钴类硬质合金		15 ~ 20
3	酒石酸钾钠(57 g/L) + NaOH(30 g/L) + $NaNO_2$(7.9 g/L)	钨钴类硬质合金		21
4	酒石酸钾钠(50 g/L) + NaOH(30 g/L) + $NaNO_2$(30 g/L) + 5% $NaNO_3$ + 5% NaF	钨钴类、钨钴钛类硬质合金	12 ~ 15	20
以 NH_4Cl 为主				
1	18% ~ 29% NH_4Cl	铝合金、黄铜		10 ~ 50
2	11% NH_4Cl + 1% 柠檬酸	铝合金		30
3	10% NH_4Cl + 5% H_3BO_4	铝合金		20
4	5% NH_4Cl + 1% 醋酸钠	铝合金		40

续表

序号	电解液配方	被加工材料	电压/V	电流密度/$(A \cdot cm^{-2})$
以 $NaNO_3$ 为主				
1	$NaNO_3$(76 g/L) + $NaNO_2$(10 g/L) + 酒石酸钾钠(60 g/L) + NaOH(30 g/L)	钨钴类、钨钴钛类硬质合金	12~15	20
2	5% $NaNO_3$ +5% NaF +3% $NaWO_4$ +0.1% $NaNO_2$	钨钴类硬质合金		21
其　他				
1	5%醋酸钠 +5% NH_4Cl	铝合金		40
2	10%磷酸 +5% NH_4Cl +2%甘油	铝合金		40
3	磷酸(140~220 g/L) +甘油(5~10 g/L)	黄铜、无氧铜		10

(2)电解液的流速流向

电解加工中,流动的电解液要足以排除间隙中的电解产物与所产生的热量,因此必须有足够的流速和流量。流速一般应在 10 m/s 以上,才能保证把氢氧化物、氢气等电解产物和热量带走。电流密度越大,相应流量也越大。流速和流量是靠改变电解液泵的出水压力获得的。

电解液的流向如图 4.10 所示,有 3 种情况。如图 4.10(a)所示为正向流动;如图 4.10(b)所示为反向流动;如图 4.10(c)所示为横向(侧向)流动。

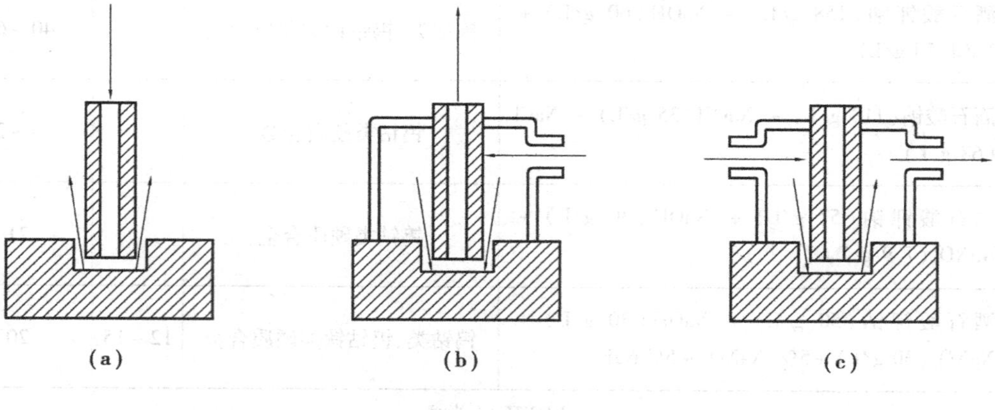

图 4.10　电解液的流向

(a)正向流动　(b)反向流动　(c)横向流动

正向流动是指电解液从工具电极的中心流入,经加工缝隙四周流出。其优点是密封简单或不需要密封装置。缺点是加工型孔侧面时已经含有大量的电解产物,从而影响加工精度和表面粗糙度。

反向流动时,电解液先从型孔周边进入,经由加工间隙后从工具电极中心孔流出。这种流向需要有密封装置,可通过控制水背压控制速度和流量。

横向流动时，电解液从一个侧面流入，从另一侧面流出。这种流向不适合于较深的型腔加工，常用于汽轮机叶片和浅型腔的加工，以及一些型腔模的修复加工。

电解液出水口的形状和布局应根据所加工工件的形状或型腔的结构综合考虑。电解液的流动原则上需要在间隙处内处处均匀，但是做到处处均匀实际是不可能的，在设计阴极出水口时要使流场尽量均匀，应绝对避免产生死水区或产生涡流。如图4.11所示为出水口设计不佳产生的死水区和改进措施。在死水区由于电解液没有流动，工件的溶解速度大幅下降，容易产生电火花或短路，影响加工精度。

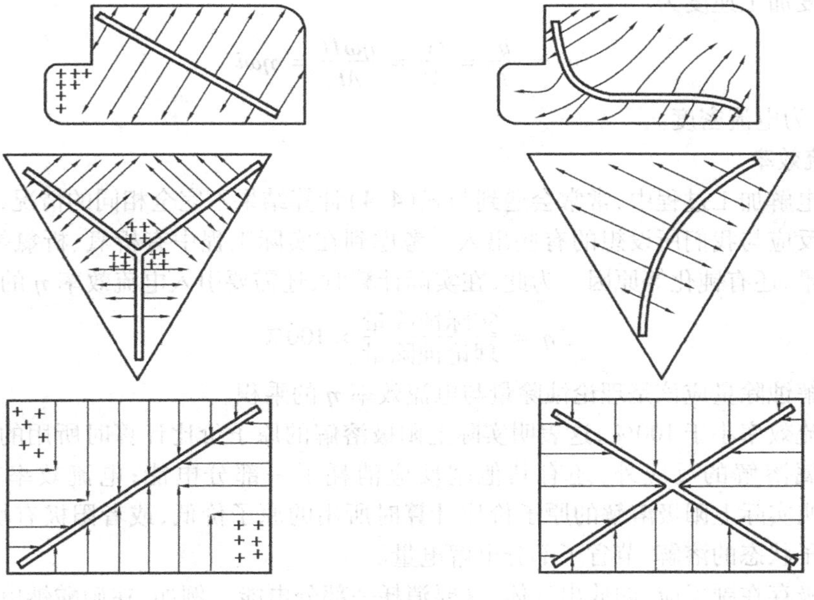

图4.11 出水口设计不佳产生的死水区和改进措施

(a)死水区 (b)改进措施

出水口的形状一般为窄槽和小孔两类。其布局应该根据所加工的型腔来考虑。一般在加工型腔时采用窄槽供液的方式，在电解液供应不足的加工区，常采用增液孔的方式来改善供液不足的缺陷。对于圆孔、花键、膛线等筒形零件的加工，应采用喷液孔方式供液。

4.2.5 电解加工速度和电流效率

(1)加工速度

在电解加工过程中，常用以下两种方法表示加工速度。

1)体积加工速度 v_V(mm^3/min)

v_V 表示单位时间内去除工件材料的体积量。由法拉第定律可知，电解加工时实际溶解金属的质量为

$$W = \eta KIt \tag{4.4}$$

对应的体积为

$$v_V = \frac{W}{\rho} = \frac{\eta KIt}{\rho} = \eta\omega It \tag{4.5}$$

当 η, I, ω 均为常数时，则体积加工速度为

$$v_V = \frac{V}{t} = \eta\omega I \tag{4.6}$$

2）深度加工速度 v_1（mm/min）

v_1 表示单位时间内在工件深度上的去除量（简称加工速度），工件被加工面积是 A，加工深度为 h，则体积去除量为

$$v_V = Ah$$

故阳极的深度加工速度为

$$v_1 = \frac{h}{t} = \frac{v_V}{At} = \frac{\eta\omega It}{At} = \eta\omega i \tag{4.7}$$

式中，$i = I/A$ 为电流密度。

（2）电流效率

在实际电解加工过程中，常常会遇到与式（4.4）计算结果不完全相同的情况，这说明实际进行的电极反应与我们所设想的有些出入。考虑到在实际工程中有析氧、析氯等反应，将消耗一部分能量，还有钝化等原因。为此，在实际计算时，还需要引入电流效率 η 的概念，即

$$\eta = \frac{\text{实际蚀除量}}{\text{理论蚀除量}} \times 100\%$$

实际电解蚀除量应该是理论蚀除量与电流效率 η 的乘积。

如果电流效率小于100%，这表明实际上阳极溶解的原子价比计算时所用的原子价高或阳极除了金属溶解的反应外，还有其他副反应消耗了一部分电能；电流效率有时会大于100%，这表明实际上阳极溶解的原子价比计算时所用的原子价低，或者阳极有块状脱落，并不完全是原子状态的溶解，节省了部分电解电量。

如果阳极存在副反应，如放出气体，这要消耗一部分电能。例如，在硝酸钠电解液中加工钢时就有氧的析出，这是一种无用的电能消耗，电流效率 η 小于100%。对于氯化钠电解液，阴极上几乎没有气体析出，故一般电流效率 η 接近100%。铁和铁基合金在氯化钠电解液中的电流效率 η 可按100%计算。

各元素有自己的原子价，而且往往有两个以上的原子价，如铁有二价和三价，在加工中它们究竟以哪个原子价进行溶解，要由具体的加工条件而定。

（3）影响加工速度的因素

1）电流密度

电流密度是单位面积内的加工电流，用 i 表示。从式（4.7）中容易得到加工速度和电流密度成正比。当电解压力和流速较高时，可选用较大的电流密度。但是增大电流密度，电压也会高，应以不击穿间隙为原则；在增大电流密度的同时也应加快电解液的流动，以确保加工的正常进行；当然，电流密度大，表面粗糙度会变差，还要注意控制温度，不至于过高。

2）电极间隙

加工间隙的主要作用是顺利通畅地通过足够的电解液，同时将电解产物通过加工间隙带走，以便顺利实现电解加工，同时获得足够的加工速度和加工精度。当电极间隙较大时，加工速度小；反之加工间隙小时，加工速度大，当然以不产生击穿为限。

3)电解液

电解液作为导电介质传送电流,在电场作用下进行电化学反应,使阳极溶解顺利而可控。同时将电解产物和产生的热量排出。

4)工件材料

工件材料的成分不同,电化学当量不同,电极电位不同,形成的阳极膜的特性不同,溶解速度也就不同;金相组织不同,电流效率不同,溶解速度也不同,其中单相组织的溶解速度快,多相组织的溶解速度则慢。

4.2.6 平衡间隙理论

从式(4.7)可知,电流密度越大,加工速度越大,但电流密度过大将会出现电火花放电,析出氧气和氯气等,并使电解液温度过高,甚至在间隙内造成沸腾汽化而引起局部短路等。实际上,电流密度取决于电源电压、电极间隙和电解液的导电率。因此,要定量计算蚀除速度必须推导出蚀除速度与间隙大小、电压等的关系。

(1)蚀除速度与加工间隙的关系

在实际加工中可知,电极间隙越小,电解液的电阻越小,电流密度越大,因此蚀除速度就越高。设电极间隙为Δ,电极面积为A,电解液的电阻率为电导率的倒数,即$\rho=1/\sigma$,间隙电阻$R=\Delta/\sigma A$,则电流为

$$I=\frac{U_{\mathrm{R}}}{R}=\frac{U_{\mathrm{R}}\sigma A}{\Delta} \tag{4.8}$$

$$i=\frac{I}{A}=\frac{U_{\mathrm{R}}\sigma}{\Delta} \tag{4.9}$$

将式(4.9)代入式(4.7),可得

$$v_1=\frac{\eta\omega\sigma U_{\mathrm{R}}}{\Delta} \tag{4.10}$$

式中 σ——电导率,$1/\Omega\cdot\mathrm{mm}$;

Δ——加工间隙,mm;

U_{R}——电解液的欧姆电压 $U_{\mathrm{R}}=U-(2\sim3)$,V;

U——加工电压,V。

从式(4.10)可知,当电解液参数、工件材料、加工电压等均保持不变时,即$C=\eta\omega\sigma U_{\mathrm{R}}$时,有

$$v_1=\frac{C}{\Delta} \tag{4.11}$$

由此可知,加工速度和加工间隙之间是双曲线关系,在一定的条件下,可求得此常数。为计算方便,当电解液温度、浓度、加工电压等条件不同时,可做出一组双曲线。如图4.12所示为不同电压下加工速度和加工间隙之间的关系。

在电解加工时,不能像机加工一样停车测量被加工零件的尺寸,故其加工尺寸需要通过参数控制,根据加工时间来确定。

(2)端面平衡间隙

以上只考虑了加工间隙和加工速度之间的关系,没有考虑工具电极的进给。当考虑有v_2

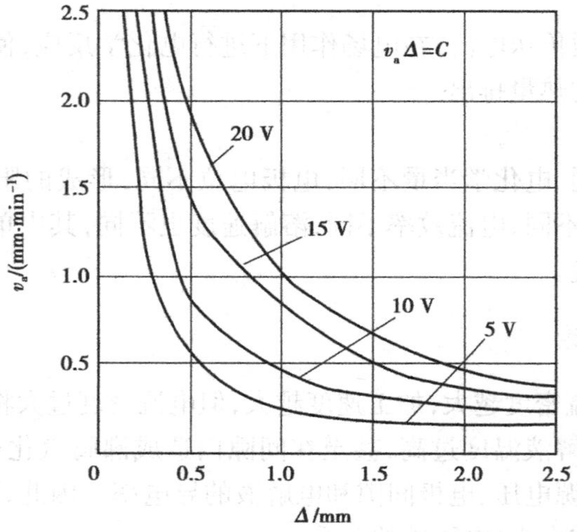

图 4.12　加工速度和加工间隙之间的关系

的进给速度时，加工间隙的变化为开始时工具和工件之间间隙很大，加工速度小于进给速度，随后工具和工件之间间隙会变小，加工速度变大。当进给速度和加工速度相等时，加工间隙不再变化，这时的间隙成为平衡间隙 Δ_b，即

$$\Delta_b = \frac{\eta\omega\sigma U_R}{V_2} \tag{4.12}$$

由式(4.12)可知，当进给速度大时端面平衡间隙就小，在一定范围内它们成反比关系，能相互平衡补偿。当然，进给速度不能无限增加，因为进给速度过大，平衡间隙过小，容易引起局部堵塞，造成火花放电或短路。端面平衡间隙一般为 0.12 ~ 0.8 mm，比较合适的为 0.25 ~ 0.3 mm。实际上，端面平衡间隙主要取决于加工电压和进给速度。

端面平衡间隙是指加工过程达到稳定时的间隙。在此之前，加工间隙处于初始间隙 Δ_0 向平衡间隙 Δ_b 过渡的状态。如图 4.13 所示，在经过 t 时间后，阴极工具进给了 L，工件表面电解了 h，此时加工间隙为 Δ，而且随时间的推移加工间隙 Δ 趋近于平衡间隙 Δ_b，初始间隙与平衡间隙差别越大，进给速度越小，则过渡时间越长。然而实际加工时间取决于加工深度及进给速度，不能再拖延很长，因此，加工结束时的加工间隙往往大于平衡间隙。

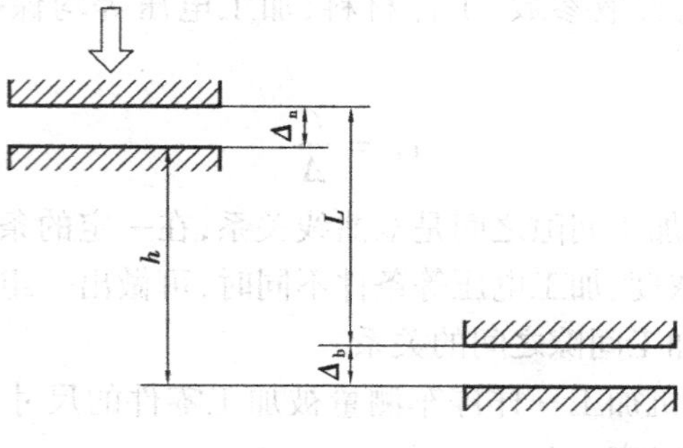

图 4.13　加工间隙的变化

(3)法向平衡间隙

上述端面平衡间隙是垂直于进给方向的阴极端面与工件的间隙，对于型腔类模具来说，工具的端面不一定垂直于进给方向，而是成一定的角度 θ(见图4.14)，倾斜部分各点的法向进给分速度 $v_a = v_c \cos\theta$，将此式代入式(4.12)，则

$$\Delta_n = \frac{\eta\omega\sigma U_R}{v_c \cos\theta} = \frac{v_b}{\cos\theta} \qquad (4.13)$$

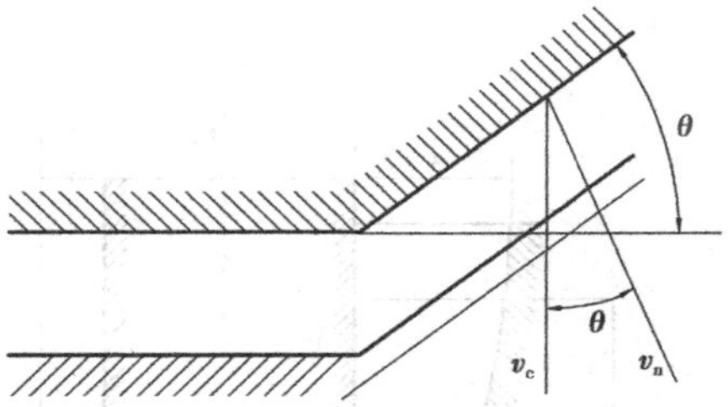

图4.14　法向进给速度和法向间隙

由此可知，法向平衡间隙比端面平衡间隙要大。此式简单又便于计算，但是要注意此式在进给速度和蚀除速度达到平衡、间隙是平衡间隙而不是过渡间隙时才正确，实际上倾斜底面上在进给方向的加工间隙往往没有达到平衡间隙 Δ_b 值。底面倾斜的角度越大，Δ_n 的计算值与实际值的偏差越大，因此当 $\theta \leqslant 45°$ 且精度要求不高时可采用此值，当 $\theta \geqslant 45°$ 应按下面的侧面平衡间隙计算，并适当修正。

(4)侧面平衡间隙

当电解加工型孔时，决定尺寸和精度的是侧面平衡间隙 Δ_s。电解液为NaCl，阴极侧面不绝缘时，工件型孔侧壁始终处于电解状态，势必形成喇叭口(见图4.15)。设相应于某进给深度 $h = vt$ 处的侧面间隙 $\Delta_s = x$，由式(4.10)可知，该处在 x 方向的蚀除速度为 $\frac{\eta\omega\sigma U_R}{x}$，经时间 dt 后，该处的间隙 x 将增加一个增量 dx，即

$$dx = \frac{\eta\omega\sigma U_R dt}{x} \qquad (4.14)$$

将式(4.14)积分后，用 $x = x_0 \mid_{t=0}$ 的初始条件代入后，可得

$$\Delta_s = x = \sqrt{\frac{2\eta\omega\sigma U_R}{v_c}h + x_0^2} = \Delta_b\sqrt{\frac{2h}{\Delta_b} + 1} \qquad (4.15)$$

当工具底面处的圆角半径很小时(见图4.15(a))，$\Delta_b = x_0$，则式(4.15)可写为

$$\Delta_s = \sqrt{2\Delta_b h + \Delta_b^2} = \Delta_b\sqrt{\frac{2h}{\Delta_b} + 1} \qquad (4.16)$$

由此可知，阴极工具侧面不绝缘时，侧面上的任何一点的间隙将随工具进给深度而变，因此侧面为一抛物线喇叭口。如果对侧面进行绝缘，只留下宽度为 b 的工作圈，则侧面间隙 Δs 只与工作圈宽度 b 相关(见图4.15(b))，即

$$\Delta_s = \sqrt{2\Delta_b b + \Delta_b^2} = \Delta_b\sqrt{\frac{2b}{\Delta_b} + 1} \qquad (4.17)$$

(5)平衡间隙理论的应用

平衡间隙理论主要可以进行以下的计算和分析：

①各种加工间隙的计算，如端面平衡间隙、法向平衡间隙和侧面平衡间隙。这样可根据阴极形状推算加工后工件的形状和尺寸。

②根据工件设计计算阴极的形状和尺寸。

③分析加工误差。根据阴极尺寸推算加工后工件的尺寸,并与设计尺寸比较,计算加工误差。

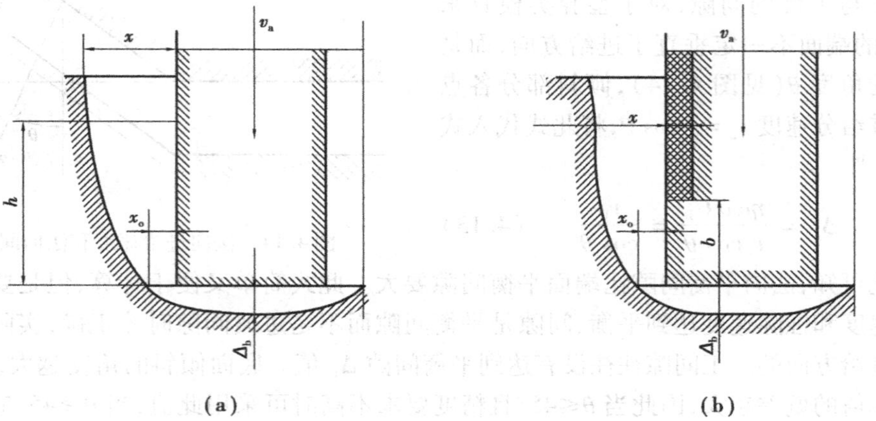

图 4.15　侧面平衡间隙

④选择加工参数,如电极间隙、电源电压及进给速度等。

除了平衡间隙理论中的因素外,影响加工平衡间隙的因素如下:

a. 工件材料及组织、电极表面上的钝化和活化,均会影响电流效率,从而影响平衡间隙。

b. 工具形状影响电流密度的分布,从而影响平衡间隙。

(6)阴极的尺寸计算

利用平衡间隙理论设计阴极尺寸是最重要的应用。一般在已知工件截面的情况下,工具阴极的侧面尺寸、端面尺寸及法向尺寸均可根据平衡间隙理论计算。当设计一个圆弧面加工的阴极时,通常用基于式(4.13)的 cos θ 法。

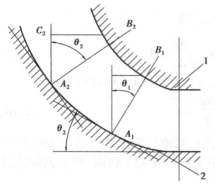

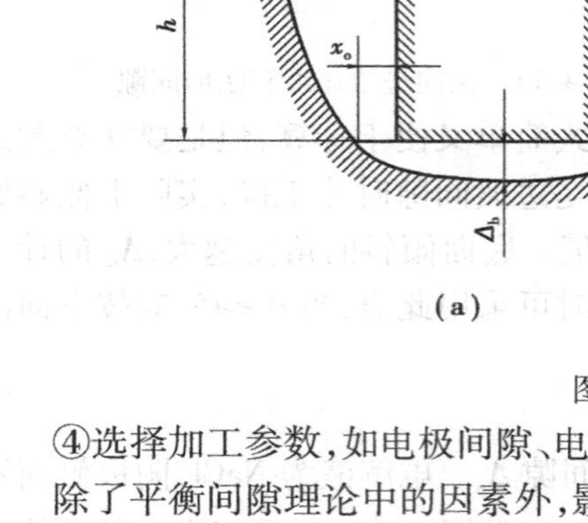

图 4.16　用 cos θ 法设计阴极工具

1—阴极工具;2—工件

cos θ 法的具体作法为:选择工件圆弧上的任一点 A_1(见图 4.16),作该点的切线和法线,同时作一条平行于进给方向的直线,在这条直线上取一长度等于 Δ_b 的线段 A_1C_1,过 C_1 作一条直线垂直于进给方向交法线于 B_1,该点就是工件上 A_1 所对应的阴极工具上的点。同样,可对 A_2 点进行相同的作图,得到 B_2 点,如此求出所有点,并连成光滑曲线,即可得到加工该曲线的阴极工具。当然,这里有个条件就是法线和进给方向的夹角必须小于 45°,否则需按侧面平衡间隙理论进行修正。

4.2.7　成型精度和表面质量

电解加工精度主要包括复制精度和重复精度两项内容。前者是工件尺寸形状与工具电极尺寸形状之间的符合程度,影响复制精度的主要因素是沿工件加工表面的间隙分布均匀性;后者是指被加工的一批零件之间的尺寸形状的相对误差,影响重复精度的主要因素是加工一批工件时极间间隙的稳定性。

(1)复制精度与加工参数的关系

复制精度的高低主要由加工时所能达到的平衡间隙所决定。平衡间隙小,复制精度就高;反之则复制精度低。工件的形状、电解液的流向、流程和电解液在间隙内所能达到的流速、电流密度和进给速度都影响平衡间隙。如果工件的形状简单,电解液的流程短,工件与工具电极间隙内电解液的流速高,电流密度相对较大和具有较高的进给速度时,就可获得较小的平衡间隙。在较小的平衡间隙下进行加工,可获得较高的复制精度。因此,要根据工件的尺寸和形状来设计工具电极,这是提高电解复制精度的前提条件。当设计好工具电极后,合理地选择加工参数就成为保证和提高复制精度的重要措施。

若由于电解液的流程、流速不能保证在预定的小间隙内使用高电流密度加工时,要尽可能地保持间隙恒定。可采用较低的电流密度和较低的进给速度加工,这样复制精度比使用大间隙和大电流密度加工时要高些。但生产率可能低一点。如果适当提高间隙电压,用较低的电导率电解液来达到较小的电流密度,更有利于复制精度的提高。一般情况下,在同样的加工前提下,加工间隙越小,复制精度越高。

电解液浓度低时的复制精度比浓度高时的复制精度高。

对钝化性电解液,电解液的电流效率随着电流密度的提高而提高,如图4.17(a)所示。电流效率随电流密度的变化越明显,则复制精度就越高。如图中*AB*段电解液的变化斜率大于*BC*段,说明在*AB*段所对应的电流密度条件下加工时,复制精度高于*BC*段所对应的电流密度。例如,$NaNO_3$,$NaClO_3$ 电解液就具有这种特性。但由于这类电解液的电流效率与电流密度不呈线性关系,故也称为非线性电解液。NaCl电解液不具备这种特性,系线性电解液,如图4.17(b)所示。在加工时,离阴极电极较远的地方仍然会产生电化学反应,造成工件的"过切",降低复制精度。

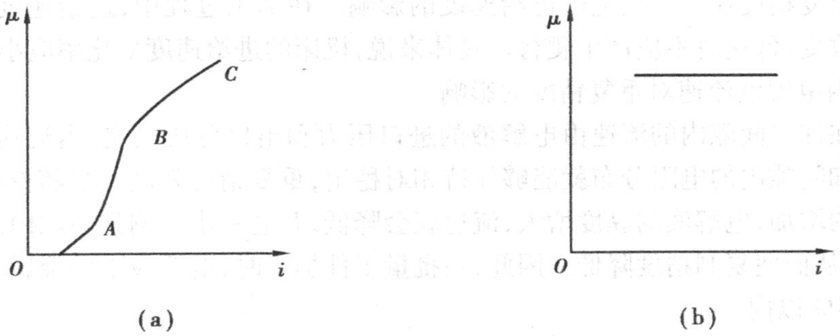

图4.17　电流效率与电流密度的关系
(a)钝化性电解液　(b)非钝化性电解液

对不同的工件材料,相同的电解液成分其复制精度也不一样。例如,$NaNO_3$ 和 $NaClO_3$ 电解液加工低合金钢和一些铁基合金时,有较高的复制精度,而加工钛合金时复制精度明显降低。因此,对于不同的被加工工件材料要选用不同的电解液,或通过使用添加剂来改变电解液对工件材料的适应性。

加工间隙内电解液的流速越高、流场的均匀性越好,复制精度就越高。

(2)重复精度与加工参数的关系

在电解加工过程中,任何一个加工参数的变化都会影响平衡间隙的稳定性。对于同一批被加工的工件而言，平衡间隙将影响它们之间尺寸的一致性。因此，一批工件的重复精度主要受各加工参数稳定性的影响。

1）电解液的电导率

电解液的电导率是电解液的一个重要参数，当其他条件不变时，由平衡间隙式(4.12)得出电导率 σ 的变化直接影响平衡间隙的波动，从而降低重复精度。导致电导率变化的因素有电解液的成分、浓度、温度等。电解液的种类一经选定，在加工时应保持电解液的浓度基本不变，尽可能把温度变化控制在较小的范围内。目前生产中电解液的温差可控制在 ±1 ℃的范围内。使用热交换器和适当增大电解液池容量，都有利于减小电解液温度的波动。

对 $NaNO_3$ 和 $NaClO_3$ 这类钝化性电解液来说，电解液的温度和浓度要影响电导率 σ，而电导率 σ 的变化还会影响电流效率。由此可知，这类电解液的温度和浓度的变化对平衡间隙和重复精度的影响更大，更需要严格控制温度和浓度的变化。此外，$NaNO_3$ 电解液的 pH 值会随加工过程改变。$NaClO_3$ 电解液在使用过程中会逐渐分解为 NaCl，从而导致电解液中的氯离子增加。pH 值变化和氯离子的增加，都会影响电导率 σ、电流效率和间隙电压。因此，在使用这类电解液时除了控制温度和浓度外，还要控制电解液的 pH 值和氯离子浓度，以便达到较高的重复精度。

2）间隙电压对重复精度的影响

间隙电压在加工过程中的稳定与否对重复精度将产生直接的影响。加工电压和分解电压都影响间隙电压。当工件材料、电解液成分、浓度、温度、流速都保持相对稳定时，分解电压 δE 就基本不变，这时控制加工电压 U 就能保持间隙电压 U_R 的相对稳定。加工电压 U 是由电解加工的电源提供。如采用晶闸管电源，稳压的精度应在1%左右。

3）进给速度 v 对重复精度的影响

工件的重复精度还受工具电极进给速度的影响。在加工过程中，进给速度要稳定，不因其他因素而改变；低速时不应产生爬行。具体来说，机床的进给速度变化率应小于5%。

4）间隙内电解液流速对重复精度的影响

电解液在加工间隙内的流速由电解液的进口压力和出口背压决定，当流速稳定时，阳极的极化程度和间隙内的电阻分布就能够保持相对稳定，重复精度就高。当随着电解液中的金属氢氧化物的增加，电解液的黏度增大，流速就会降低，并进一步影响到间隙内的电导率和阳极极化程度，从而使复制精度降低。因此，在批量工件加工时，电解液中的金属氢氧化物的含量应控制在4%以内。

(3）加工表面质量与加工参数的关系

电解加工的表面质量包含两个方面的含义：一是表面粗糙度；二是表面层的物理化学性能。前者反映了工件表面的微观几何形状；后者涉及工件表面烧伤、晶界腐蚀、微观裂纹、流纹等方面。

1）加工参数对表面粗糙度的影响

工件材料、金相组织和热处理状态都会影响工件的加工表面粗糙度。工件材料的金相组织越复杂，电解加工过程中各相溶解时的电极电位相差越大，因而表面粗糙度就变差。单一相的均匀组织和使金相组织单一化的热处理方法，有助于表面粗糙度值的减小。如球化退火、正火、高温扩散退火都能使组织均匀、细化晶粒，都会使表面粗糙度值减小。当工件材料的组织确定时，表面粗糙度应将受下列参数的制约：

①小间隙和高电流密度加工使得各种金相组织达到均匀溶解，因此可获得较小的表面粗糙度值。要求表面粗糙度值较小时，电流密度应选择在30 A/cm^2 以上。

②在小间隙和高间隙电压条件下加工时，采用低浓度的电解液，即使电流密度不高，也可以获得较小的表面粗糙度值。

③适当的电解液流速和均匀的流场设计可获得较小的表面粗糙度值。

④电解液的温度应控制在适当的范围。温度低时，钝化严重，使阳极表面不均匀溶解增大表面粗糙度值；温度高时，可能引起阳极表面不均匀溶解或局部剥落。

⑤选择与工件材料相适应的电解液。如使用 $NaNO_3$ 和 $NaClO_3$ 电解液加工镍基合金时，表面产生轻微钝化，使各合金相溶解电位趋于一致，从而减小表面粗糙度值；加工钛合金时，使用NaCl电解液并加入NaF，NaBr等添加剂，可防止表面产生“橘皮”状亮斑，减小钛合金的表面粗糙度值。

2）加工参数对表层物理化学性能的影响

表面物理化学性能包括晶间腐蚀、选择性腐蚀、点蚀、显微裂纹、流纹、亮斑等现象。这类缺陷的产生首先与工件材料及其金相组织有关。

使用NaCl电解液加工镍基合金时，常产生0.008～0.05 mm深度晶界腐蚀。这是因为这类材料中晶界的原子有较高的位能，其电极电位较负，容易被优先溶解形成凹缝。使用 $NaNO_3$ 电解液可基本避免晶界腐蚀。有时杂散电流也会导致晶间腐蚀，可在加工时留有一定余量，然后用固定工具电极在较高的电流密度下抛光，消除晶间腐蚀。晶间腐蚀会使材料的疲劳强度下降，应注意避免。

选择性腐蚀是因为某种晶粒优先溶解而造成的不规则粒状空隙，不同相的金相组织极易产生。例如，使用NaCl电解液加工铝合金时易产生选择性腐蚀。但使用NaNO3电解液加工铝合金时，由于表面的钝化作用，不容易产生选择性腐蚀，表面粗糙度值较小。

无论什么材料，表面有电解液和有杂散电流通过处易出现点蚀。例如，加工钛合金时，很容易出现点蚀。

显微裂纹常出现在烧伤部位。烧伤的原因来自工具电极的流场设计不合理。加工间隙与电流密度或与电解液流速不匹配或电解液过滤不彻底等因素。

流纹和亮斑产生的原因是由于电解液流量不均匀使加工表面上极化程度不一致。工件表面上流速低的地方极化效应强，溶解速度低，形成流纹的波峰（呈光亮）；而在流速较高的液流线上，极化效应小，工件溶解速度快，形成流纹的波谷。有时材料组织不均匀也会导致亮斑的产生。

综上所述，杜绝晶间腐蚀、选择性腐蚀、点蚀的根本措施是减小加工间隙、提高电流密度、正确选择电解液防止杂散电流，或者是选用 $NaNO_3$ 这一类钝化效果较强的电解液；消除流纹的办法是提高电解液的流速、改善电解液流量的不均匀性、降低电流密度。同时，设计好工具电极的结构和进出水口，避免电解液液流通道的急剧变化。

4.2.8　怎样提高电解加工的精度

提高电解加工精度的根本途径是改善极间理化性能，即提高其阳极溶解的集中蚀除能力，减少杂散腐蚀，并改善极间电场、流场及电化学场的均匀性和稳定性，以及缩小加工间隙。

概括起来,当前采用的提高加工精度的主要工艺途径有脉冲电流加工、振动进给加工、小间隙加工、低浓度复合电解液加工等。

实际生产中可用于提高加工精度的主要技术措施有以下7个方面:

(1)工件

①毛坯余量均匀化。

②正确进行热处理,使材料组织均匀,晶粒细化,消除残余内应力,被加工面除锈、除油(可喷砂处理)。

③正确选用定位基准及导电面。

(2)阴极

①正确设计流场形式,对深度/截面比较大的型腔或形状较复杂的型腔,尽量采用反流式流场,合理布局流道,保证流场均匀。

②正确设计型面,确保阴极型面或抛光刃边的制造精度及表面粗糙度。

③绝缘可靠。

(3)夹具

①提高定位精度和可靠性。

②采用耐蚀性好、刚度强的材料及结构。

③正确设计流道,并确保密封良好。

④正确设计导电系统,确保接触可靠,不过热。

(4)电解液

①选用合适的钝性电解液或复合电解液。

②合理选定浓度,必要时采用低浓度。

③必要时采用混气电解加工。

(5)加工参数

①尽量缩小加工间隙,并使初始间隙尽量接近平衡间隙。

②适当降低加工电压。

③适当提高阴极进给速度。

④适当加背压。

⑤控制电解液温度,保持恒定。

(6)机床设备

①高的传动精度和机床刚度。

②可靠的电源稳定性。

(7)其他

①脉冲电源、振动进给。

②混气电解。

4.2.9 电解加工的基本设备和工艺应用

电解加工设备就是电解加工机床,主要由机床本体、直流电源和电解液系统3大部分组成,如图4.18所示。

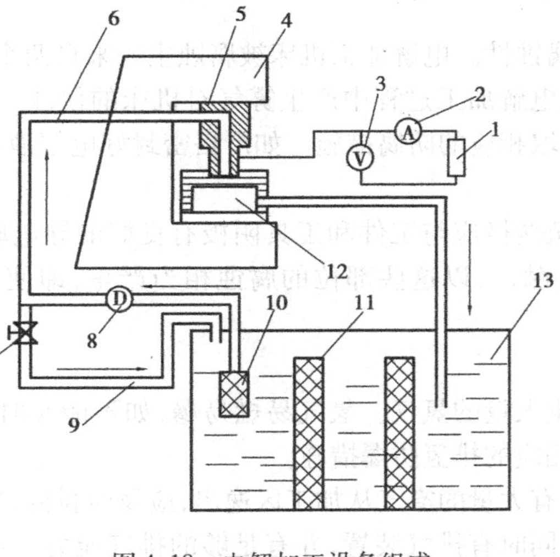

图4.18　电解加工设备组成

1—直流电源;2—电流表;3—电压表;4—床身;5—工具;

6—管道;7—溢流阀;8—泵;9—回流管;

10—滤网;11—纱网;12—工件;13—电解池槽

(1)机床本体

机床本体的任务是安装夹具、工具阴极与工件,保证它们之间的正确相对运动关系,以获得良好的加工精度,同时传送直流电和电解液。它除与一般切削加工机床有许多共同的要求外,还具有自身的特殊性,如防腐蚀性、密封性、绝缘性及通风排气性能等。

1)对电解加工机床的基本要求

①机床刚性

电解加工虽然没有直接的切削力,但电解液对机床主轴、工作台的作用力确是很大的,工件的加工面积越大,机床系统所受的力也越大。例如,电解液的压力是1 MPa,工件的加工面积是$3.75\times10^{-2}\ m^2$,则将产生37.5 kN的液压力。实际上电解液的压力还要高些。即使采用低压的混气电解加工,也要产生20 kN的液压力。因此,要求电加工机床的主轴系统、工作台、床身及立柱等受力部件都要有较高的刚度,否则,过大的液压力将导致机床变形,改变工具阴极和工件的相对位置,从而影响复制精度,严重变形甚至会造成短路烧伤。

机床刚性指标可采用主轴悬伸到工作条件最差位置时,在最大载荷作用下,主轴(或阴极板)允许的最大变形量来表示,其主要指标为

轴向变形小于0.1~0.2 mm

阴极板倾斜量小于1.5~2/1 000 mm

②进给速度的平稳性

电解加工中,金属阳极溶解量与电解加工时间成正比,进给速度不稳定,阴极相对工件各个截面的电解时间就不同,这样就直接影响到加工精度。特别是型孔、膛线、花键等截面零件的加工,其影响就更为严重。因此,电解加工机床必须保证进给速度的稳定性。主轴进给系统要注意避免低速进给时的爬行。当正常进给速度(一般$v>0.5$ mm/min)时,进给速度的变化量不应大于5%;在低速进给时($v=0.05\sim0.2$ mm/min),其爬行量不应大于0.02 mm。此外,对主轴的重复定位精度一般应达到0.025 mm。

③防腐绝缘性

所有的电解液都有腐蚀性。电解加工机床被腐蚀主要来自两个方面:一是与电解液接触部分的直接被腐蚀;二是电解加工过程中产生雾气对机床的侵蚀。因此,机床应具有良好的耐蚀性。另外,也必须采取相应的防腐措施。如严格密封好电解液系统,防止其飞溅或渗漏,以保护机床,减轻腐蚀。

机床直流电源的正负两极应与工件和工具阴极有良好的导电联接。因为有杂散电流通过,再加上与电解液相接触,所以这些部位的腐蚀相当严重,即使采用耐蚀不锈钢,也需常更换。

④安全措施

电解加工过程要产生大量的氢气。氢气易燃易爆,如不能及时排除,就可能因火花短路等引起爆炸。必须采取相应的排氢防爆措施。

在混气电解加工中,有大量的雾气从加工区逸出,应及时排除,防止扩散。电解加工机床都要使用密封的工作箱,同时有排气装置,并有足够的排气能力。具体的做法是可设置专门的抽气装置或将工作箱的排气口与车间的排气管道相连通。

2)机床的类型及设计要点

电解加工机床的运动相对切削加工机床而言简单得多。因为电解加工利用立体成型阴极进行加工,故简化了机床的成型运动机构。对于阴极固定式的专用加工机床,只需装夹固定好工件和工具的相对位置,接上电源、开通电解液就可加工。这时的机床实际上是个夹具,多用在去毛刺、抛光等除去金属较少工件的加工。阴极移动式机床应用较广泛,加工时,工件固定不动,阴极做直线运动。也有少数零件加工时,除要求阴极线性移动外,还要求能够旋转,如膛线的加工。

电加工机床按布置形式分卧式和立式两大类。立式机床较卧式机床使用更广泛些。卧式机床主要用于加工叶片、深孔和其他筒形零件。立式机床主要用在模具、齿轮、型腔、短花键以及一些扁平零件的加工。具体的结构形式和应用范围如表4.5所示。

表4.5　电加工机床的主要类型及应用范围

类　型	结构形式	运动形式		应用范围
		工件	工具	
C型立式	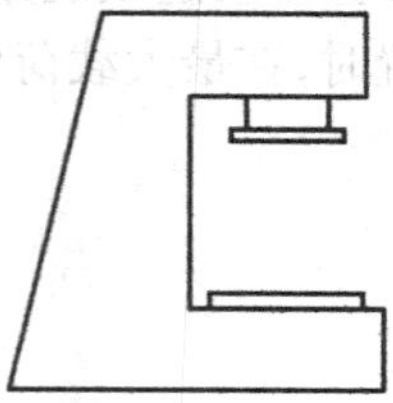	固定	垂直方向移动	中小型模具型腔,整体涡轮,套料,型面,型孔
框型立式	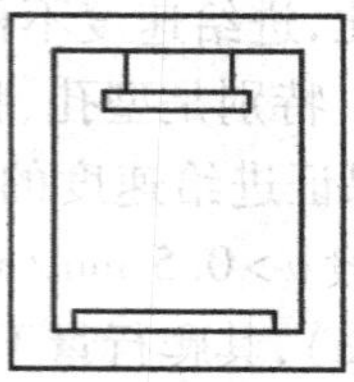	固定	垂直方向移动	中大型模具型腔,大型叶片型面,型孔等

续表

类 型	结构形式	运动形式		应用范围
		工件	工具	
卧式	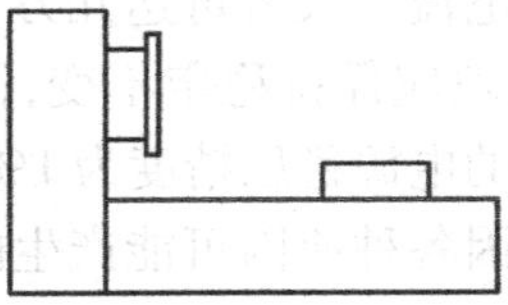	固定或移动	水平方向移动或转动	环形零件(如机匣),筒形零件,深孔炮管膛线
叶片双面式	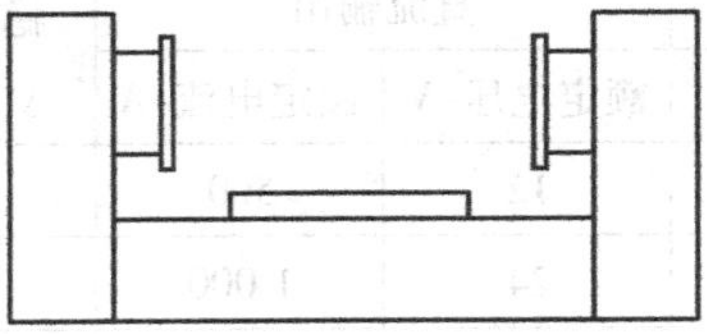	固定	水平方向移动	叶片型面
阴极固定式	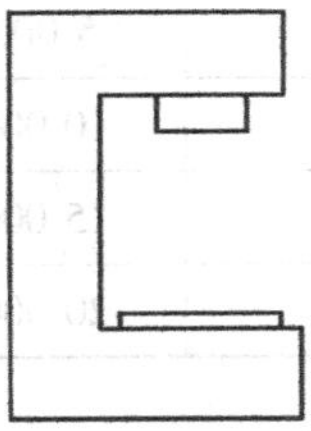	固定	固定	扩孔,内孔抛光,去毛刺等

立式机床分为C型立柱(单柱)式和龙门(框型)式,它们的床身、立柱结构分别与立式铣床和龙门铣床相似。C型立柱式机床结构简单,操作方便。但因为主轴头是悬臂结构,刚性差,在电解液压力下的变形将影响到加工精度,故常用在中、小型零件的加工,配5 000 A以下的直流电源。龙门式机床主要用在大型零件的加工。

机床的传动系统有液压传动和机械传动两种。液压传动结构简单,但在低速时进给稳定性差,易爬行,故目前国内电解加工机床采用液压传动的不多。机械传动进给系统有两种:一种是采用交流电动机,经变速机构实现分级进给运动;另一种是采用直流电动机晶闸管无级调速系统或伺服电动机。后者在加工过程中可方便地变速,也易于实现自动控制,机械系统简单,已被大多数机床采用。为了保证进给系统的灵敏性,避免在低速进给时产生爬行现象,广泛采用了滚珠丝杠来驱动主轴进给,主轴导轨也采用滚动导轨代替滑动导轨。

电加工机床的工作台、工作箱、夹具等部分因长期与电解液及其腐蚀性气体接触,故应选用耐腐蚀性好的材料。目前常用不锈钢。也有采用导电性能好的铜作工作台面的。但因铜的硬度低,操作时应注意避免工件的碰撞。电解加工用的夹具可采用耐腐蚀好的工程塑料。机床的导轨可采用耐腐蚀强的材料,如花岗石、耐蚀水泥。机床上其他表面可喷涂环氧树脂等耐腐蚀塑料。

(2)电解加工电源

根据电化学原理,电解加工是利用单向电流对阳极工件进行溶解加工的。阳极与阴极的间隙很小,故采用的电解加工电源必须是低电压的直流电,常用电压一般为 8 ~ 24 V 连续选择。为保证有较高的生产率,电源必须能够提供大的电流。大者可达几万安培。国产系列电源的技术参数如表 4.6 所示。在加工过程中,加工间隙应保持稳定不变,因此要求加工电源的电压恒定。从实用性和可行性考虑,国内生产制造的电源稳压精度为 1% 。除此之外,还必须设有检测故障和快速切断电源的保护装置,以防止因各种原因可能产生的火花或出现的电源过载和短路故障。在使用上,应操作简单、维修方便。

表 4.6 电解加工电源系列的主要技术参数

型 号	交流输入		直流输出		稳压精度
	相数	额定电压/V	额定电压/V	额定电流/A	(±1%)
KGXS 500/12	3	380	12	500	1 ~ 2
KGXS 1000/24	3	380	24	1 000	1 ~ 2
KGXS 2000/24	3	380	24	2 000	1 ~ 2
KGXS 3000/24	3	380	24	3 000	1 ~ 2
KGXS 5000/24	3	380	24	5 000	1 ~ 2
KGXS 10000/24	3	380	24	10 000	1 ~ 2
KGXS 15000/24	3	6 kV	24	15 000	1 ~ 2
KGXS 20000/24	3	10 kV	24	20 000	1 ~ 2

因为电解加工必须用直流电,故电源装置必须把市电提供的交流电整流为直流电。根据整流方式的不同,电解电源分为以下 3 种:

1)直流发电机组

这种电机由交流电动机和直流发电机组成。首先用交流电动机带动直流发电机直接发出低电压大电流的直流电。输出的直流电能无极调压,一般额定电压 6 ~ 12 V,电流最大可达 1 000 A,实际应用的发电机多数是他励式直流发电机。直流发电机组的优点是性能稳定,电压连续调节,允许短时间过载。但由于要通过能量的二次转换,因此效率低,噪声大,不宜频繁启动,占地面积大,维修复杂。这是较早应用的一类电源,现在已被硅整流电源代替。

2)硅整流电源

该电源是先用变压器将 380 V 的市电变为低压交流电,再利用大功率硅二极管的单向导电特性将交流电变为直流电,用饱和电抗器进行调压。这类电源运行可靠、效率高,坚固抗振。但体积较大,制造工艺复杂,抗过载能力差。

3)晶闸管整流电源

该电源是利用晶闸管实现调压与整流,结构简单,制造方便,反应灵敏,可靠性好,是国内目前生产中应用的主要电解加工电源。

(3)电解液系统

电解液系统的作用是连续而平稳地向加工区供给足够流量和合适温度的干净电解液。它的主要组成有电解液泵、电解液槽、过滤器、热交换器及管路附件等。

1)电解液泵

电解生产中常用的泵有单级离心泵、多级离心泵和离心旋涡泵3种,性能如表4.7所示。过去采用齿轮泵,其优点是压力高,特性硬。但易腐蚀,寿命短。现在只用在一些试验设备或小孔加工中。

表4.7　电解液泵性能比较

性　能	种　类		
	单级离心泵	多级离心泵	离心旋涡泵
压力	低	高	较低
流量	范围大	范围大	范围较小
特效	软	较软	较硬
效率	较高	较高	较低
维修	较方便	不方便	不方便

泵的流量随加工对象而定,一般按被加工零件周边每毫米长度需4.6 L/min估算。泵的压力取0.5~2 MPa,采用混气加工时选择0.5~1 MPa,不混气加工时可选1~2 MPa。

为防止泵的锈蚀,泵的过流部分宜采用耐蚀性良好的材料制造,并使泵位置低于电解槽液面,使泵内经常充满电解液,防止空气氧化加剧锈蚀。

2)电解液槽

电解液槽主要有池式和箱式两种。容量大的液槽都做成水泥池形式,特点是造价低廉,便于自然沉淀,温度和浓度的变化缓慢,因而应用普遍。小容量的液槽宜做成箱式,多数采用耐蚀性好的不锈钢或聚氯乙烯板焊成。也有用普碳钢板焊成,但内壁需衬耐蚀橡胶。

电解液槽的容量取决于电解产物的生成量,容量可按每1 000 A电流取2~5 m^3估算,连续生产时取上限,反之取下限。

3)过滤器

在电解加工过程中,电解产物以金属氢氧化物团絮状沉淀的形式大量地混在电解液中,若电解液中电解产物含量过多,将引起加工过程不稳定,影响加工质量,甚至造成短路,导致工具和工件报废。因此,需及时地将电解产物及杂质从电解液中分离出来。

在生产中一般采用一定网眼尺寸(80~100目)的尼龙丝网或不锈钢丝网做成滤筒,套在电解液泵入口处,作为粗过滤,而在进入加工区前再用网式或缝隙式过滤器进行精过滤。在大容量的电解液池中,粗过滤也可采用自然沉淀。

此外,也有采用微孔刚玉过滤器和离心过滤机进行强迫过滤的。

电解液中电解产物的几种过滤方法如表4.8所示。

表 4.8 电解产物过滤方法比较

过滤方法	自然沉淀	介质过滤	离心过滤
过滤原理	电解液在大容量的水池中自然沉淀，定期清理	电解液在压力下通过滤管和滤布等介质，使电解产物分离	采用高速旋转离心机分离电解产物
特点	简单，占地面积大，过滤时间长，清理时电解液损耗大	过滤效果良好，电解液损耗少，装置复杂，易堵塞	过滤效果好，速度快，设备昂贵，维修不便

4）电解液管道及其他附件

电解液管道及阀门必须用耐腐蚀材料制造。管道可选用不锈钢管、耐压橡胶管、玻璃钢管等。电解液管道及压缩空气管路中要配置压力表和流量计，以便调节气、液的流量和压力，从而获得合适的混合比。电解液用的流量计有 LZ 型不锈钢转子式、LW 涡轮转子式、LC 椭圆齿轮式等；压缩空气最常用的是耐压较低的 LZB 型玻璃转子流量计。

为了保持电解液有合适的温度，还需要有加热和冷却装置。加热用电加热器或蒸汽管道加热器，冷却用蛇形管道冷水冷却。

4.3 电解磨削加工

4.3.1 电解磨削加工基本原理

电解磨削是由电解作用和机械磨削作用相互复合而进行加工的，比电解加工具有较好的加工精度和表面粗糙度，比机械磨削有较高的生产率。

如图 4.19 所示为电解磨削装置构成简图。导电砂轮 2 接直流电源 1 的负极，被加工工件 3 接正极，工件在一定的压力下与导电砂轮相接触。通过喷嘴 4 向加工区域喷射电解液，在电解和机械磨削的复合作用下，工件表面很快被磨削，去除余量并达到一定的表面粗糙度。

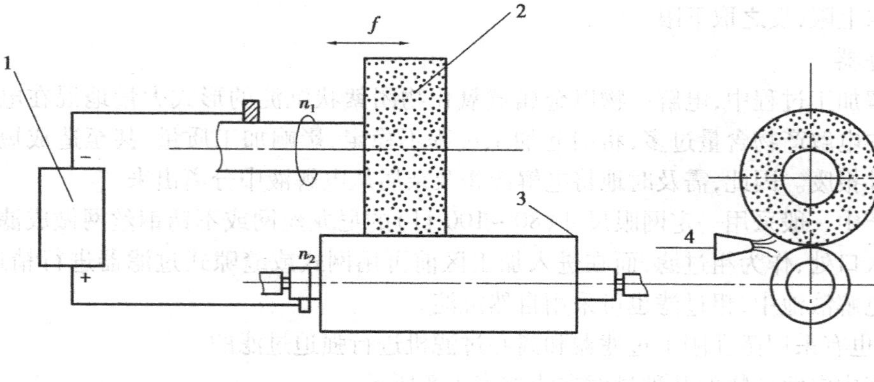

图 4.19 电解磨削装置构成简图

1—电源；2—导电砂轮；3—工件；4—喷嘴

如图4.20所示为电解磨削加工原理示意图。在极间电压的作用下,电流从工件通过电解液流向导电砂轮,形成导电回路,于是工件(阳极)表面发生阳极溶解作用(电化学腐蚀),被氧化成为一层极薄的氧化物薄膜5,一般称为阳极钝化膜。但刚形成的阳极钝化膜迅速被导电砂轮中的磨粒2刮除,在阳极工件上又露出新的金属表面并继续被电解。这样由电解作用和刮除薄膜的磨削作用交替进行,使工件连续地被加工,直至达到一定的尺寸精度和表面粗糙度。

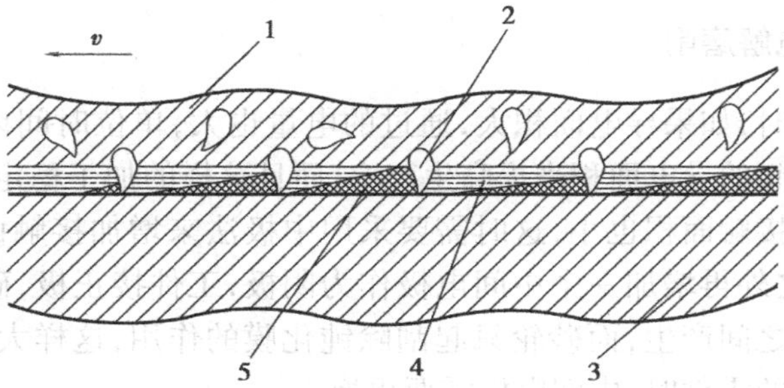

图4.20 电解磨削原理示意图

1—导电砂轮;2—磨粒;3—工件;4—电解液;5—氧化物薄膜

电解磨削过程中。电化学作用在工件表面形成阳极钝化膜,由砂轮磨削作用去除钝化膜并整平工件表面,而金属的去除取决于所采用的极间电压的高低,或主要靠电解作用(极间电压较高时),或主要靠机械磨削作用(极间电压较低时)。电解磨削时电化学阳极溶解的机理和电解加工相似,不同之处是电解加工的阳极表面形成的钝化膜是靠活性离子(如 Cl^- 离子)进行活化,或靠提高电极电位去破坏(活化)而使阳极表面的金属不断溶解、去除的,其加工电流很大,溶解速度也很快,电解产物的排除靠高速流动的电解液的冲刷作用;电解磨削时阳极表面形成的钝化膜是靠砂轮的磨削作用,即机械刮削去除的。因此,电解加工时必须采用压力较高、流量较大的泵,而电解磨削一般可采用小型离心泵。另外,电解磨削是靠砂轮磨料来刮除具有一定硬度和黏度的阳极钝化膜,其形状和尺寸精度主要是由砂轮相对工件的成型运动来控制的,因此,电解液中不能含有活化能力过强的活性离子如 Cl^- 等,而是多采用腐蚀能力较弱的钝性电解液,如以 $NaNO_3$, $NaClO_3$ 等为主要成分的电解液,以提高电解磨削成型精度。

4.3.2 电解磨削加工的特点

(1)可加工高硬度材料

由于它是基于电解和磨削的复合作用去除金属,因此只要选择合适的电解液就可用来加工任何高硬度与高韧性的金属材料。

(2)加工效率高

以磨削硬质合金为例,与普通的金刚石砂轮磨削相比较,电解磨削的加工效率要高3~5倍。

(3)加工精度与表面质量好

因为砂轮主要用于刮除阳极薄膜,磨削力和磨削热都很小,不会产生磨削毛刺、裂纹、烧伤现象,加工表面粗糙度 R_a 可小于0.16 μm。

(4)砂轮损耗量小

以磨削硬质合金为例,普通磨削时,碳化硅砂轮的磨损量为切除硬质合金质量的400%~600%;电解磨削时,砂轮的磨损量不超过硬质合金切除量的50%~100%。与普通金刚石砂轮磨削相比较,电解磨削的金刚石砂轮的消耗速度仅为它们的1/10~1/5。

(5)需要对机床、夹具等采取防腐防锈措施

需要增加通风、排气装置;需要增加直流电源、电解液过滤、循环装置等附属设备。

4.3.3 中极法电解磨削

当电流密度一定时,如果导电面积大,通过的电量也大,单位时间内去除的材料也越多。所以可以增加两极之间的导电面积来提高生产率,而且这样的加工稳定性也高。当磨削外圆时工件和砂轮之间的接触面积也小,这时需要采用中极法来增加接触面积(见图4.21)。其原理是:在普通砂轮之外再增加一个中间电极作为阴极,工件接正极,砂轮不导电,电解作用只在工件和中间阴极之间产生,而砂轮只起刮除钝化膜的作用,这样大大提高了生产率。其缺点是磨削不同外径的零件时,中间电极需要更换。

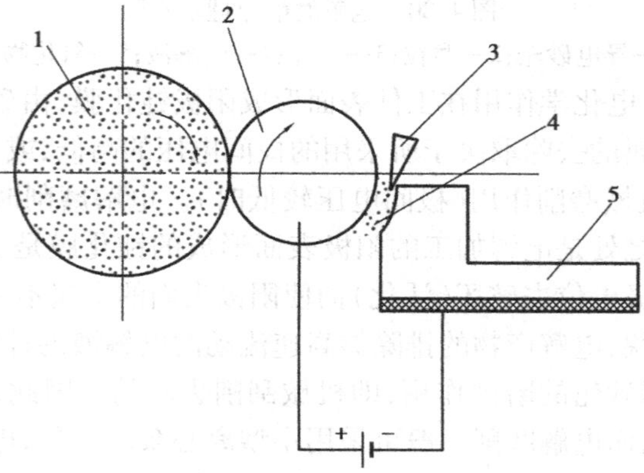

图4.21 中极法电解磨削

1—普通砂轮;2—工件;3—电解液喷嘴;4—电解液;5—中间电极

4.3.4 影响电解磨削速度和精度的因素

(1)影响电解磨削生产率的主要因素

1)电化学当量

电化学当量是按照法拉第定律计算出单位电量理论上所电解蚀除的金属量,如铁的电化学当量为133 $mm^3/(A\cdot h)$。电解磨削和电解加工一样,可根据需要去除的金属量来估算所需的电流和时间。但由于电解时阴极上可能有气体析出,多损耗一部分电能,则电流效率可能小于100%;另外,由于电解磨削时存在机械磨削的作用,则总的金属去除量除了电解蚀除部分外,还包括机械磨削部分,故电流效率可能大于100%。由于工件材料实际上是由多种金属元素组成的,各金属成分以及杂质的电化学当量不一样,因此电解蚀除速度会有差别(尤其在金属晶格边缘),使表面粗糙度变差。

2)电流密度

提高电流密度能加速阴极溶解。对电解磨削,提高电流密度的途径主要有:

①提高工件电压。

②适当增加磨削深度。

③提高电解液的电导率,包括提高电解液的浓度和工作温度。

3)导电砂轮(阴极)与工件间的导电面积

当电流密度一定时,通过的电量与导电面积成正比。阴极和工件的接触面积越大,通过的电量越多,单位时间内的金属去除量越大。因此,应尽可能增加两极之间的导电面积,以达到提高生产率的目的。当磨削外圆时,工件和砂轮之间的接触面积较小,为此,可采用"中极法",如图4.21所示。

4)磨削压力

磨削压力越大、工作台移动速度越快,阳极金属表面被活化的程度越高,生产率也随之提高。但过高的压力容易使磨料磨损或脱落,减小加工间隙,影响电解液的输入,引起火花放电或发生短路现象,将使生产率下降。

(2)影响加工精度的因素

1)电解液

电解液的成分直接影响到阳极表面钝化膜的性质。如果所生成的钝化膜的结构疏松,对工件表面的保护能力差,加工精度就低。要获得高精度的零件,在加工过程中工件表面应生成一层结构紧密、均匀的、保护性能优良的阳极镀膜。钝性电解液形成的阳极钝化膜不易受到破坏。硼酸盐、磷酸盐等弱电解质的水溶液都是较好的钝性电解液。

加工硬质合金时,要适当控制电解液的 pH 值,因为硬质合金的氧化物易溶于碱性溶液中。要得到较厚的阳极钝化膜,不应采用高 pH 值的电解液,一般为 pH =7 ~9。

2)阴极导电面积和磨料轨迹

电解磨削平面时,常常采用碗状砂轮以增大阴极面积,但工件往复运动时,阴、阳极上各点的相对运动速度和轨迹的往复运动程度并不相等,砂轮边缘线速度高,进给方向两侧轨迹的重复程度大,磨削量较多,磨出的工件可能呈凸形状,如图4.22(a)所示。为此,可采用"复合轨迹"的办法来消除或减缓上述负面影响,如图4.22(b)所示。

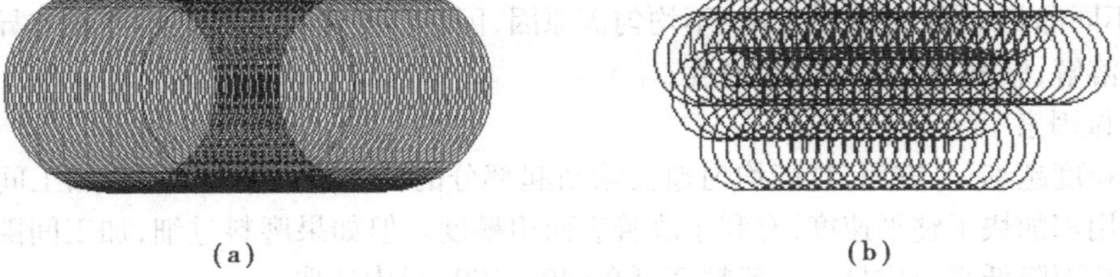

(a)　　　(b)

图4.22　电解磨削磨粒运动轨迹对加工表面形状的影响

3)被加工材料的性质

对成分复杂的合金材料,由于不同金属元素的电极电位不同,阳极溶解速度也不同,特别是电解磨削硬质合金时,问题更为严重。因此,要研究适合多种金属元素同时均匀溶解的电解液配方,这是改善多金属材料电解磨削的主要途径。

4)机械因素

电解磨削过程中,阳极表面的活化主要靠机械磨削作用完成,因此机床的成型运动精度、夹具精度、磨轮精度对加工精度的影响是不可忽视的。其中,导电砂轮占有重要地位,它不但直接影响加工精度,而且影响到砂轮/工件极间状态,即影响砂轮/工件接触的紧密程度或极间间隙的大小。电解磨削的加工间隙是由砂轮保证的,为此,除了精确修整砂轮外,砂轮磨料应选择较硬的、耐磨损的;采用中极法磨削时,应保证阴极的形状正确。

(3)影响表面粗糙度的因素

1)电参数

工作电压是影响表面粗糙度的主要因素。工作电压低,工作表面电解溶解速度慢,钝化膜不易被穿透,对工件表面的加工以机械磨削作用为主,因而电解和磨削两者的加工作用都只在表面凸起处进行,有利于提高工件的整形和尺寸精度。因此,精加工时应选用较低的工作电压,但不能低于合金因素的最高分解电压。例如,加工 WC-Co 系硬质合金时,工作电压不能低于 1.7 V(因 Co 的分解电压为 1.2 V,WC 为 1.7 V)。加工 Ti-Co 系硬质合金时不低于 3 V(因 TiC 的分解电压为 3 V)。考虑到欧姆压降,其加工电压应更高一些。工作电压过低,会使电解作用减弱,生产率降低,表面质量变坏。过高时,加工则以电解去除为主,砂轮与工件表面之间甚至会产生类似于电解加工的间隙,则表面不易整平,使表面粗糙度恶化,电解磨削较合理的工作电压一般为(5 ~ 12) V。此外还应与砂轮切深、进给速度相匹配。

电流密度过高,电解作用过强,表面粗糙度不好。电流密度过低,机械作用过强,也会使表面粗糙度变坏。因此,电解磨削时电流密度的选择应使电解作用和机械作用匹配恰当。一般讲,粗加工阶段,以去除余量为主,则选择电流密度高、电解作用强的参数;精加工阶段,则以保证整形和尺寸精度为主,故需选择电流密度低、电解作用弱、机械磨削作用相对占优的加工参数。

2)电解液

电解液的成分和浓度是影响钝化膜性质和厚度的主要因素。为了改善表面粗糙度,常常选用钝性或半钝性电解液。为了使电解作用正常进行,间隙中应充满电解液,因此电解液的流量必须充足,而且应予以过滤以保持电解液的清洁度。

3)工件材料性质

加工材料对加工表面粗糙度的影响如前所述影响加工精度的分析相同,由于材料中含不同元素、不同晶相结构,或材质缺陷、不均匀等原因,因而各处微观电极电位存在差异,从而引起不均匀溶解,影响加工表面的粗糙度。

4)机械因素

磨料粒度越细,一方面,越能均匀地去除凸起部分的钝化膜,另一方面使加工间隙减小,这两种作用都加快了整平速度,有利于改善表面粗糙度。但如果磨料过细,加工间隙过小,容易引起火花而降低表面质量。一般粒度可在(40 ~ 100)目内选取。

由于去除的是比较软的钝化膜,因此,磨料的硬度对表面粗糙度的影响不大。磨削压力太小,难以去除钝化膜;磨削压力过大,机械作用过强,磨料磨损加快,使表面粗糙度恶化。实践表明:电解磨削终了时,切断电源进行短时间的机械修磨,可改善表面的粗糙度和光亮度。

4.3.5　电解磨削用电解液、设备和砂轮

(1)电解液的选择

电解磨削电解液的选择,应考虑以下5方面的要求:

①能使金属表面生成结构致密、黏附力强的钝化膜,以获得良好的尺寸和降低表面粗糙度。

②导电性好,生产率高。

③对机床及工夹具腐蚀性小。

④对人体无伤害。

⑤经济效果好、价格便宜、来源丰富,在加工中不易消耗。

要同时满足上述5个方面的要求是困难的,在实际生产中,应针对不同产品的技术要求,不同的材料,选用合适的电解液。表4.4列出了几种典型的电解磨削电解液。所列电解液中,亚硝酸钠的主要作用是导电、氧化和防锈。硝酸盐的作用主要是为了提高电解液的导电性,其次是硝酸根离子有可能还原为亚硝酸根离子,以补充电极反应过程中亚硝酸根的消耗。磷酸氢二钠是弱酸强碱盐,使溶液呈弱碱性,有利于氧化钴、氧化钨和氧化铁的溶解;磷酸氢根离子还能与钴离子络合,生成钴的沉淀物,有利于保持电解液的清洁。重铬酸盐和亚硝酸盐一样,都是强钝化剂,而且可防止金属正离子或金属氧化物在阴极上沉淀。硼砂作为添加剂,使工件表面生成较厚的结构致密的钝化膜,在一定程度上对工件棱边和尖角起到了保护作用。酒石酸盐是钴离子的良好结合剂,有利于电解液的清洁,促进钴的溶解。

需要特别指出的是,$NaNO_2$ 对人体有毒害作用,误食一定量可能导致中毒,甚至死亡。因此,在保管、使用、直至最后废液处理的全过程都要特别重视。

(2)电解磨削设备

电解磨削设备可分为电解工具磨床、卧式或立式电解平面磨床、电解外圆磨床、电解内圆磨床及电解成型磨床。它与普通磨床的主要区别是:带有直流电源及电解液供给系统,工具与工件间绝缘,机床有防腐处理及抽风装置。

对电解磨削用的直流电源,要求有可调的电压(5~12 V)和较硬的外特性,最大工作电流视加工面积和所需生产率,一般为10~1 000 A。只要功率许可,一般可与电解加工的直流电源设备通用。

供应电解液的循环泵一般用小型离心泵,但最好是耐腐蚀的。还应该有过滤和沉淀电解液杂质的装置。在电解过程中,有时会产生对人体有害的气体,因此在机床上最好设有强制抽气装置或中和装置,至少应在空气流通好的地点操作。

电解液的喷射一般用管子和扁平喷嘴,喷嘴接在砂轮的上方,向工作区域喷射电解液。电解磨床与一般磨床相仿,在没有专用磨床时,可用一般磨床改装,主要改装工作如下:

①增加电刷导电装置。

②将砂轮主轴和床身绝缘,要避免电流在轴承的摩擦面间流过。

③将工件、夹具和机床绝缘。

④增加机床对电解液的防溅、防锈装置。为了减轻和避免机床的腐蚀,机床与电解液接触的部分应选用耐腐蚀材料。

(3)电解磨削砂轮

电解磨削一般需要导电砂轮,常用的有铜基和石墨两种。铜基导电砂轮的导电性好,加工间隙可采用反拷法得到,即把电解砂轮接电源正极,进行电解,此时铜基逐渐被溶解下来,达到所需的溶解量(即加工间隙值)后,停止反拷,磨粒暴露在铜基之外的尺寸即为所需的加工间隙。铜基砂轮的加工生产率较高。石墨砂轮不能反拷加工,磨削时石墨与工件之间会火花放电,同时具有电解磨削和电火花磨削双重作用。但在断电后的精磨过程中,石墨具有润滑、抛光的作用,可获得较好的表面粗糙度。导电砂轮的磨料有烧结刚玉、白刚玉、高强度陶瓷、碳化硅、碳化硼、人造宝石、金刚石等多种。最常用的是金刚石导电砂轮,因为金刚石磨粒具有很高的耐磨性,能比较稳定地保持两极间的距离,使加工间隙稳定,而且可以在断电后对硬质合金一类的高硬材料进行精磨,可提高精度和改善表面粗糙度。如表4.9所示列出了几种导电砂轮的特性。

表4.9 常用导电砂轮的种类与特性

种类	金属结合剂人造金刚石砂轮	树脂结合剂导电砂轮	陶瓷松组织渗银导电砂轮	石墨、碳素结合剂导电砂轮
磨料粒度	80~100目	120~150目	80~180目	不含磨料
性能特点	磨料形状规则,硬度高,电解间隙均匀,磨削效率高,使用寿命长,成本较高。修整困难	砂轮不需要进行反极性处理,具有抗电弧和防止短路的性能,修整方便。磨削效率低,使用寿命短	有较好的抗电弧能力,可用一般机械修整方法修整砂轮	成型最方便,可用车刀修整成任何形状,具有良好的抗弧能力。磨削效率低,精度低,使用寿命短
用途	模具、刀具、内外圆磨削	模具、内外圆、成型磨削(简单形状)	模具、叶片榫齿、刀具,成型磨削	成型磨削(一般粗加工)

4.3.6 电解磨削典型应用

电解磨削由于集中了电解加工和机械磨削的优点,因此,在生产中已用来磨削一些高硬度的零件,如各种硬质合金刀具、量具、挤压拉丝模具、轧辊等。对于普通磨削很难加工的小孔、深孔、薄壁筒、细长杆零件等,电解磨削也显示出优越性,其应用范围正在日益扩大。

(1)硬质合金刀具的电解磨削

用氧化铝导电砂轮磨削硬质合金车刀和铣刀,表面粗糙度 R_a 可达0.2~0.1 μm,刃口半径小于0.2 mm,平直度也较普通砂轮磨削的好。

采用金刚石导电砂轮电解磨削加工精密丝杠的硬质合金成型车刀,表面粗糙度可小于 R_a0.016 μm,刃口非常锋利,完全达到精车精密丝杠的要求。所用电解液为亚硝酸钠9.6%,硝酸钠0.2%,磷酸氢二钠0.3%的水溶液,加入少量的甘油,可改善表面粗糙度。电压为6~8 V,加工时的压力为0.1 MPa。实践证明,采用电解磨削工艺不仅比单纯用金刚石砂轮磨削时的效率提高2~3倍,而且大大节省了金刚石砂轮,一个金刚石导电砂轮可使用5~6年。

(2)硬质合金轧辊的电解磨削

某硬质合金轧辊如图4.23所示。采用金刚石导电砂轮进行电解成型磨削,轧辊的型槽精度达±0.02 mm,型槽位置精度达±0.01 mm,表面粗糙度达R_a0.2 μm,工件无微裂纹、无残余应力等缺陷,不仅加工效率高,而且大大提高了金刚石砂轮的使用寿命,磨削比达138。

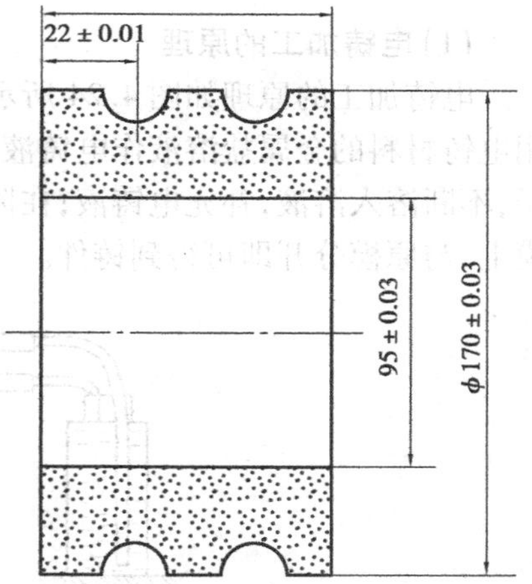

图4.23　硬质合金轧辊

所采用的导电磨轮为金属(铜粉)结合剂的人造金刚石砂轮,磨料粒度为60~1 000目,外圆磨轮直径为ϕ300 mm,磨削型槽的成型磨轮直径为ϕ260 mm。

电解液成分为亚硝酸钠9.6%,硝酸钠0.3%,磷酸氢二钠0.3%,酒石酸钾钠0.1%,其余为水。粗磨的加工参数为电压12 V,电流密度(15~25) A/cm^2,砂轮转速2 900 r/min,工件转速0.025 r/min,一次进刀深度2.5 mm。精加工的加工参数为电压10 V,工件转速16 r/min,工作台移动速度0.6 mm/min。

4.4　电铸、涂镀和电解抛光

电铸、涂镀和复合镀工艺原理上属于阴极沉积的电镀工艺,都与电解加工相反,是金属正离子在电场的作用下运动到阴极,并得到电子在阴极沉积下来的过程。但这几种工艺之间也有明显的差异,具体如表4.10所示。

表4.10　电铸、涂镀和复合镀工艺比较

工艺名称 / 工艺目的 / 工艺要求	电镀	电铸	涂镀	复合镀
工艺目的	表面装饰、防腐蚀	复制、成型加工	增大尺寸、表面改性	镀耐磨层、磨具、刀具制造
镀层厚度/mm	0.001~0.05	0.05~5	0.001~0.5	0.05~1
精度要求	表面光亮、光滑	尺寸和形状精度要求	尺寸和形状精度要求	尺寸和形状精度要求
镀层牢固	牢固黏结	可与原模分离	牢固黏结	黏结基本牢固
阳极材料	同镀层金属	同镀层金属	石墨、铂等材料	同镀层金属
镀液	自配电镀液	自配电镀液	按被镀金属选购电镀液	自配电镀液
工作方式	需镀槽 工件浸泡在镀液中 无相对运动	需镀槽 工件与阳极可有 或无相对运动	不需镀槽 镀液浇注在相对运动 的工件和阳极间	需镀槽 被复合镀的硬质材料 放在工件表面

4.4.1 电铸加工

(1)电铸加工的原理

电铸加工的原理如图4.24所示。电铸加工时用导电的原模作阴极,用电铸材料作阳极,用电铸材料的金属盐溶液作电铸液。在直流电的作用下,阳极上的金属原子失去电子成为离子,不断溶入溶液,补充电铸液;在阴极上的金属离子不断得到电子成为原子,不断沉积在原模上,与原模分开即可得到铸件。

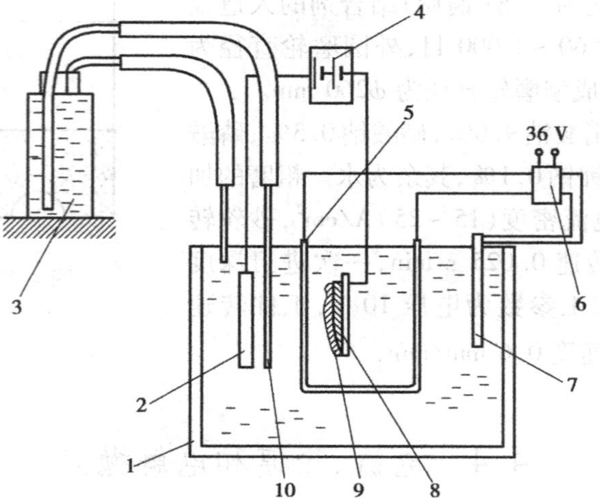

图4.24 电铸加工的原理

1—电铸槽;2—阳极;3—蒸馏水;4—直流电源;5—加热器;6—恒温装置;7—温度计;8—原模;9—电铸层;10—玻璃管

(2)电铸加工的特点

①可加工特殊复杂的内表面,因为电铸把难加工的材料和内表面的加工,转化为易成型原模材料的外表面的加工。

②可获得尺寸精度高,表面粗糙度好的工件,且零件之间的互换性好。

③可获得高纯度的金属零件。

④能准确复制表面轮廓和细微纹路。

⑤只要改变电铸液的成分和工作条件,使用添加剂,改变电铸层的性能,可适应不同加工的需要。

⑥电铸生产期长,尖角、凹部的铸层不均匀,铸层存在一定的内应力,原模的缺陷会带到工件上去。

(3)电铸加工的设备和工艺

1)电铸加工的设备

电铸设备(见图4.24)主要包括电铸槽、直流电源、搅拌和循环过滤系统、恒温控制系统等。

①电铸槽

电铸槽材料的选取以不与电解液作用引起腐蚀为原则。一般用钢板焊接,内衬铅板或聚氯乙烯薄板等。

②直流电源

电铸采用低电压大电流的直流电源。常用硅整流，电压为6～12 V，并可调。

③搅拌和循环过滤系统

为了降低电铸液的浓差极化，加大电流密度，减少加工时间，提高生产速度，最好在阴极运动的同时加速溶液的搅拌。搅拌的方法有循环过滤法、超声波法或机械搅拌法。循环过滤法不仅可使溶液搅拌，而且可在溶液不断反复流动时进行过滤。

④恒温控制系统

电铸时间很长，故必须设置恒温控制设备。它包括加热设备（加热玻璃管、电炉等）和冷却设备（冷水或冷冻机等）。

2)电铸加工工艺

电铸加工的主要工艺为：原模表面处理→电铸至规定尺寸→脱模→清洗干燥→成品。

①原模表面处理

原模的材料根据精度、表面粗糙度、生产批量、成本等要求，可采用不锈钢、碳钢等表面镀铬、镍、铝、低熔合金、环氧树脂、塑料、石膏、石蜡等不同材料。表面清洗干净后，凡是金属材料一般在电铸前需要进行表面钝化处理（经常用重铬酸盐溶液处理），使之形成不太牢固的钝化膜，以便于电铸后脱模；对于非金属原模则需要进行导电化处理。

导电化处理的方法如下：

a. 以极细的石墨粉或铜粉、银粉调入少量的黏结剂做成导电液，在表面涂敷均匀薄层。

b. 用真空镀或离子镀在原模表面覆盖一层金或银的金属膜。

c. 用化学镀的方法在表面沉积银、铜或镍的薄层。

②电铸过程

电铸过程通常时间很长，生产率较低。如果电流密度太大容易使沉积的金属的晶粒粗大，强度下降。一般电铸层每小时铸0.02～0.5 mm。

电铸常用的金属是铜、镍或铁3种。相应的电铸液为含有电铸金属离子的硫酸盐、氨基磺酸盐、氟硼酸盐和氯化物等水溶液，如表4.11所示为铜电铸液的组成和操作条件。

表4.11　铜电铸液的组成和操作条件

	质量浓度/$(g\cdot L^{-1})$		操作条件			
			温度/℃	电压/V	电流密度/$(A\cdot dm^{-3})$	溶液比重/Be*
硫酸盐溶液	硫酸铜190～200	硫酸37.5～62.5	25～45	<6	3～15	
氟硼酸盐溶液	氟硼酸铜190～375	氟硼酸pH=0.3～1.4	25～50	<4～12	7～30	29～30

注：*与密度ρ的换算关系为$\rho=145/(145-Be)$。

电铸过程的要点如下：

a. 溶液必须连续过滤，以除去沉淀、阳极夹杂物和尘土等固体悬浮物，防止电铸件产生针孔、疏松、瘤斑和凹坑等缺陷。

b. 必须搅拌电铸液，降低浓差极化，以增大电流密度，缩短电铸时间。

c. 电铸件凸出部分电场强，铸层厚，凹入部分相反，为了使铸层厚度一致，需要在凸出部分进行屏蔽，而在凹入部分加辅助阳极。

d. 要严格控制电铸液成分、浓度、pH 值、温度、电流密度等，以免铸件内应力过大而导致变形、起皱、分开和剥落。通常开始时的电流效率较小，以后逐渐增加，中途不宜停电，以免分层。

③衬背和脱模

有些电铸件如塑料模具和翻制印制电路板等，电铸成型后需要用其他材料做衬背处理，然后再机械加工到一定的尺寸。

塑料模具电铸件的衬背方法有浇铸铝或铅锡低熔点合金；印制电路板则常用热固性塑料。

电铸件与原模的分离的方法有敲击捶打，加热或冷却胀缩分离，用薄刀刃撕剥分离，加热熔化、化学溶解等。

(4)电铸加工的应用范围

1)电铸加工应用范围

①制造形状复杂的、精度高的空心零件，如波导管等。

②注塑模和厚度很小的薄壁零件的加工，如剃须刀网罩。

③复制精细的表面轮廓，如唱片、艺术品、钱币等。

④制造表面粗糙度样板、反光镜、喷嘴、电加工的电极等。

2)应用实例 1——电动剃须刀网罩生产

电动剃须刀网罩其实就是固定刀具。网孔外面边缘倒圆，从而保证网罩在脸上能平滑移动，并使胡须容易进入网孔，而网孔的内侧则锋利，能使旋转刀片很容易将胡须切断。网罩的制造工艺大致如下(见图 4.25)：

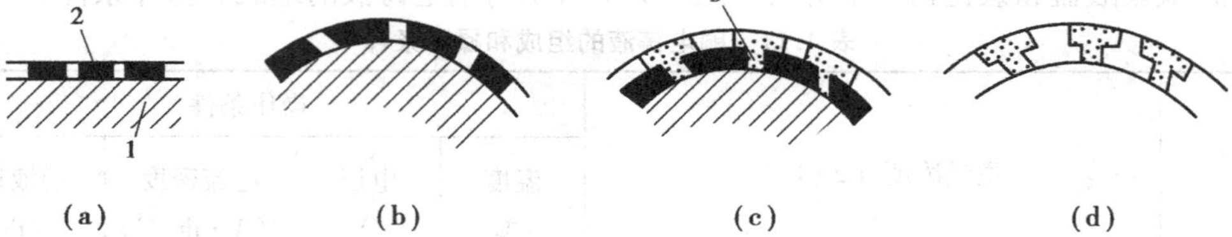

图 4.25 电动剃须刀网罩的电铸加工

(a)照相制版抗蚀剂加工 (b)冲压弯曲成型 (c)电铸电镀 (d)脱模分离

1—铝或铜片;2—光致抗蚀剂;3—电铸沉积镍

①原模制造。在铜或铝上涂上感光胶，再将照相底片与之靠近，进行曝光、显影、定影后即获得有规定图形的绝缘层原模。

②对原模进行化学处理，以获得钝化层，使铸后的工件能与原模分离。

③弯曲成型。将原模弯曲成所需的形状。

④电铸。一般控制镍层的硬度为 500 ~ 550 HV，硬度过高则容易发脆。

⑤脱模。

3）应用实例 2——刻度盘电铸制造

如图 4.26 所示，刻度盘的电铸制造工艺大致与前同。零件如图 4.26（a）所示，原模如图 4.26（b）所示，电铸原理如图 4.26（c）所示，铸件和脱模如图 4.26（d）所示。

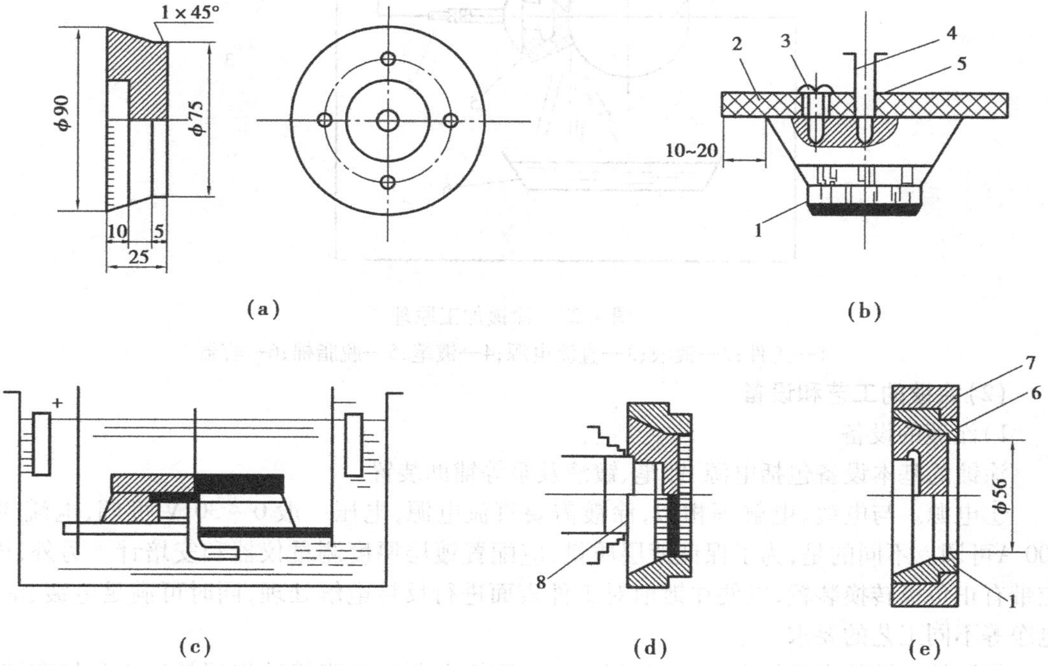

图 4.26　刻度盘电铸制造

1—母模；2—绝缘板；3—螺钉；4—导电杆；

5—塑料管；6—铸件；7—铜套；8—心轴

4.4.2　涂镀加工

（1）涂镀加工的原理和特点

1）涂镀加工的原理

涂镀加工（又称刷镀或无槽镀）是利用直流电源 3，将工件 1 接负极（见图 4.27），镀笔 4 接正极，用脱脂棉 5 包住其端部的不溶性石墨电极，蘸饱镀液 2（有的也用浇淋），多余的镀液流回容器 6。加工时接通电源，工件旋转，在电化学的作用下，镀液中的离子流向阴极，并在阴极得到电子还原为原子，结晶为镀膜，其厚度一般为 0.001 ~0.5 mm。

2）涂镀加工的特点

①不需镀槽。设备简单、操作方便、灵活机动。可现场操作，不受工件大小、形状和工作条件的限制。

②可获得多种镀层。只要用不同的镀液，用统一设备即可镀多种金属。

③加工效率高。涂镀加工采用大电流密度、镀液的离子浓度大，故涂镀的速度快。

④涂镀层的质量好。涂镀层均匀、致密、结合牢固，涂镀层的质量、厚度较易控制。

⑤但手工操作，工作量大。

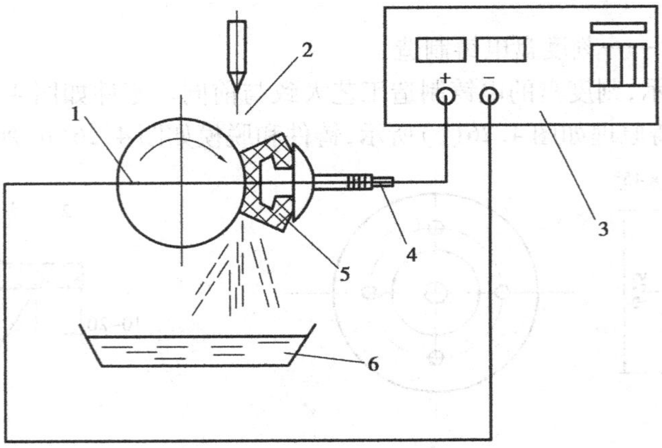

图 4.27　涂镀加工原理

1—工件;2—镀液;3—直流电源;4—镀笔;5—脱脂棉;6—容器

(2)涂镀的工艺和设备

1)涂镀的设备

涂镀的基本设备包括电源、镀笔、镀液及泵等辅助装置。

①电源。与电镀、电解等相似,涂镀需要直流电源,电压一般 0 ~ 30 V 可调,电流 30 ~ 100 A可调。不同的是,为了保证镀层质量,应配置镀层厚度测量仪器和安培计。另外,电源应带有正负极转换装置,以便在镀前对工件表面进行反接电解处理,同时可满足电镀、活化、电净等不同工艺的要求。

②镀笔。镀笔由手柄和阳极两部分组成,阳极上所包脱脂棉的作用是吸饱和储存镀液,并防止阳极与工件直接接触引起短路,滤除阳极上脱落下来的石墨颗粒防止进入镀液。

③镀液。涂镀用的镀液比槽镀用的镀液离子浓度要高许多,由金属络合物水溶液及少量添加剂组成。为了对被镀表面进行预处理(如电解净化和活化等),镀液中经常包含电净液和活化液等。如表 4.12 所示为常用涂镀液的性能及用途。

对于小型零件和不规则零件,只要用镀笔蘸饱镀液即可,而大型零件和回转体工件则应用小型离心泵将镀液浇注到工件和镀笔之间。

④回转台。回转台用以涂镀回转体工件表面。

表 4.12　常用涂镀液的性能及用途

序号	镀液名称	pH 值	镀液特性
1	电净液	11	清除工件表面油污杂质,轻微去锈
2	0 号电净液	10	去除表面疏松材料的油污
3	1 号活化液	2	去除氧化膜,对高碳钢、高合金钢去碳
4	2 号活化液	2	强腐蚀能力,去除氧化层,在中碳、高碳、中碳合金钢中有去碳作用
5	铬活化液	2	去旧铬层上的氧化层
6	特殊镍	2	镀底层 0.001~0.002 mm,再起清洗活化作用

续表

序号	镀液名称	pH值	镀液特性
7	快速镍	7.5	镀液沉积速度快,疏松材料作底层,修复各种耐热磨件
8	镍钨合金	2.5	耐磨零件工作层
9	低应力镍	3.5	镀层沉积速度快,压应力大,用作保护性镀层和夹心层
10	半光亮镍	3	增加表面光亮度,好的耐磨和抗腐蚀性
11	高堆积碱铜	9	镀液沉积速度快,修复大磨损零件,可作复合镀层,对钢铁无腐蚀
12	锌	7.5	表面防腐
13	低氢脆镉	7.5	镀超高强钢的低氢脆性层,钢铁材料表面防腐,填补凹坑和划痕
14	钴	1.5	光亮性、导电性和磁化性
15	高速铜	1.5	沉积速度快,修补不承受过分磨损和热的零件,对钢铁有腐蚀
16	半光亮铜	1	提高表面光亮度

2)涂镀的工艺过程和要点

①表面预加工。去除表面毛刺、凹凸不平度、锥度等,使其基本平整并露出金属基体。通常预加工要求表面粗糙度 R_a 值小于2.5 μm。

②电净处理。经脱脂除锈后,用汽油或丙酮等进行清洗,此后还需要进行电净处理,进一步去除表面油污等。

③活化处理。活化处理是去除工件表面的氧化层和钝化膜,同时去除碳元素微粒黑膜。使得工件表面呈均匀的银灰色。最后用水清洗。

④镀底层。需要用特殊镍、碱铜等预镀厚度为0.001~0.002 mm的薄底层,以提高工作镀层与基体的结合强度。

⑤涂镀加工。由于单一镀层随镀层厚度增加产生的内应力也增大、结晶变粗、强度下降,一般单一镀层不能超过0.05 mm的安全厚度。因此,常需要进行涂镀尺寸镀层,用几种镀层交替叠加,以达到既恢复尺寸快,又能增强镀层强度的目的,最后才镀上一层满足表面物理、化学、力学性能的工作镀层。

⑥清洗。用自来水清洗已镀表面和邻近部位,用压缩空气或热风吹干,最后涂上防锈液(或油)。

(3)涂镀加工的应用

1)涂镀的应用范围

①涂镀加工主要用于零件的维修和表面处理与强化。

②修补表面被磨损的零件,如轴类、轴瓦、套类零件的磨损修补;补救尺寸超差的零件。

③修补表面划伤、空洞、锈蚀等缺陷。

④大型、复杂、小批、工件表面的局部镀金属,或非金属零件的金属化。

2)涂镀加工的应用实例

机床导轨划伤的典型修复工艺如下：

①整形。用刮刀、磨石等工具将伤痕扩大整形，使划痕底部露出金属本体，能与镀笔和镀液充分接触。

②涂层保护。对镀液能流到的不需涂镀的其他表面要涂上绝缘清漆，以防产生不必要的电化学反应。

③脱脂。对待镀表面及相邻部位，用丙酮或汽油进行清洗和脱脂。

④待镀表面的保护。用涤纶透明绝缘胶带纸贴在划伤沟痕的两侧。

⑤净化和活化。电净时工件接负极，电压 12 V，时间 30 s；活化用 2 号活化液，工件接正极，电压 12 V，时间要短，清水冲洗后表面呈黑灰色，再用 3 号活化液除去炭黑，表面呈银灰色，清水冲洗后立即起镀。

⑥镀底层。用非酸性的快速镍镀底层，电压 10 V，清水冲洗，检查底层与基体的结合情况和覆盖情况。

⑦尺寸层。镀高速碱铜层为尺寸层，电压 8 V，沟痕较浅的一次镀成，较深的则需要用纱布或细磨石打磨掉高出的镀层，再经电净、清水冲洗，再镀碱铜，反复多次，达到要求的尺寸为止。

⑧修平。当沟痕镀满后，用磨石等机械方法修平。可再镀上 2 ~ 5 μm 的快速镍。

4.4.3 电解抛光

(1)电解抛光的原理和特点

电解抛光是利用金属在电解液中的电化学阳极溶解对工件表面进行腐蚀抛光，是一种表面光整方法。其可以降低工件的表面粗糙度和改善表面力学性能，不用于尺寸加工。与电解加工主要差别是加工间隙大、电流密度小、电解液不流动(但有时可搅拌)、阴极结构简单。电解抛光的机床比较简单，不需要电解液循环过滤系统。

电解抛光的效率比机械抛光要高，而且抛光后的表面除了常常生成致密牢固的氧化膜，提高耐腐蚀性能，也不会产生表面变质层，因此不会产生表面残余应力。且不受被加工材料硬度和强度的制约。

电解抛光的特点有以下 4 点：

①小电流、大间隙。

②简单快捷。

③氧化膜起防腐保护作用。

④无加工硬化和残余应力。

(2)电解抛光质量的基本规律

影响电解抛光质量的因素很多，主要有以下 4 点：

1)电解液成分

钢的电解抛光用的电解液中包括磷酸、硫酸、铬酐和水。根据抛光材料的不同，所采用的电解液的成分和密度也不同。铜镀层和镍镀层的电解抛光用的电解液相差不多，镍镀层的电解抛光是需加少量的柠檬酸。电解液和抛光参数如表 4.13 所示。

表4.13　电解抛光常用的电解液和抛光参数

适用金属	电解液成分	阴极材料	阴极电流密度 /(A·dm⁻²)	电解液温度/℃	抛光时间 /min
钢	H_3PO_4 70% CrO_3 20% H_2O 10%	铜	40~50	30~50	5~8
钢	H_3PO_4 65% H_2SO_4 15% H_2O 18%~19% $(COOH)_3$ 1%~2%	铅	30~50	15~20	5~10
不锈钢	H_3PO_4 10%~50% H_2SO_4 15%~40% 甘油 12%~45% H_2O 5~23%	铅	60~120	50~70	3~7
不锈钢	H_3PO_4 40%~45% H_2SO_4 35%~40% CrO_3 3% H_2O 17%	铜、铅	40~70	70~80	5~15
CrMnMo 1Cr18Ni9Ti	H_3PO_4 65% H_2SO_4 15% CrO_3 5% H_2O 3% 甘油 12%	铅	80~100	35~45	10~12
铬镍合金	H_3PO_4 64 mL H_2SO_4 15 mL H_2O 21 mL	不锈钢	60~75	70	5
铜合金	H_3PO_4 670 mL H_2SO_4 100 mL H_2O 300 mL	铜	12~20	10~20	5
铜	CrO_3 60% H_2O 40%	铝、铜	5~10	18~25	5~25
铝合金	H_3PO_4 体积15% H_2SO_4 体积70% HNO_3 体积1% H_2O 体积14%	铝、不锈钢	12~20	30~50	2~10
铝合金	H_3PO_4 100 g CrO_3 10 g	不锈钢	5~8	50	0.5

注：表中百分数为质量分数。

2）电流密度

电流密度对金属表面整平速度及金属溶解量的影响明显。如加工时间相同，电流密度大时表面整平和金属溶解速度都较快，不平处的相对整平率（抛光前后不平高度比值）在同一电量时与电流密度无关。

3）金相组织和原始表面

电解抛光对金相组织的均匀性十分敏感。金属金相组织越均匀、细密，其抛光效果越好。如果金属以合金形式存在，则应选择适合合金成分均匀溶解的电解液。

表面预加工状态对抛光质量也有影响，表面粗糙度 R_a 值达 2.5 ~ 0.8 μm 时，电解抛光才有效果；如表面粗糙度 R_a 值达 0.63 ~ 0.20 μm，则更有利于电解抛光。抛光前应将表面的油污、变质层去除。

4）温度及搅拌情况

电解液的温度对溶液黏度及对阳极薄膜的性能和成分有很大的影响。一般温度越高，整平速度越快，当温度从 30 ℃升高到 70 ℃时，金属溶解的速度几乎增大了 1.5 倍。如电流密度为 0.5 A/cm^2 时电解抛光时间 10 min，最适宜的温度为 100 ℃，但是为了不至于溶液沸腾，一般用 70 ℃左右。

电解抛光时应尽量搅拌电解液，这样促使电解液的流动，保证抛光区域的离子扩散和新的电解液的补充，并使电解温度差减小，从而保证最适宜的抛光条件。

（3）电解抛光的应用

电解抛光能降低零件的表面粗糙度，控制材料的宏观不平度，增加表面光泽，减小摩擦因数，在很多场合可代替机械抛光，可较大幅度地提高生产率，降低材料、工具、设备、电力等的消耗。因此，电解抛光在轴承、反光罩、切削工具、计量工具、自行车零件、纺织机械零件及医疗器械等的加工中有广泛的应用。

在实验室研究某些材料的金属表面特征时，如光学性能、磁性能、电化学性能、电极的衍射性能、腐蚀和摩擦性能等，大多采用电解抛光。

（4）电解抛光的缺陷分析

电解抛光缺陷产生原因和解决方法如表 4.14 所示。

表 4.14　电解抛光缺陷产生的原因和解决方法

序号	常见缺陷	产生原因	消除方法
电解液工作时间小于 10（A·h）/L（每升电解液在 10 A 时经 1 h）			
1	点状腐蚀	电解液中有铬酐的点状悬浮物	在 90 ~ 100 ℃下加热电解液，知道铬酐全部溶解；相对密度高于 1.73 时加热前稀释
2	无光泽，有浅蓝色阴影	电解液没有加热和处理	120 ℃下加热电解液 1 h，或阳极电流密度 40 A/dm^2 下通电 5 ~ 10（A·h）/L
		电解液温度低	加热电解液到 70 ~ 80 ℃

续表

序号	常见缺陷	产生原因	消除方法
3	褐色乳光膜	电解液相对密度高于1.77	稀释电解液至相对密度1.74,90~100 ℃下加热1 h
4	无光泽,有白色斑点	Cr_2O_3 含量高于1.5%	把 Cr_2O_3 氧化成 CrO_3
5	无光泽,有黄色斑点	电解液相对密度低于1.70	加热电解液至相对密度1.74
电解液工作时间大于10 (A·h)/L			
6	白色条纹	电解液相对密度高于1.82	稀释电解液至相对密度1.74,90~100 ℃下加热1 h
7	无光泽,有黑褐色斑点	Cr_2O_3 含量高于3%	把 Cr_2O_3 氧化成 CrO_3
		电解液温度高于70 ℃	降低电解液温度到70 ℃
		阳极电流密度大于50 A/dm^2	降低电流密度25~35 A/dm^2
		零件与挂具接触不良	改善零件与挂具接触面积
8	无光泽,有浅黄色斑点	电解液比重低	加热电解液至相对密度1.74
9	挂具附近无光泽,黑褐色斑点	零件与挂具接触不良	改善零件与挂具接触面积,擦拭挂具
10	凹入部和悬挂接触点有银白色斑点	凹入部位被挂具遮蔽	变更位置,缩短极间间距,提高电流密度到50 A/dm^2
11	零件边缘和孔有波纹	电解液温度高	降低电解液温度到60~70 ℃
		抛光时间长	缩短抛光时间到5~8 min
		电流密度大	降低电流密度25 A/dm^2
12	取出后马上有褐色斑点	抛光时间不合适	缩短抛光时间到8~10 min
13	在碱液中处理后表面出现蓝褐色色调	NaOH浓度大于10%	降低NaOH浓度到10%
		在碱液中时间大于30 min	在碱液中时间为10 min
14	条纹状组织,粗大和细小组织交替	压轧和退火引起	降低抛光时间到5 min

思考题

4.1 从原理和机理上来分析,电化学加工有无可能发展成“纳米级加工”或“原子级加工”技术?原则上需采取哪些措施才能实现?

4.2 为什么说电化学加工过程中的阳极溶解是氧化过程,而阴极沉积是还原过程?

4.3 电解加工中的阳极和阴极与蓄电池中的正、负极有何区别?二者的电流方向相同吗?

4.4 举例说明电极电位理论在电解加工中的具体应用。

4.5 请分析阳极钝化现象在电解加工中以及在电化学机械加工中的优缺点。电化学机械加工与纯电化学加工及纯机械加工各有什么优缺点?

4.6 电解加工时,何谓电流效率?它与电能利用率有何不同?如果用12 V的直流电源(如汽车蓄电池)作电解加工电源,电路中串联一个滑杆电阻来调节电解加工时的电压和电流(如调到两极间隙电压为8 V),问:这样是否会降低电解加工时的电流效率?为什么?

4.7 如何用电极间隙的理论进行电解加工阴极工具的设计?

第5章 高能束加工技术

5.1 概 述

高能束加工是利用能量密度很高的束流去除工件材料的特种加工方法的总称。常用的高能束主要有激光束、电子束、离子束及水射流等。高能束几乎可加工任何材料，是航空航天、电子、化工等领域不可缺少的特种加工技术。其研究内容涉及光学、电学、热力学、冶金学、金属物理、流体力学、材料科学、真空学、机械设计、自动控制以及计算机技术等多种学科，是一种典型的多学科交叉技术。高能束加工具有以下特点：

①加工速度快，热流输入少，对工件热影响极小，工件变形小。

②束流能够聚焦且有极高的能量密度，激光束、电子束加工可使任何坚硬、难熔的材料在瞬间熔融汽化，而离子束加工是以极大能量撞击零件表面，使材料变形、分离破坏。

③工具与工件不接触，无工具变形及损耗问题。

④束流控制方便，易实现加工过程自动化。

5.2 激光加工

5.2.1 激光加工的原理及特点

激光加工也称激光束加工（Laser Beam Machining），LBM；就是将具有足够能量的激光束聚焦后照射到所加工材料的适当部位，在极短的时间内，光能转变为热能，被照部位迅速升温，材料发生汽化、熔化、金相组织变化以及产生相当大的热应力，从而实现工件材料被去除、连接、改性或分离等的加工技术。

(1)激光加工原理

1)激光产生原理

激光是20世纪60年代出现的一种新型光源——激光器发出的光。激光一词的本意是受激辐射放大的光。1960年美国休斯研究实验室的梅曼制成了第一台红宝石激光器,1961年9月中国科学院长春光学精密机械研究所制成了我国第一台激光器。此后,在激光器的研制、激光技术的应用以及激光理论方面都取得了巨大进展,并带动了一些新兴学科的发展,如全息光学、傅立叶光学、非线性光学、光化学等,激光还与信息产业密切相关。

①光与物质的相互作用

光与物质的相互作用,实质上是组成物质的微观粒子吸收或辐射光子,同时改变自身运动状况的表现。

原子由原子核和绕原子核做公转运动的电子组成。原子的内能就是电子绕原子核转动的动能和电子被原子核吸引的位能之和。如果由于外界的作用,使电子与原子核的距离增大或缩小,则原子的内能也随之增大或缩小。只有电子在最靠近原子核的轨道上运动才是最稳定的,人们把这时原子所处的能级状态称为基态。当外界传给原子一定的能量时(如用光照射原子),原子的内能增加,外层电子的轨道半径扩大,被激发到高能级,称为激发态或高能态。微观粒子都有其特有的一套能级。任何时刻,一个粒子只能处于某一个能级,如图5.1所示。

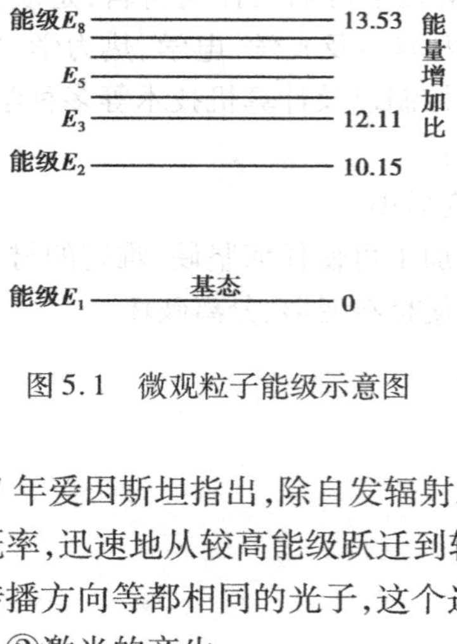

图5.1 微观粒子能级示意图

当原子与光相互作用时,粒子从一个能级跃迁到另一个能级,并相应地吸收或辐射一个光子。光子的能量值为此两能级间的能量差 ΔE,频率为 $\Delta E/h$(h 为普朗克常量)。

处于较低能级的粒子在受到外界的激发,吸收了能量时,跃迁到与此能量相适应的较高能级上去的过程称为受激吸收。处在高能级上的粒子,即使没有外界的作用,也会以一定的概率自发地从高能级向低能级跃迁,同时辐射出能量是 ΔE 光子的过程称为自发辐射。1917年爱因斯坦指出,除自发辐射之外,当频率为 $\nu=\Delta E/h$ 的光子入射时,粒子也会以一定的概率,迅速地从较高能级跃迁到较低能级,同时辐射一个与外来光子频率、相位、偏振态以及传播方向等都相同的光子,这个过程称为受激辐射。

②激光的产生

受激辐射使光子数增加,而受激吸收使光子数减少。处于平衡状态的物质,其较低能级的粒子数必大于较高能级的粒子数,在普通情况下被光射入时,受激辐射和受激吸收两过程同时存在,不会产生激光。

因此,要想产生激光应使受激辐射占优势,即必须使处在高能级的粒子数大于处在低能级的粒子数,此种分布正好与平衡态时的物质粒子分布相反,称为粒子数反转分布,简称粒子数反转。任何工作物质,在适当的激励条件下可在特定的高低能级间实现粒子数反转。

处于粒子数反转状态的物质,其大量粒子处在高能级上,当有一个频率 $\Delta E/h$ 的光子入射时,处于高能级的粒子将被激励从而产生受激辐射,得到两个特征完全相同的光子,这两个光子继续激励高能级上其他粒子，产生4个特征相同的光子。如此进行下去，原来的光信号就被放大了，这种在受激辐射过程中产生并被放大的光，就是激光。如图5.2所示为激光产生过程示意图。

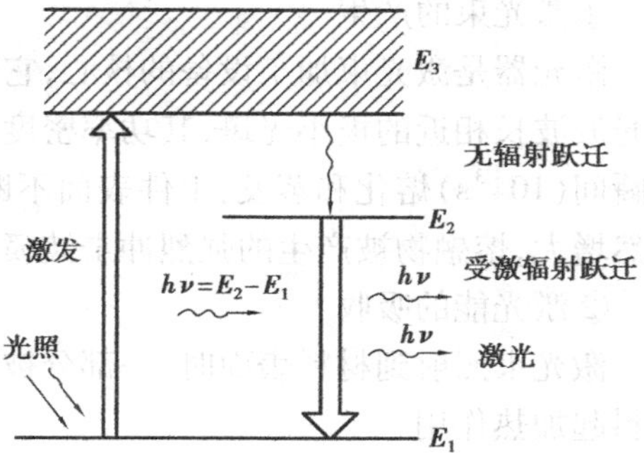

图5.2　激光产生过程示意图

2）激光的特点

普通光源发出的光是向各个方向辐射并随着传播距离的增加而衰减。激光是入射光子经受激辐射过程被放大。由于激光产生的机理与普通光源的发光不同，这就使激光具有不同于普通光的一系列性质。

①方向性好

激光不像普通光源向四面八方传播，几乎在一条直线上传播。良好的方向性使激光是射得最远的光，该性质被广泛应用于测距、通信、定位方面。

②亮度高

一般光源发光是向很大的角度范围内辐射，而激光的辐射范围在 1×10^{-3} rad（0.06°）左右，即使普通光源与激光光源的辐射功率相同，激光的亮度也可达到普通光源的上百万倍。1962年人类第一次从地球上发出激光束射向月球，由于激光的方向性好、亮度高，加上颜色鲜红，故能见到月球上有一红色光斑。

激光的高亮度在激光切割、手术、军事上有重要应用，现正研究用高亮度的激光引发热核反应。

③单色性好

光的颜色取决于光的波长，通常把亮度为最大亮度一半的两个波长间的宽度定义为这条光谱线的宽度，谱线宽度越小，光的单色性越好。

可见光部分的颜色有7种，每种颜色的谱线宽度为40～50 nm，激光的单色性远远好于普通光源，如氦-氖激光器输出的红色激光谱线宽度只有 10^{-8} nm。

激光良好的单色性使激光在测量上优势极为明显。

④相干性好

当激光束分成两束进行叠加时，产生的干涉条纹非常清晰。

3）激光加工原理

激光加工时，为了达到各种加工要求，激光束与工件表面需要做相对运动，同时光斑尺寸、功率以及能量要求可调。

激光束加工过程大体步骤是：通过光学系统（激光器）产生激光束并照射材料；材料吸收光能；光能转变为热能使材料加热；通过汽化和熔融溅出，使材料去除或破坏等。

当然，不同的加工工艺有不同的加工过程，有的要求激光加热并去除材料，如打孔、切割等；有的要求将材料加热到熔化程度而不要求去除，如焊接加工；有的则要求加热到一定温度使材料产生相变，如热处理等。

①激光束的产生

激光器是激光束加工设备的核心，它能把电能转换成激光束输出。激光束被聚焦成尺寸与光波波长相近的极小光斑，其功率密度可达 $10^7 \sim 10^{11}$ W/cm²，温度可达 10 000 ℃，将材料在瞬间（10^{-3} s）熔化和蒸发，工件表面不断吸收激光能量，凹坑处的金属蒸汽迅速膨胀，压力猛然增大，熔融物被产生的强烈冲击波喷溅出去。

②激光能的吸收

激光束照射到材料表面时，一部分被材料表面反射，另一部分透入材料内被材料吸收，对材料起加热作用。

不同材料对于不同波长光波的吸收与反射有着很大的差别。常用吸收率描述材料在激光束加工过程中激光的透入程度。材料的吸收率与其表面的反射率有关，如果反射率为 R，则吸收率为 $A = l - R$。大多数金属的反射率为 70% ~ 95%。

一般来说，导电率高、表面粗糙度低的材料反射率较高，因此吸收率低；而表面粗糙或人为涂黑的表面，在加工过程中因表面升温、加热会形成液相或气相等，有利于提高材料对光能的吸收，故吸收率较高。

③材料的加热

材料的加热是光能转换成热能的过程。金属材料和非金属材料受激光照射，其加热机理有着本质的区别。

金属材料吸收激光时存在浅肤效应，即在被照射金属材料厚度为 0.01 ~ 0.1 μm 的范围内才会产生光的吸收。

金属材料加热过程，首先是自由电子受热后动能增加，并在很短时间内（$10^{-11} \sim 10^{-10}$ s）与晶格碰撞，电子的能量转化为晶格的热振动能，引起材料温度升高；然后按热传导的机理向各个方向传播，使材料表面及内部各加热点的温度改变。

而非金属材料的导热性一般很小，在激光的照射下，其加热不是依靠自由电子。当激光波长较长时，光能可直接被材料的晶格吸收而使热振荡加剧；当激光波长较短时，光能激励原子壳层上的电子，这种激励通过碰撞而传播到晶格上，使光能转换成为热能。

④材料的汽化、熔融

在足够功率密度的激光束照射下，被加工材料表面达到熔化和汽化温度，从而使材料汽化蒸发或熔融溅出。

材料的汽化、熔融过程与激光功率密度有关，当激光功率密度过高时，材料在表面上汽化，而不是在深处熔化。如果功率密度过低，则能量就会扩散分布、受热体积增大，这时焦点处材料在表面上熔化，而且深度较小。材料汽化量的多少取决于激光功率密度的大小，随着激光功率密度的提高，材料表面逐渐达到汽化温度。

对于金属材料来说，由于激光进入材料的深度很小，在光斑中央，材料表面温度迅速提高，在极小的区域内材料达到熔点和沸点而被破坏。这种局部去除材料的效应可用于打孔等方面。

当采用脉冲激光照射材料时，第一个脉冲被材料表面吸收，表面上先产生熔化区，接着产生汽化区。当下一个脉冲来临时，材料表层熔化区吸收的能量致使较里层材料的温度比表面汽化温度更高，材料内部汽化压力增大，促使熔化区熔融的材料外喷。

因此,一般情况下,材料以蒸发和熔融两种状态被去除。当功率密度更高而脉宽更窄时,汽化能量在极短的时间内被多次传递给材料,使局部区域产生过热现象,从而引起爆炸性的汽化,此时材料完全以汽化的形式被去除而几乎不出现熔融状态。

与金属材料相比,非金属材料在激光照射下的破坏形式有着本质的区别,不同非金属材料之间的破坏形式差别也很大。

一般情况下,非金属材料的反射率比金属低得多,因而进入非金属材料内部的激光能量就比金属材料多。

对于有机非金属材料,其熔点或软化点一般较低,有些有机材料由于吸收了光能,内部分子振荡十分激烈,以致使通过聚合作用形成的巨分子又起解聚作用。部分材料迅速汽化,激光切割有机玻璃就是这种情况。有些有机材料,如硬塑料和木材、皮革等天然材料,在激光加工中会形成高分子沉积和加工位置边缘炭化。

而对于无机非金属材料,如陶瓷、玻璃等,在激光的照射下几乎能吸收激光的全部能量。但由于其导热性很差,加热区很窄,沿着光束的轨迹产生很高的热应力,导致材料破碎且无法控制。但对于膨胀系数很小的石英材料,可以进行激光切割和焊接加工。

(2)激光加工特点

①激光束加工属非接触加工,无明显机械力,也无工具损耗,工件不变形,加工速度快,热影响区小,可实现高精度加工,易实现自动化。

②因功率密度非常高,故不受材料限制,几乎可加工任何金属与非金属材料。

③激光加工可通过惰性气体、空气或透明介质对工件进行加工,如可通过玻璃对隔离室内的工件进行加工或对真空管内的工件进行焊接。

④激光可聚焦形成微米级光斑,输出功率大小可调节,常用于精密细微加工,最高加工精度可达1 μm,表面粗糙度 R_a 值可达0.4~0.1。

⑤能源消耗少,无加工污染,在节能、环保等方面有较大优势。

5.2.2 激光加工的基本设备

(1)激光加工基本设备

激光加工的基本设备包括激光器、电源、光学系统及机械系统4大部分。

①激光器是激光加工的重要设备,它把电能转变成光能,产生激光束。

②激光器电源具有为激光器提供所需要的能量及控制功能。

③光学系统包括激光聚焦系统和观察瞄准系统等,后者能观察和调整激光束的焦点位置,并将加工位置显示在投影仪上。

④机械系统主要包括床身、工作台及机电控制系统等。

(2)常用激光器

目前,常用的激光器按激活介质的种类可分为固体激光器和气体激光器。按激光器的工作方式,可大致分为连续激光器和脉冲激光器。用于激光加工的固体激光器通常是掺钕钇铝石榴石激光器(简称Nd:YAG激光器)、钕玻璃激光器和红宝石激光器等,气体激光器通常是 CO_2 激光器和准分子激光器。

1)固体激光器

固体激光器一般采用光激励,能量转化环节较多。光的激励能量大部分转换为热能,故效率低。为了避免固体介质过热,固体激光器通常多采用脉冲工作方式,并用合适的冷却装置,较少采用连续工作方式。

由于固体激光器的工作物质尺寸比较小,因而其结构比较紧凑。如图 5.3 所示为固体激光器的结构示意图,包括工作物质、光泵、玻璃套管和滤光液、冷却水、聚光器以及谐振腔等部分。

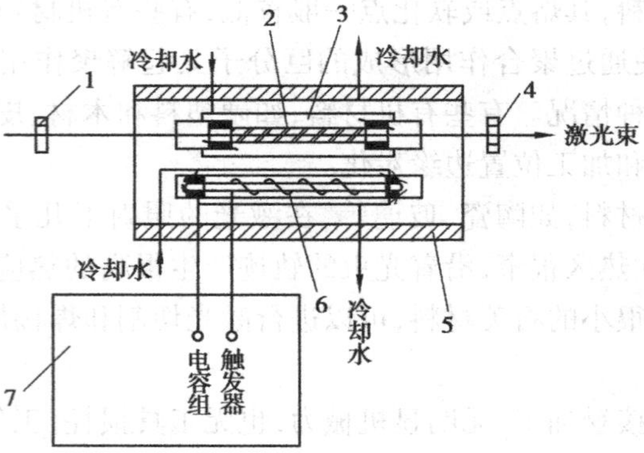

图 5.3 固体激光器结构示意图

1—全反射镜;2—工作物质;3—玻璃套管;
4—部分反射镜;5—聚光镜;6—氙灯;7—电源

光泵一般采用氙灯或氪灯,用于为工作物质提供光能。

聚光器的作用是把光泵发出的光能聚集在工作物质上。常用的聚光器有如图 5.4 所示的多种形式,如圆球形(见图 5.4(a))、圆柱形(见图 5.4(b))、椭圆柱形(见图 5.4(c))、紧包裹形(见图 5.4(d))等。其中,圆柱形加工制造方便,用得较多;椭圆柱形聚光效果较好,也常被采用。

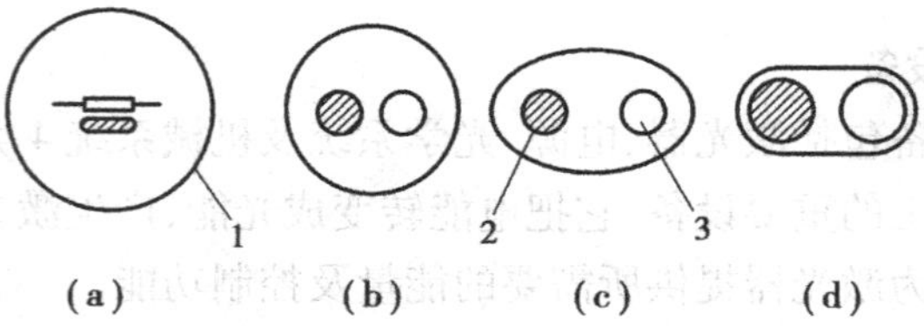

图 5.4 不同种类的聚光器

1—聚光器;2—工作物质;3—缸灯

滤光液和玻璃套管是为了滤去光泵发出的紫外线成分,因为这些紫外线成分对于钕玻璃和掺钕钇铝石榴石都是十分有害的,它会使激光器的效率显著下降,常用的滤光液是重铬酸钾溶液。

谐振腔由两块反射镜组成。其作用是使激光沿轴向来回反射共振,用于加强和改善激光的输出。

用于激光热加工的固体激光器主要有红宝石激光器、钕玻璃激光器和 Nd:YAG 激光器 3 种。

红宝石激光器的输出波长是0.694 3 μm，其工作材料是在刚玉（Al_2O_3）中加入0.05%的Cr^{3+}，易于获得相干性好的单模输出，稳定性好。红宝石激光器可用于脉冲微型焊接。

钕玻璃激光器是在玻璃基质中掺入一定比例的氧化钕（Nd_2O_3）制成的，最大掺杂浓度达2%，激活离子是钕离子。其吸收光谱和荧光谱线宽度比较宽，是YAG的50倍，故钕玻璃激光在脉冲工作状态时，可得到大于5 000 J的输出脉冲，脉宽为3 ms；在锁模脉冲输出时，峰值功率可达10^{21} W/cm^{2}以上。

Nd:YAG激光器是在钇铝石榴石（$Y_3Al_5O_{12}$）基体中掺入氧化钕制成的，激活离子也是钕离子，输出波长为1.06 μm。Nd:YAG激光器具有荧光谱线窄，量子效率高，导热性好等优点，是3种固体激光器中唯一能够实现连续运转的激光器，也是激光热加工中常用的一种固体激光器。

2）气体激光器

气体激光器一般采用电激励，效率高、寿命长、连续输出功率大，广泛应用于切割、焊接、热处理等加工。常用于材料加工的气体激光器有二氧化碳激光器、氩离子激光器和准分子激光器等。

①二氧化碳激光器

二氧化碳激光器是以二氧化碳气体为工作物质的分子激光器，连续输出功率可达10 kW，输出最强的激光波长为10.6 μm。

为了提高激光器的输出功率，二氧化碳激光器一般都加进氮（N_2）、氦（He）、氙（Xe）等辅助气体和水蒸气。

二氧化碳激光器的一般结构主要包括放电管、谐振腔、冷却系统和激励电源等部分，如图5.5所示。放电管一般用硬质玻璃管做成，直径约几厘米，长度可从几十厘米至数十米。二氧化碳气体激光器的输出功率与放电管长度成正比，通常每米长的管子，其输出功率平均可达40～50 W。为缩短空间长度，长的放电管可做成折叠式，折叠段之间用全反射镜来连接光路，如图5.5（b）所示。

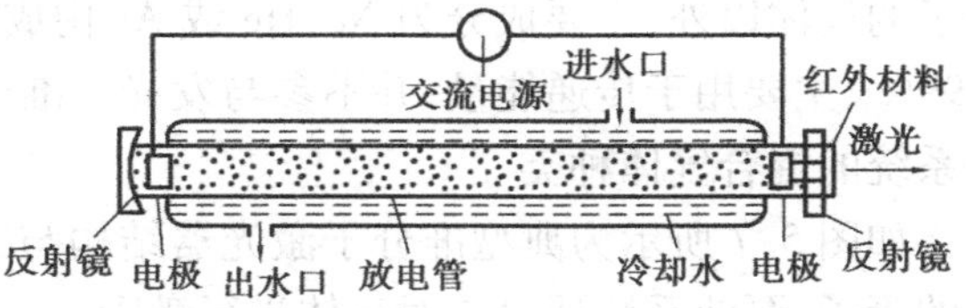

(a)

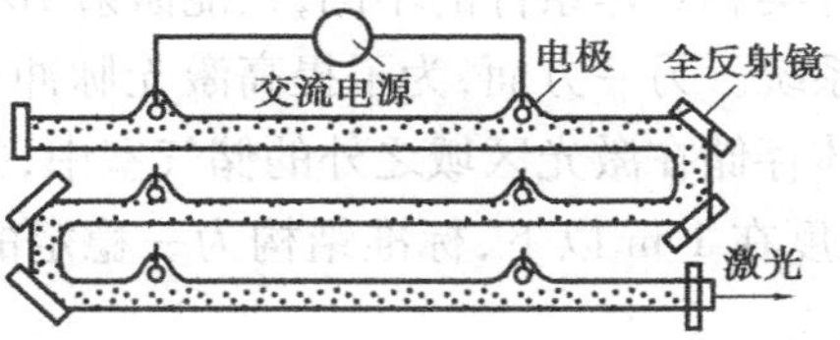

(b)

图5.5　二氧化碳激光器结构示意图

二氧化碳气体激光器的谐振腔多采用平凹腔，一般总以凹面镜作为全反射镜，而以平面镜作输出端反射镜。

二氧化碳激光器的激励电源可用射频电源、直流电源、交流电源及脉冲电源等，其中交流电源用得最为广泛。二氧化碳激光器一般都用冷阴极，常用电极材料有镍、钼和铝。由于镍发射电子的性能较好，溅射较小，而且在适当温度时还有使CO还原成CO_2分子的催化作用，有利于保持功率稳定和延长寿命，因此是目前最常用的电极材料。

②氩离子激光器

氩离子激光器是惰性气体氩（Ar）通过气体放电，使氩原子电离并激发，实现离子数反转

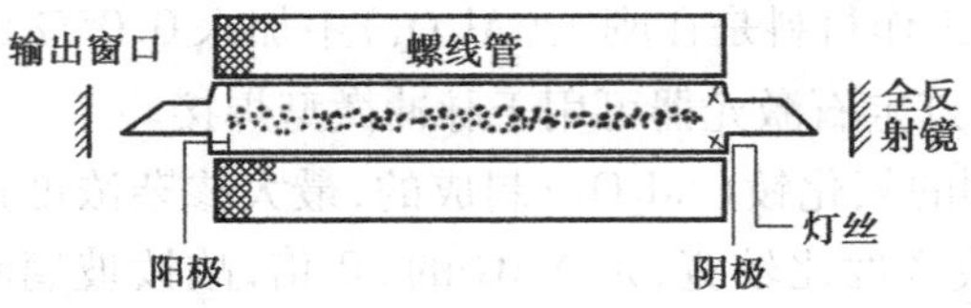

图 5.6　氩离子激光器

而产生激光,其结构示意图如图 5.6 所示。氩离子激光器发出的谱线很多,最强的是波长为 0.514 5 μm 的绿光和波长为 0.488 0 μm 的蓝光。因为其工作能级离基态较远,所以能量转换效率低,一般仅 0.05% 左右。通常采用直流放电,放电电流为 10 ~ 100 A。功率小于 1 W 时,放电管可用石英管;功率较高时,为承受高温而用氧化铍(BeO)或石墨环作放电管。在放电管外加一适当的轴向磁场,可使输出功率增加 1 ~ 2 倍。由于氩离子激光器波长短,发散角小,故可用于精密微细加工,如用于激光存储光盘基板蚀刻制造等。

③准分子激光器

所谓准分子(Excimer),是指一种只在激发态才能暂时结合成不稳定分子,而在正常的基态会迅速离解的不稳定缔合物。准分子激光的波长极短,聚焦光斑直径可达微米级,光束能量密度可达 $10^8 \sim 10^{10}$ W/cm^2。与利用热效应的 CO^2,YAG 等激光相比,准分子激光基本属于冷光源,从而在微细加工方面极具发展潜力。

准分子激光器是一种高压脉冲式气体激光器,其激活介质通常是多种不同混合气体构成的准分子系统,构成激光器的准分子系统的混合气体有多种类型,这些气体在泵浦作用下反应而形成受激分子态即准分子。目前,实用化激光器中多采用双原子稀有气体 R_2 * 和稀有气体卤化物 RX *(其中,R 表示稀有气体原子,X 表示卤素原子,* 表示准分子),工作压力分别为几兆帕和几百千帕。在稀有气体卤化物 RX 准分子系统中除了占比例很小的用于形成准分子的气体以外,主要成分为 Ne,He 或 Ar 构成的稀释或缓冲气体,占整个混合气体的 88% ~99%,主要用于传递能量,并不参与发光。准分子激光器的激射波长完全取决于构成准分子系统的混合气体种类。

如图 5.7 所示为典型准分子激光器结构与工作原理。准分子激光器有一根充有激活气体的管子,泵浦系统通过它对气体进行激励。一方面,由于激活气体在运行时要逐渐变质,视气体种类和具体条件的不同,只能激射 $10^6 \sim 10^8$ 次,因此,激光器均设有气体更换系统或净化处理系统。另一方面,为了提高激光脉冲重复率和输出功率,大多数准分子激光器将部分激活气体存储在激光区域之外的储气室中,并可通过循环系统流动。激光谐振腔设计成密封形式,长度在 1 m 以下,标准结构为一稳定的共振腔,由于增益高,这种腔能产生相当强的激射光束。

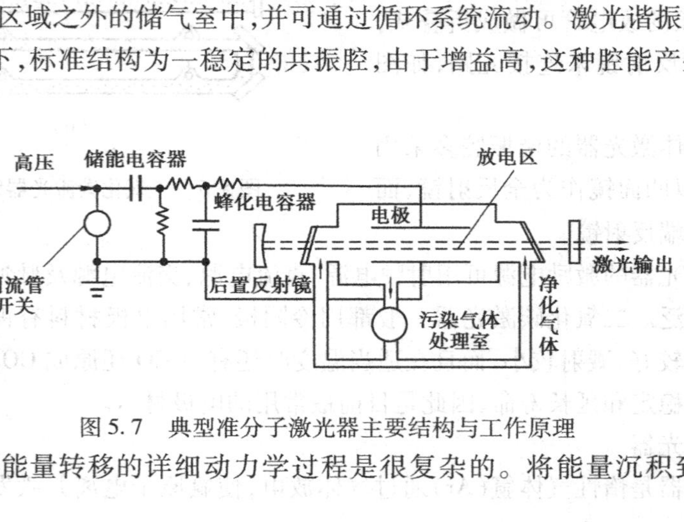

图 5.7　典型准分子激光器主要结构与工作原理

准分子激光器能量转移的详细动力学过程是很复杂的。将能量沉积到激活气体中的方法主要有电子束泵浦、放电泵浦、微波泵浦、质子束与光泵浦等。其中，最为常用的方法是放电泵浦，它虽然转换效率略低，但简单可靠，且可实现较高的激光脉冲重复率。电子束泵浦虽然电子能量转换成激光能量的效率高达5%，但电子束发生器较为复杂和昂贵，且自身效率较低，使总的电-光转换效率反而比放电泵浦更低，又不能在稍高的重复率下工作，但电子束泵浦可获得高达104 J的激光脉冲能量。微波泵浦的主要特点是可获得数百纳秒至微秒量级的宽脉冲激光，然而转换效率更低，目前仅达0.1%左右，且只能得到毫瓦级的激光输出。

5.2.3　激光加工工艺及应用

(1)激光打孔

用透镜将激光能量聚焦到工件表面的微小区域上，可使物质迅速汽化而成微孔。利用激光几乎可在任何材料上加工微细孔，目前已广泛应用于火箭发动机和柴油机的燃料喷嘴加工、化纤喷丝板喷丝孔、钟表及仪表中的宝石轴承打孔、金刚石拉丝模加工等方面。脉冲打孔还常用于微电子技术中，如在IC电路的芯片上或靠近芯片处打小孔，这些孔是用其他方法难以实现的。

激光打孔的效率极高，适合于自动化连续加工，加工的孔径可小于0.01 mm，深径比可达到50:1以上。例如，加工钟表行业红宝石轴承上的直径为ϕ0.12～ϕ0.18 mm、深0.6～1.2 mm的小孔，采用自动传送装置每分钟可完成数十个宝石轴承孔的加工。在ϕ100 mm的不锈钢喷丝板上加工10 000多个ϕ0.06 mm的小孔，采用数控激光加工，不到半天即可完成。

激光打孔的成型过程是材料在激光热源照射下产生的一系列热物理现象综合的结果，与激光束的特性和材料的热物理性质有关，主要受以下因素的影响：

1)输出功率与照射时间

激光的输出功率大、照射时间长时，工件所获得的激光能量也大。激光的照射时间一般为几分之一秒到几毫秒。当激光能量一定时，照射时间太长会使热量传散到非加工区，时间太短则因功率密度过高而使蚀除物以高温气体喷出，都会使能量的使用效率降低。

2)焦距与发散角

发散角小的激光束，经短焦距的聚焦物镜以后，在焦面上可获得更小的光斑及更高的功率密度。焦面上的光斑直径小，所打的孔也小，而且由于功率密度大，激光束对工件的穿透力也大，打出的孔不仅深，而且锥度小。

3)焦点位置

焦点位置对于孔的形状和深度都有很大影响，如图5.8所示。当焦点位置很低时(见图5.8(a))，透过工件表面的光斑面积很大，这不仅会产生很大的喇叭口，而且由于能量密度减小而影响加工深度。由图5.8(a)往图5.8(c)焦点逐步提高，孔深也增加，但如果焦点太高，同样会分散能量密度而无法加工下去。一般激光的实际焦点以在工件的表面或略微低于工件表面为宜。

4)光斑内的能量分布

激光束经聚焦后光斑内各部分的光强度是不同的。在基模光束聚焦的情况下，焦点的中心强度最大，离中心越远，光强度越小，能量是以焦点为轴心对称分布的，这种光束加工出的孔是正圆形的。当激光束不是基模输出时，其能量分布就不是对称的，打出的孔也必然是不

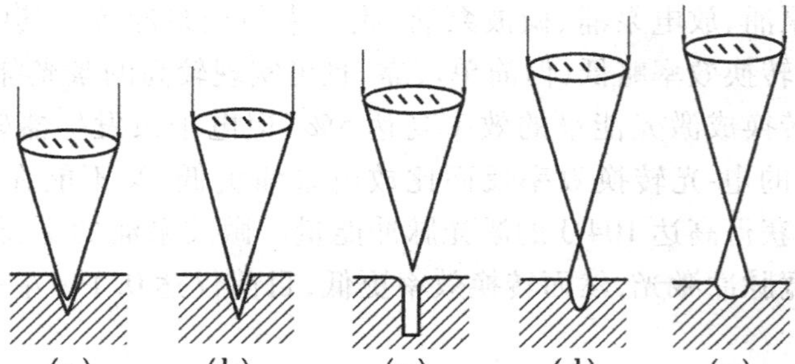

图 5.8　焦点位置与孔的剖面形状

对称的。激光在焦点附近的光强度分布与工作物质的光学均匀性以及谐振腔调整精度直接有关。如果对孔的正圆度要求特别高,就必须在激光器中加上限制振荡的措施,使它仅能在基模振荡。

5)激光的多次照射

用激光照射一次,加工的深度大约是孔径的5倍,而且锥度较大。如果用激光多次照射,其深度可大大增加,锥度可减小,而孔径几乎不变。但是孔的深度并不与照射次数成正比,而是加工到一定深度后,由于孔内壁的反射、透射以及激光的散射或吸收以及抛出力减小、排屑困难等原因,使孔的前端的能量密度不断减小,加工量逐渐减小,会导致无法继续加工。

6)工件材料

由于各种工件材料的吸收光谱不同,经透镜聚焦到工件上的激光能量不可能全部被吸收,而有相当一部分能量将被反射或透射而散失掉,其吸收效率与工件材料的吸收光谱及激光波长有关。对于高反射率和透射率的工件应作适当预处理,如打毛、黑化等,以增大其对激光的吸收效率。

如表5.1所示为用YAG激光进行打孔加工时的工艺参数。

表 5.1　YAG 激光打孔工艺参数

工件材料	加工孔直径/mm	加工深度/mm	加工时间/min			波长为10.6 μm的激光平均功率/W	最大加厚度/mm
			辅助吹氧	空气	辅助吹氩		
304 不锈钢	0.1 ~ 0.13	3.05	1.46	1.33	3.69	31	4.83
铍		1.24	4.63	3.41	0.56	24	5.03
3003 铝合金		1.65	很长	0.99	0.28	31	3.10
钨		0.84	0.32	0.27	1.34	31	2.54
钽		1.30	0.44	0.35	1.88	42	2.67
铜		2.54	1.63	1.01	很长	31	3.18
AZ31 镁合金		3.12	很长	12.50	0.36	42	3.12
铀		1.35	0.20	0.22	0.43	42	3.18

(2)激光切割

激光切割的原理与激光打孔基本相同。所不同的是,工件与激光束之间需要相对移动,通过控制两者的相对运动，即可切割出不同形状和尺寸的窄缝与工件。

激光切割大都采用重复频率较高的脉冲激光器或连续输出的激光器。但连续输出的激光束会因热传导而使切割效率降低，同时热影响层也较深。因此，在精密机械加工中，一般都采用高重复频率的脉冲激光器。YAG激光器输出的激光已成功地应用于半导体划片，重复频率为5～20 Hz，划片速度为10～30 mm/s，宽度为0.06 mm，成品率达99%以上，比金刚石划片优越得多，可将1 cm^2 的硅片切割成几十个集成电路块或几百个晶体管管芯。同时，YAG激光器还可用于化学纤维喷丝头的异形孔切割加工、精密零件的窄缝切割与划线以及雕刻等。激光切割可分为汽化切割、熔化切割和氧助燃切割等，其中以氧助燃切割应用最广。大量的生产实践表明，切割金属材料时，采用同轴吹氧工艺，可大大提高切割速度，而且表面粗糙度也将明显改善。切割布匹、纸张、木材等易燃材料时，则采用同轴吹保护气体（二氧化碳、氮气等），能防止烧焦和缩小切缝。由于激光对被切割材料几乎不产生机械冲击和压力，故适宜于切割玻璃、陶瓷和半导体等既硬又脆的材料。再加上激光光斑小、切缝窄，且便于自动控制，故更适宜于对细小部件进行各种精密切割。目前，应用激光切割技术几乎可完成各种材料的切割加工，如金属、合金、半导体、皮革、纸张、木材及布料等。

如表5.2和表5.3所示为采用 CO_2 激光器切割金属和非金属时的工艺参数。

表5.2　CO_2 激光切割金属工艺参数

工件材料	板厚 /mm	切割速度 /(m·min^{-1})	切口宽度 /mm	热影响层深度 /mm	激光功率 /kW	喷吹气体及压力 /MPa
轧制钢材	1.2	4.6	0.2	—	0.4	O_2 —
	2.2	5	0.43	0.07	0.9	O_2 0.15
	3.3	3.5	0.45	0.108	0.9	O_2 0.15
不锈钢	2	3	0.4	0.089	0.9	O_2 0.15
	6.35	0.51	0.2	0.05	1	—
	25.4	0.51	<2.5	—	12	惰性气体
镍基合金			表面　里面			
	0.76	10.16	0.25　0.25	—	0.75	O_2 0.7
	1.52	5.08	0.38　0.15	—	3	CO_2 1.4
	3.18	3.56	0.5　0.48	—	6	CO_2 2.1
钛	1.57	3.05	0.91　0.76	—	3	空气 1.4
	3.18	2.03	0.58　0.51	—	3	空气 1.4
	19	1.52	1.5　—	—	3	O_2 8.4
铝	1	6.35	—	—	3	O_2 —
	3.18	2.54	—	—	4	O_2 —
	12.7	0.76	—	—	5.7	O_2 —

表5.3 CO_2 激光切割非金属工艺参数

材料	厚度/mm	切割速度/(m·min⁻¹)	切口宽度/mm	功率/W	材料	厚度/mm	切割速度/(m·min⁻¹)	切口宽度/mm	功率/W
ABS 塑料	0.89	4.9	0.63	150	纸	0.28	12.2	0.13	80
ABS 塑料	2.54	1.8	0.63	150	纸	2.54	2.3	3.81	80
有机玻璃	1.27	3.0	0.38	80	聚乙烯	0.10	42.6	0.13	80
有机玻璃	3.17	3.2	0.51	200	聚酯胶片	0.038	146.3	0.13	80
有机玻璃	12.7	0.3	0.89	200	聚酯胶片	0.18	33.5	0.13	80
有机玻璃	25.4	0.08	1.52	200	聚丙烯	0.30	13.7	0.20	50
硬纸板	0.3	18.2	0.13	80	聚丙烯	3.30	0.7	0.38	70
棉纱网	0.15	73.1	0.25	80	聚乙烯/玻璃纤维复合材料	3.17	0.56	—	150
尼龙网	0.20	36.6	0.38	20	聚乙烯/玻璃纤维复合材料	2.79	0.35	—	150
纸	0.03	167.6	0.13	25	聚酯/玻璃纤维复合材料	3.20	0.12	1.01	200
纸	0.20	21.3	0.13	80					

(3)其他激光加工

1)激光焊接

与激光打孔、激光切割类似,激光焊接也是将激光束直接照射到材料表面,通过激光与材料相互作用,使材料内部局部熔化(这一点与激光打孔、切割时的蒸发不同)实现焊接的。激光焊接可分为脉冲激光焊接和连续激光焊接等;激光焊接按其热力学机制,又可分为激光热传导焊接和激光深穿透焊接等。

激光焊接与常规焊接方法相比具有以下特点:

①激光功率密度高,可对高熔点、难熔金属或两种不同金属材料进行焊接,对金属件板、丝,以及玻璃、硬质合金等材料的焊接都很出色。

②聚焦光斑小,加热速度快,作用时间短,热影响区小,热变形可忽略。

③脉冲激光焊接属于非接触焊接,无机械应力和机械变形,不受电磁场的影响,能透过透光物质对密封器内工件进行焊接。

④激光焊接装置容易与计算机联机,能精确定位,实现自动焊接。

激光焊接在微电子元件和集成电路中有很多应用,如微型电路(包括 IC 电路)元件的引线焊接和密封焊接等。

2)激光退火

激光退火是激光技术在半导体微细加工领域中的一种重要应用。所谓激光退火,就是用功率密度很高的激光束照射半导体表面,使其损伤区达到合适的温度,从而实现消除损伤的目的。根据激光工作方式不同,激光退火分为脉冲激光退火和连续激光退火两种。

与热退火相比,激光退火具有以下特点:

①激光退火操作简便,可在空气环境中进行,不需要真空系统,与超大规模集成电路(VL-

SI)工艺兼容性大。

②激光退火的时间极短，表面层不易沾污，而且易于获得高浓度的浅掺杂层。由于VLSI集成度的不断提高，在减小器件横间尺寸的同时，也需要相应地减小其纵向尺寸。激光退火适合于超浅结工艺加工，正好满足了这一要求。

③对表面加热可高度定域。激光退火只有退火相关区域才受到高温冲击，其余区域都处于低温甚至室温状态，因此几乎不产生变形，可提高VLSI的成品率。

④可提高器件性能。激光退火可使掺杂浓度超过固溶度，可做成超浅结，还可使掺杂原子的电激活率近于100%，这些都对器件性能的改进大有好处。

⑤可以提高集成密度、成品率和可靠性。如果采用微米甚至亚微米焦斑直径的激光束扫描，实现计算机控制的定域退火，就可更加精密、灵活地达到微电子和光电子器件制造的严格要求，使集成密度与器件性能都得以提高。

用脉冲激光对注入离子的薄膜多晶硅进行激光退火，可按要求精确控制杂质扩散，排除多晶硅热退火中出现的品粒界隙导致的远距离扩散的困扰，加上形成结的时候膜衬底不遭受高温冲击，激光退火对一些多晶硅薄膜器件的研制有特殊的应用价值。

激光退火还可用来清除衬底近表层由工艺过程引入的缺陷，由于掺杂浓度可超过平衡溶解度，薄层电阻可相应降低，这在一些半导体器件的研制中有明显的应用价值。

利用激光退火技术，只需常规的真空沉积设备在单晶硅基片上做成非晶硅淀积膜，然后再用脉冲激光退火，就可使非晶硅再生长转变成为单晶硅的外延膜。

此外，利用激光的加工技术还包括激光曝光、激光辅助沉积、准分子激光直写、激光冲击硬化法及激光清洗等。

5.3　电子束加工

电子束加工简称EBM(Electron Beam Machining)，就是在真空条件下，利用电子枪中产生的电子经加速、聚焦后产生的极细束流高速冲击到工件表面上极小的部位，使其产生热效应或辐射化学和物理效应，以达到预定工艺目的的加工技术。电子束加工主要用于打孔、切割、焊接及大规模集成电路的光刻加工等，在精密微细加工，尤其是在微电子学领域中应用广泛。

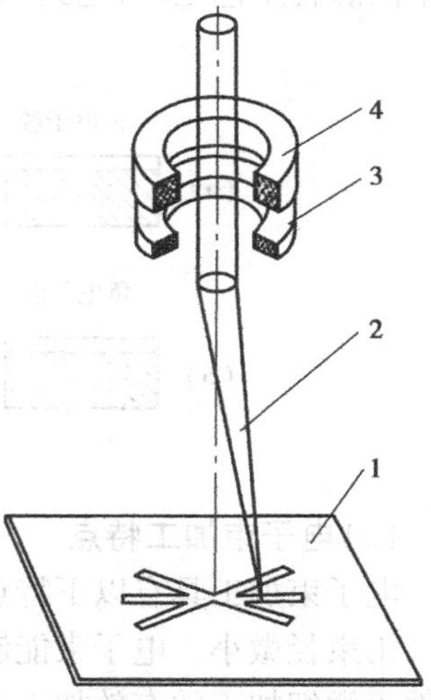

图5.9　电子束加工原理
1—工件；2—电子束；
3—偏转线圈；4—电磁透镜

5.3.1　电子束加工的原理及特点

(1)电子束加工原理

如图5.9所示为电子束加工原理示意图。根据电子束产生的效应，可分为电子束热加工和电子束非热加工两种。

通过控制电子束能量密度的大小和能量注入时间，就可达到不同的加工目的。如只使材料局部加热就可进行电子束热处理；使材料局部熔化就可进行电子束焊接；提高电子束能量密度,使材料熔化和汽化,就可进行打孔和切割等加工;利用较低能量密度的电子束轰击高分子材料时产生化学变化的原理,即可进行电子束光刻加工。

1)电子束热加工原理

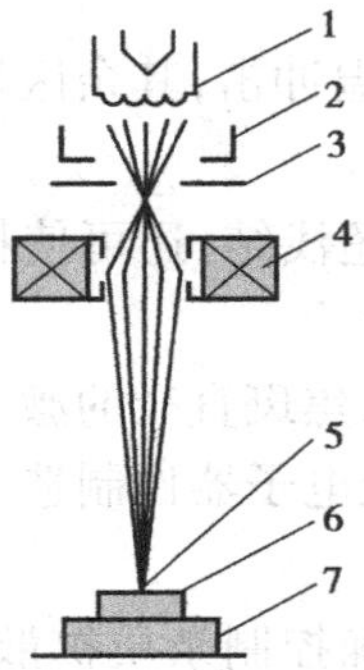

图 5.10　电子束热加工原理图
1—发射阴极;2—控制栅极;
3—加速阳极;4—聚焦系统;
5—电子束斑点;
6—工件;7—工作台

电子束热加工原理示意图如图 5.10 所示。通过加热发射阴极材料产生电子,在热发射效应下,电子飞离材料表面。在强电场(30～200 kV)作用下,电子经过加速和聚焦,沿电场相反方向运动,形成高速电子束流。

电子束通过一级或多级会聚后,形成高能束流,当它冲击工件表面时,电子的动能瞬间大部分转变为热能。由于光斑直径极小(其直径可达微米级或亚微米级),电子束具有极高的功率密度,可使材料的被冲击部位温度在几分之一微秒内升高到几千度,其局部材料快速汽化、蒸发,从而实现加工的目的。

2)电子束非热加工原理

电子束非热加工是基于电子束的非热效应,利用功率密度比较低的电子束和电子胶(电子抗蚀剂,由高分子材料构成)相互作用,产生的辐射化学或物理效应。当用电子束流照射这类高分子材料时,由于入射电子和高分子相互碰撞,使电子胶的分子链被切断或重新聚合而引起分子量的变化以实现电子束曝光。将这种方法与其他处理工艺联合使用,就能在材料表面进行刻蚀细微槽和其他几何形状。

其工作原理如图 5.11 所示。该类工艺方法广泛应用于集成电路、微电子器件、集成光学器件、表面声波器件的制作,也适用于某些精密机械零件的制造。通常是在材料上涂覆一层电子胶(称为掩膜),用电子束曝光后,经过显影处理,形成满足一定要求的掩膜图形,而后进行不同后置工艺处理,达到加工要求,其槽线尺寸可达微米级。

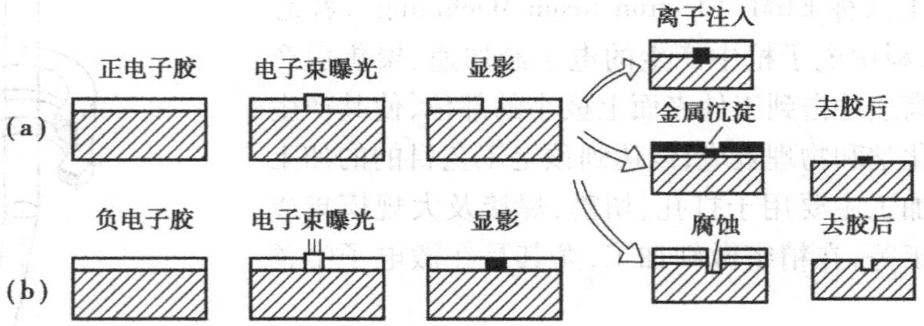

图 5.11　电子束非热加工原理图

(2)电子束加工特点

电子束加工具有以下特点:

①束径微小。电子束能够极其微细地聚焦,甚至能聚焦到 0.1 μm,是超小型元件或分子器件等微细加工的有效加工方法。此外,最小直径的电子束长度可达该电子束当时断面直径的几十倍以上,故能适用于深孔加工。用于切割加工时,切缝非常小,可节省材料。

②功率密度高。其能量高度集中,功率密度可达 10^9 W/cm^2 量级。能加工高熔点和难加

工材料,如钨、钼、不锈钢、金刚石、蓝宝石、水晶、玻璃、陶瓷及半导体材料等。

③可加工材料的范围广。电子束加工为非接触式加工,工件不受机械力作用,很少产生宏观应力变形,而且由于电子束可进行骤热骤冷(脉冲状加工),因此对非加工部分的热影响极小,提高了加工精度,对脆性、韧性、导体、非导体及半导体材料都可加工。

④加工效率高。电子束的能量密度高,因而加工生产率很高。如在 0.1 mm 厚的不锈钢板上穿微小孔可达 3 000 个/min,切割 1 mm 厚的钢板速度可达 240 mm/min。

⑤控制性能好。可通过磁场或电场对电子束的强度、位置、聚焦等进行直接控制,其控制性能十分优越,而且控制时其变化速度之快也是其他方法无法比拟的。特别是在电子束曝光中,从加工位置找准到加工图形的扫描,都可实现自动化。

⑥电子束加工温度容易控制。通过控制电子束的电压和电流值可改变其功率密度,进而控制加工温度,因此,通过电路控制可实现电子束瞬时通断,进行骤热骤冷操作。

⑦污染小。由于电子束加工是在真空中进行的,因而污染少,加工表面不会氧化。特别适用于加工易氧化的金属及合金材料以及纯度要求极高的半导体材料等。

电子束加工使用的高电压会产生较强 X 射线,必须采取相应的安全措施。此外,加工必须在真空中进行,需要一整套专用设备和真空系统,设备造价高,生产应用有一定局限性。

5.3.2　电子束加工装置

电子束加工装置主要由电子枪、真空系统、控制系统及电源等部分组成。其基本结构如图 5.12 所示。

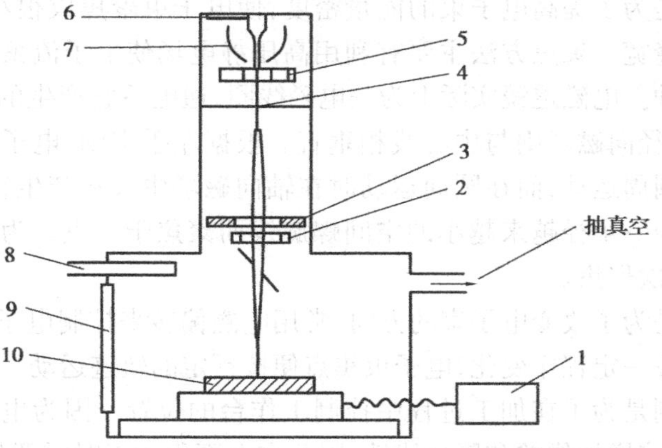

图 5.12　电子束加工装置结构示意图

1—工作台系统;2—偏转线圈;3—电磁透镜;4—光阑;
5—加速阳极;6—发射电子的阴极;7—控制栅极;
8—光学观察系统;9—带窗真空室门;10—工件

(1)电子枪

电子枪是获得电子束的装置,主要包括电子发射阴极、控制栅极和加速阳极等,如图 5.13 所示。阴极经电流加热发射电子,带负电荷的电子高速飞向阳极,在飞向阳极的过程中,经过加速极加速,又通过电磁透镜聚焦而在工件表面形成很小的电子束束斑,完成加工任务。

发射阴极一般用钨或钽制成。小功率时,用钨或钽做成丝状阴极,如图 5.13(a) 所示。

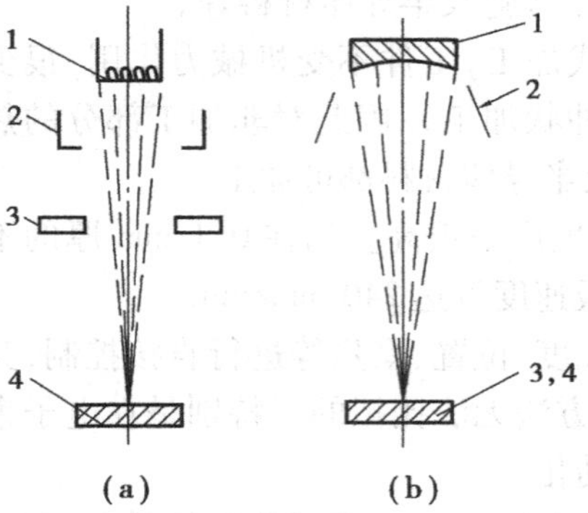

图 5.13 电子枪
1—发射电子的阴极；
2—控制栅极；3—加速阳极；4—工件

大功率时，用钽做成块状阴极，如图 5.13(b)所示。控制栅极为中间有孔的圆筒形，其上加以较阴极为负的偏压，既能控制电子束的强弱，又有初步的聚焦作用。加速阳极通常接地，而阴极接很高的负电压。通过上述装置，完成电子的发射、加速、聚焦，形成可满足工业应用的电子束流。

(2)真空系统

真空系统是为了保证在电子束加工时维持高真空度 $1.33\times10^{-4}\sim1.33\times10^{-2}$ Pa。因为只有在高真空中，电子才能高速运动。此外，加工时产生的金属蒸气也会影响电子发射，造成不稳定现象，因此，也需要不断地把加工中生产的金属蒸气抽出去。

真空系统一般由机械旋转泵和油扩散泵或涡轮分子泵两级组成。首先用机械旋转泵把真空室抽至 0.14～1.4 Pa，然后由油扩散泵或涡轮分子泵抽至 0.000 14～0.014 Pa 的高真空度。

(3)控制系统和电源

电子束加工装置的控制系统包括束流聚焦控制、束流位置控制、束流强度控制及工作台位移控制等。

束流聚焦控制是为了提高电子束的能量密度，使电子束聚焦成很小的束斑，基本上决定了加工点的孔径或缝宽。聚焦方法主要有利用高压静电场使电子流聚焦成细束和利用电磁透镜的磁场聚焦两种。电磁透镜实际上为一电磁线圈，通电后它产生的轴向磁场与电子束中心线相平行，端面的径向磁场则与中心线相垂直。根据左手定则，电子束在前进运动中切割径向磁场时将产生圆周运动，而在圆周运动时在轴向磁场中又将产生径向运动，故实际上每个电子的合成运动为一半径越来越小的空间螺旋线而聚焦于一点。为了消除像差和获得更细的焦点，常进行二次聚焦。

束流位置控制是为了改变电子束的方向，常用电磁偏转来控制电子束焦点的位置。如果使偏转电压或电流按一定程序变化，电子束焦点便按预定的轨迹运动。

工作台位移控制是为了在加工过程中控制工作台的位置。因为电子束的偏转距离只能在数毫米之内，过大将增加像差和影响线性，因此在大面积加工时需要控制工作台移动，并与电子束的偏转相配合。

由于电子束聚焦以及阴极的发射强度与电压波动有密切关系，电子束加工装置对电源电压的稳定性要求较高，因此常采用稳压设备。

5.3.3 电子束加工工艺及应用

根据功率密度和能量注入时间的不同，电子束加工可用于打孔、切割、蚀刻、焊接、热处理及光刻加工等。电子束在微细加工领域中的应用分类归纳如图 5.14 所示。

(1)电子束打孔

利用电子束可在不锈钢、耐热钢、宝石、陶瓷、玻璃等各种材料上加工小孔，电子束打孔的

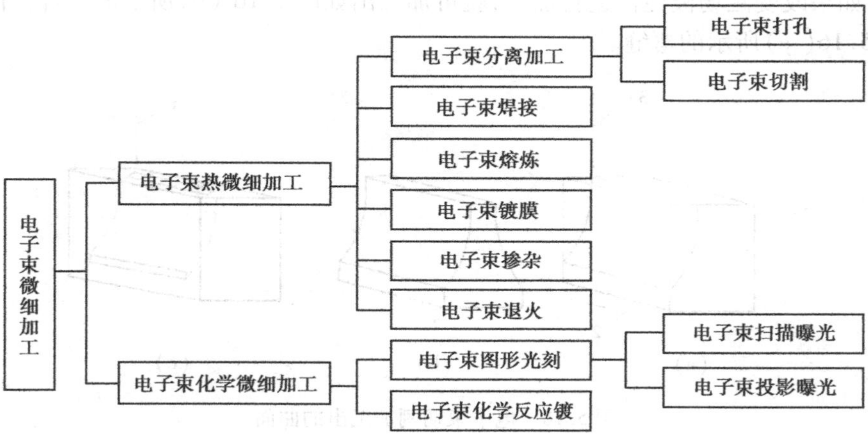

图5.14 电子束加工分类归纳

最小直径已可达 ϕ0.001 mm左右，而且还能进行深小孔加工，如孔径在0.5~0.9 mm时，其最大孔深已超过10 mm，即孔的深径比大于15∶1。

与其他微孔加工方法相比，电子束的打孔效率极高，通常每秒可加工几十至几万个孔。电子束打孔的速度主要取决于板厚和孔径。当孔的形状复杂时还取决于电子束扫描速度（或偏转速度）以及工件的移动速度。利用电子束打孔速度快的特点，可实现在薄板零件上快速加工高密度孔，这是电子束微细加工的一个非常重要的特点。电子束打孔已在航空航天、电子、化纤以及制革等工业生产中得到实际应用。

电子束在加工异形孔方面具有独特的优越性。为了使人造纤维具有光泽、松软有弹性、透气性好，喷丝头的孔形一般都是特殊形状的。如图5.15(a)所示为电子束加工的喷丝头异形孔截面；如图5.15(b)所示为工件不移动，通过控制电子束在磁场中偏转，加工出的入口为一个而出口有两个的弯孔。

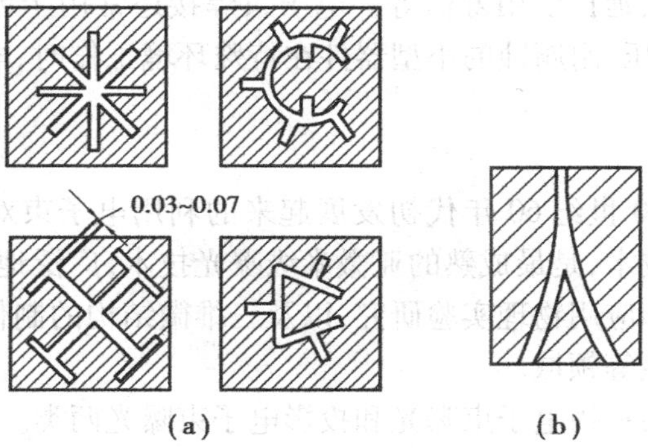

图5.15 电子束加工的异形孔

(2)电子束切割

利用电子束切割可以加工各种材料。通过控制电子速度和磁场强度，同时改变电子束和工件的相对位置，就可进行复杂曲面的切割和开槽，如图5.16所示。图5.16(a)是对长方形工件施加磁场之后，若一面用电子束轰击，一面依箭头方向移动工件所加工出的曲面。在上述基础上,如果改变磁场极性再进行加工,就可加工出如图5.16(b)所示的工件。同理,可加工出如图5.16(c)所示的弯缝。

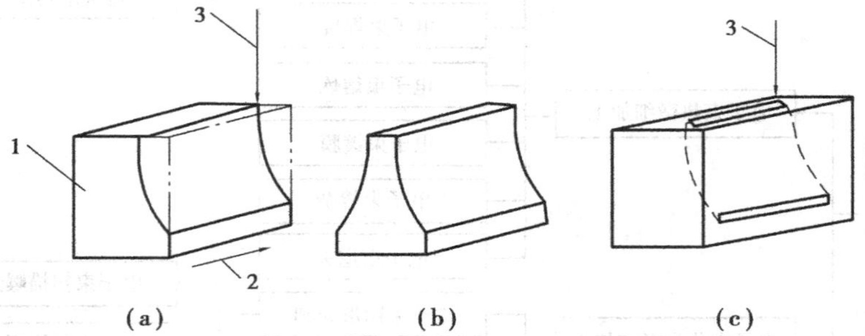

图5.16 电子束切割加工出的曲面

(3)电子束焊接

电子束焊接是利用电子束作为热源的一种焊接工艺。电子束微细焊接是电子束加工技术中发展最快、应用最广的一种,在焊接不同的金属和高熔点金属方面显示了很大的优越性,已成为工业生产中的重要特种工艺之一。

当高能量密度的电子束连续轰击焊件表面时,焊件接头处的金属迅速熔融,形成一个被熔融金属环绕着的毛细管状的熔池。如果焊件按一定速度沿着焊件接缝与电子束做相对移动,则接缝上的熔池由于电子束的离开而重新凝固,形成致密的完整焊缝。

由于电子束焊接对焊件的热影响小、变形小,可在工件精加工后进行焊接,而且能够实现异种金属焊接,在实际应用中可将复杂的工件分成几个零件,这些零件可单独使用最合适的材料,采用合适的方法来加工制造,最后利用电子束将其焊接成一个完整的零部件,从而获得理想的技术性能和显著的经济效益。电子束焊接在航空航天工业等取得了广泛的应用。例如,航空发动机某些构件(高压涡轮机匣、高压承力轴承等)可通过异种材料组合,使发动机在高速运转时,利用材料线膨胀系数不同,完成主动间隙配合,从而达到提高发动机性能、增加发动机推重比、节省材料、延长使用寿命等。电子束焊接还常用于传感器以及电器元器件的连接和封装,尤其一些耐压、耐腐蚀的小型器件在特殊环境工作时,电子束焊接具有更大的优越性。

(4)电子束曝光

电子束曝光技术是20世纪60年代初发展起来的利用电子束对微细图形进行直接描画或投影复印的图形加工技术,是最成熟的亚微米级曝光技术,广泛地用于微电子、光电子和微机械领域新器件的研制和应用物理实验研究,以及三维微结构的制作、全息图形的制作、诱导材料沉积和无机材料改性等领域。

电子束曝光主要分为扫描电子束曝光和投影电子束曝光两类。

扫描电子束曝光又称电子束线曝光。电子束扫描是将聚焦到小于1 μm的电子束斑在0.5~5 mm的范围内按程序扫描,可曝光出任意图形。早期的扫描电子曝光采用圆形束斑,为提高生产率又研制出方形束斑,其曝光面积是圆形束的25倍,后来发展的可变成型束斑,其曝光速度比方形束又提高两倍以上。扫描电子束曝光除了可直接描画亚微米图形之外,还可为光学曝光、电子束投影曝光制作掩膜,这是其得以迅速发展的原因之一。

投影电子束曝光又称电子束面曝光。首先制成比加工目标的图形大几倍的模板,再以

1/10 ~ 1/5 的比例缩小投影到电致抗蚀剂上进行大规模集成电路图形的曝光。利用该方法可在几毫米见方的硅片上安排十万个以上晶体管或类似的元件。投影电子束曝光技术既有扫描电子束曝光技术所具有的高分辨率的特点，又有一般投影曝光技术所具有的生产效率高、成本低的优点，是人们目前积极从事研究、开发的一种微细图形光刻技术。

人们对电子束曝光技术的研究主要集中在以下 3 个方面：

①追求高分辨率以制作特征尺寸更小的器件，主要用于电子束直接光刻方面。

②提高电子束曝光系统的生产率，以满足器件和电路大规模生产的需要。

③研究纳米级规模生产用的下一代电子束曝光技术（NGL），以满足 0.1 μm 以下器件生产的需要。

5.4　离子束加工

离子束加工简称 IBM（Ion Beam Machining），就是在真空条件下利用离子源（离子枪）产生的离子经加速、聚焦形成高能离子束流轰击工件表面，使材料变形、破坏、分离以达到加工的目的。其加工尺度可达分子、原子量级，是目前微细加工和精密加工领域中极有发展前途的加工方法，是现代纳米加工技术的基础工艺之一，必将成为未来的微细加工、亚微米加工甚至纳米加工的主流技术之一。

5.4.1　离子束加工的原理及特点

(1) 离子束加工原理

离子束加工是利用离子束对材料进行成型或表面改性的加工方法，原理与电子束加工基本类似，其与电子束加工的本质区别在于加速的物质是带正电的离子而不是电子。离子质量是电子的千万倍，当离子被加速到较高速度时具有比电子束大得多的撞击动能，因此，与电子束通过热效应进行加工不同，离子束加工主要是通过离子撞击工件材料引起的破坏、分离或直接将离子注入材料表面等机械作用进行加工的。

离子束加工的物理基础是离子束射到材料表面时所发生的撞击效应、溅射效应和注入效应。具有一定动能的离子斜射到工件材料（靶材）表面时，可将表面的原子撞击出来，这就是离子的撞击效应和溅射效应。如果将工件直接作为离子轰击的靶材，工件表面就会受到离子刻蚀（也称为离子铣削）。如果将工件放置在靶材附近，靶材原子就会溅射到工件表面而被溅射沉积吸附，使工件表面镀上一层靶材原子的薄膜。如果离子能量足够大并垂直工件表面撞击时，离子就会钻进工件表面，这就是离子的注入效应。

离子束加工按照其所利用的物理效应所达到目的的不同，可分为 4 类，即利用离子撞击和溅射效应的离子刻蚀、离子溅射沉积和离子镀，以及利用注入效应的离子注入。如图 5.17 所示为 4 种典型的离子束加工示意图。图 5.17(a) 是用能量为 0.5 ~ 5 keV 的氩离子轰击工件，将工件表面的原子逐个剥离，其实质是一种原子尺度的切削加工，故又称离子铣削，是一种典型的纳米加工工艺。图 5.17(b) 为离子溅射沉积的原理示意图，同样采用能量为 0.5 ~ 5 keV 的氩离子轰击某种材料制成的靶，离子将靶材原子击出，沉积在靶材附近的工件上，使工件表面镀上一层薄膜，是一种镀膜工艺。离子镀也称离子溅射辅助沉积，其原理示意图如

图5.17(c)所示,与离子溅射沉积不同的是在镀膜时同时轰击靶材和工件表面,以增强膜材与工件基材之间的结合力,也可将靶材高温蒸发,同时进行离子镀。图5.17(d)为离子注入的原理示意图,采用5~500 keV能量的离子束直接轰击被加工材料,由于离子能量相当大,轰击时就钻进被加工材料的表面层,工件表面层注入离子后,化学成分发生变化,从而表面层的机械物理性能得以改变,根据不同的目的,可选用不同的注入离子,如磷、棚、碳、氮等。

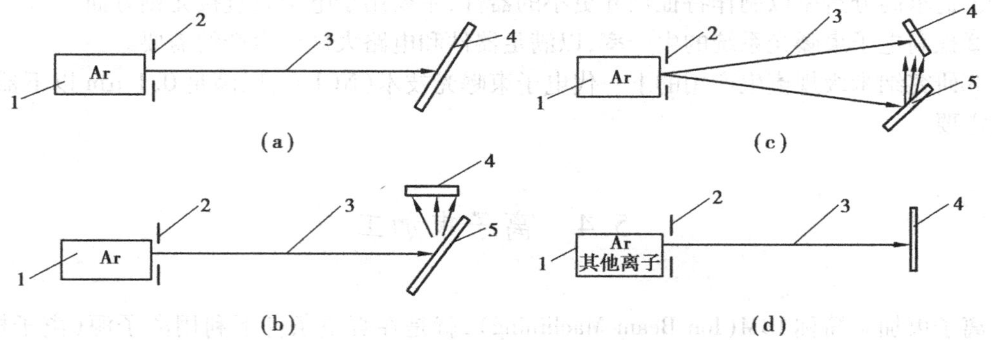

图5.17　各种离子束加工示意图

(a)离子刻蚀　(b)测射沉积　(c)离子镀　(d)离子注入

1—离子源;2—吸极(吸收电子,引出离子);3—离子束;4—工件;5—靶材

(2)离子束加工特点

①加工精度高,易于精确控制。由于离子束可通过电子光学系统进行精确的聚焦扫描,其束流密度及离子能量可精确控制,离子束轰击材料是逐层去除原子,因此离子刻蚀可达到纳米级的加工精度。离子镀膜可控制在亚微米级精度。离子注入的深度和浓度也可极精确地控制。因此,离子束加工是目前所有特种加工方法中最精密、最微细的加工方法,是当代纳米加工技术的基础技术之一。

②可加工的材料范围广泛。由于离子束加工是利用力效应原理,因此对脆性材料、半导体材料、高分子材料等均可加工。由于加工是在真空环境下进行的,污染小,故尤其适于加工易氧化的金属、合金和高纯度半导体材料。

③加工表面质量高。由于离子束加工是靠离子轰击材料表面的原子来实现的,是一种微观作用,宏观压力很小。因此,加工应力、热变形等极小,加工质量高,适合于对各种材料和低刚度零件的加工。

④离子束加工设备费用贵、成本高,加工效率较低,因此应用范围受到一定限制。

5.4.2　离子束加工装置

离子束加工装置与电子束加工装置类似,主要包括离子源、真空系统、控制系统及电源等部分。其主要的不同点表现在离子源系统。

离子源用以产生离子束流。产生离子束流的基本原理和方法是使原子电离。其具体办法是把要电离的气态原子(如氧等惰性气体或金属蒸气)注入电离室,经高频放电、电弧放电、等离子体放电或电子轰击,使气态原子电离为等离子体(即正离子数和负电子数相等的混合体)。用一个相对于等离子体为负电位的电极(吸极),就可从等离子体中引出离子束流,而后使其加速射向工件或靶材。对离子源的要求:首先,是离子束有较大的有效工作区,以满足实际加工的需要；其次，离子源的中性损失要小，因为中性损失是指通向离子源的中性气体未经电离而损失的那部分流量，其将直接给真空系统增加负担；最后，还要求离子源的放电损失小，结构简单，运行可靠等。只有研制出高性能的离子源才能获得各种高质量的微细和超微细加工效果。由于离子束微细加工的范围极广，不同的离子束微细加工技术，往往选用不同形式的离子源。按离子束的发射机理的不同，离子源可分为固体表面离子源、气体和蒸汽离子源（通常称为等离子体型离子源）和液态金属离子源等3大类型。如图5.18所示为考夫曼型离子源结构示意图。

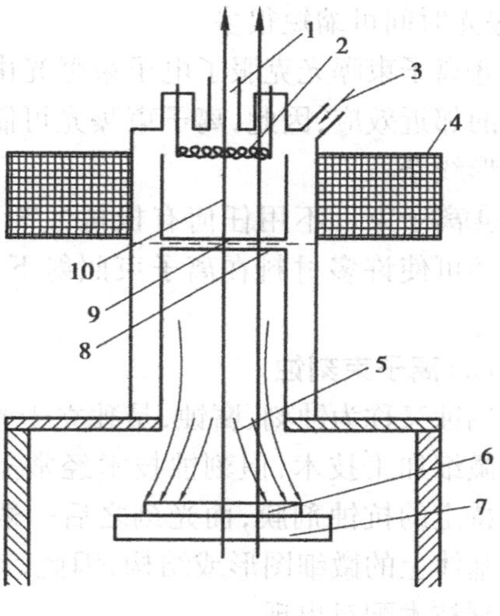

图5.18　考夫曼型离子源

1—真空抽气口；2—灯丝；3—惰性气体注入口；4—电磁线圈；5—离子束流；6—工件；7—阴极；8—引出电极；9—阳极；10—电离室

离子束微细加工技术通常有掩膜和聚焦两种方式，类似于电子束曝光技术中的扫描曝光（聚焦方式）和投影曝光（掩膜方式）。聚焦离子束（Focused Ion Beam，FIB）技术是一种十分灵活、用途广泛的微细、超微细加工技术。聚焦方式无须掩膜，但生产效率低。掩膜方式存在掩膜制造的困难和掩膜与加工兼容性之间的矛盾，但生产效率高。在聚焦离子束加工方式中采用液态金属离子源是很理想的，其优点是亮度高、束径小（近似于点发射）。而掩膜方式下必须采用平行离子束源，因此多采用固体源和气体源。聚焦离子束加工系统的结构原理图如图5.19所示。系统大体上可分为离子源、离子束聚焦/扫描系统和样品台3个主要部分。离子源位于整个系统的顶端，离子经过抽取、加速并通过位于离子柱腔体内的静电透镜、四极偏转透镜以及八极偏转透镜，形成很小的离子束斑，轰击位于样品台上的样品。

离子束加工装置中的主要系统是离子源，图5.18是考夫曼型离子源。

5.4.3　离子束加工工艺及应用

离子束加工技术首先在微电子器件制造中获得应用，其应用范围正在日益扩大、不断创新。目前，常用的离子束加工技术主要有离子束曝光、刻蚀、镀膜、注入、退火、打孔、切割及净化等。

(1) 离子束曝光

离子束曝光又称为离子束光刻，在微细加工领域中应用极为广泛。同电子束曝光相似，利用离子束流作为光源，对抗蚀剂进行曝光，从而获得微细线条的图形。由于离子束照射抗蚀剂并在其中沉积能量，使抗蚀剂起降解或交联反应，形成良溶胶或非溶凝胶，通过显影获得溶与非溶的对比图形是离子束曝光机理。

与电子束曝光技术相比，离子束曝光技术具有以下特点：

①离子的质量比电子大得多，而离子射线的波长又比电子射线的波长短得多，因此离子束曝光比电子束曝光可获得更高的分辨率。

②应用相同的抗蚀剂时，离子束曝光灵敏度比电子束曝光灵敏度可高出一到两个数量

级,曝光时间可缩短很多。

③离子束曝光克服了电子束曝光由电子散射而引起的邻近效应,因此,离子束曝光可制作十分精细的图形线条。

④离子束可不用任何有机抗蚀剂而直接曝光,而且还可使许多材料在离子束照射下,产生增强性腐蚀。

(2)离子束刻蚀

刻蚀又称为蚀刻、腐蚀,是独立于光刻的重要的一类微细加工技术,但刻蚀技术经常需要曝光技术形成特定的抗蚀剂膜,而光刻之后一般也要靠刻蚀得到基体上的微细图形或结构,因此,刻蚀技术经常与光刻技术配对出现。

微细加工中的刻蚀技术分为湿法刻蚀和干法刻蚀两类。湿法刻蚀包括湿法化学刻蚀和湿法电解刻蚀;干法刻蚀是利用高能束对基体进行去除材料的加工,包括以物理作用为主的离子束溅射刻蚀,以化学反应为主的等离子体刻蚀,以及兼有物理、化学作用的反应离子束刻蚀等。

1)离子束溅射刻蚀

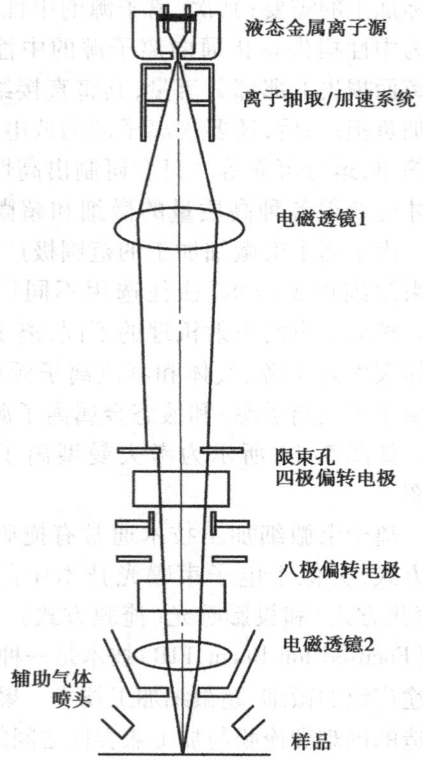

图5.19 聚焦离子束加工系统结构原理图

离子束溅射刻蚀是一个从工件上去除材料的撞击溅射过程。当离子束轰击工件,入射离子的动量传递到工件表面的原子,传递能量超过了原子间的键合力时,原子就从工件表面撞击溅射出来,从而达到逐个蚀除工件表面原子的目的。为了避免入射离子与工件材料发生化学反应,必须用惰性元素的离子。氩的原子序数高,且价格便宜,因此通常使用氩离子进行轰击刻蚀。由于离子直径很小,可认为离子束刻蚀的过程是逐个原子剥离的,因此刻蚀速度很低,剥离速度大约每秒一层到几十层原子。

根据从离子源引出的离子束是否聚焦,离子束溅射刻蚀又可分为聚焦方式离子束溅射刻蚀和掩膜方式离子束溅射刻蚀两类。聚焦离子束溅射刻蚀也称为无掩膜离子刻蚀,其特点是可以在精密控制下,驱动被聚焦到一定束斑尺寸的离子束进行无掩膜刻蚀加工。其缺点是刻蚀速度慢,并且整体设备复杂、昂贵。掩膜方式离子束溅射刻蚀不将离子束聚成细束,而使其投射在较广阔的加工面上,对工件进行一次性溅射刻蚀。当然,这种溅射刻蚀必须要有掩膜。投射离子束比聚焦离子束溅射刻蚀装置简单很多。掩膜方式离子束溅射的最大缺点是掩膜和被刻蚀区可能同时遭到刻蚀剥离。

影响离子束刻蚀的因素有很多,如靶材料、离子束种类、离子束能量、离子束入射角以及工作室的气氛和压强等。

离子束刻蚀不存在工具磨损、加工过程中无须润滑剂、也不需要冷却液,已经在高精度加工、表面抛光、图形刻蚀、电镜试样制备以及石英晶体振荡器、集成光学、各种传感器件的制作等方面发挥了重要作用。离子束刻蚀用于加工陀螺仪空气轴承和动压电机上的沟槽,分辨率高,精度、重复一致性好。加工非球面透镜能达到其他方法难以达到的精度。如图5.20所示为离子束加工非球面透镜的原理图,为了达到预定的要求,加工过程中透镜不仅要沿自身轴线回转,而且要做摆动运动。可用精确计算值来控制整个加工过程,或利用激光干涉仪在加工过程中边测量边控制形成闭环系统。由波导、耦合器和调制器等小型光学元件组合制成的光路称为集成光路,离子束刻蚀已开始用于制作集成光路中的光栅和波导。用离子束轰击已被磨光的玻璃表面时,能改变其折射率分布,使之具有偏光作用。玻璃纤维用离子束轰击后,可变为具有不同折射率的光导材料。离子束加工还能使太阳能电池表面具有非反射纹理表面。

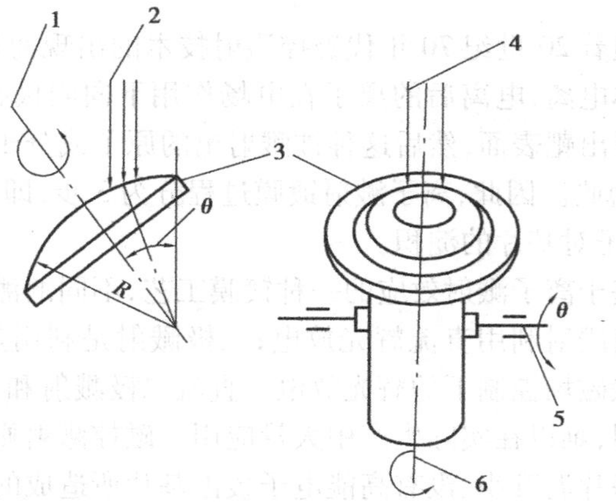

图5.20　离子束加工非球面透镜的原理

1—回转轴;2—离子束;3—工件;4—离子束;5—摆动轴;6—回转轴

离子束刻蚀应用的另一个主要方面是刻蚀高精度的图形。如在集成电路、声表面波器件、磁泡器件、光电器件及光集成器件等微电子学器件亚微米图形的加工中,往往要在基片表面加工出线宽不到3 μm的图形,并且要求线条侧壁光滑陡直,目前只能采用离子束刻蚀。离子束刻蚀可加工出小于10 nm的细线条,深度误差可控制到5 nm。

离子束刻蚀的主要优点如下:

①分辨率高,适于刻蚀精细图形。其刻蚀图形的精度仅仅取决于光刻和掩膜。

②无侧向腐蚀,图形边界清晰。离子束刻蚀是各向异性的,其垂直方向的刻蚀速率要比水平方向的大得多。离子束刻蚀大多是垂直轰击基片,一般不会产生侧向腐蚀现象。

③能够刻蚀金属、合金、绝缘体、有机物等各种材料。

④刻蚀图形壁角可以控制。用调节入射角和旋转基片的方法,可刻蚀出各种坡度的壁角和各种形状的槽底。

⑤离子束能量、束流密度、入射角和工作压强都可单独控制。这使刻蚀工艺具有很大的灵活性,能够适应各种要求。

但离子束刻蚀也存在效率较低、刻蚀机价格比较昂贵等缺陷,应视具体情况合理选用。

2)反应离子束刻蚀

反应离子束刻蚀(Reactive Ion Etching,RIE)是一种物理化学反应的刻蚀方法。将一束反应气体的离子束直接引向工件表面,发生反应后形成一种既易挥发又易靠离子动能而加工的产物,同时通过反应气体离子束溅射作用达到刻蚀的目的,是一种亚微米级的加工技术。

3)等离子体刻蚀

等离子体刻蚀(Plasma Etching)是一种以化学反应为主的刻蚀工艺(兼有物理作用和化学反应的反应离子束刻蚀也属于等离子体刻蚀范畴)。

等离子体刻蚀是集成电路制造中的关键工艺之一。其目的是完整地将掩膜图形复制到硅片表面,其范围涵盖前端 CMOS 栅极(Gate)大小的控制,以及后端金属铝的刻蚀。刻蚀设备的投资在整个芯片厂的设备投资中占 10% ~12%,其工艺水平将直接影响到最终产品质量及生产技术的先进性。

(3)离子溅射镀膜

离子溅射镀膜是随着 20 世纪 70 年代磁控溅射技术的出现而进入工业应用的,其原理是使真空室内的剩余气体电离,电离后的离子在电场作用下向阴极靶加速运动,入靶离子将靶材料的原子或分子溅射出靶表面,然后这种被溅射出的原子或分子以从靶中退出的能量淀积在基片(阳极)上形成薄膜。因此,离子溅射镀膜过程分为 3 步,即离子的产生、离子对靶的轰击溅射、靶材料溅射粒子对基片的淀积。

离子溅射镀膜是基于离子溅射效应的一种镀膜工艺,不同的溅射技术所采用的放电方式是不同的。如直流二极溅射利用直流辉光放电;三极溅射是利用热阴极支持的辉光放电;而磁控溅射则是利用环状磁场控制下的辉光放电。直流二极溅射和三极溅射由于生产率低、等离子体区不均匀等原因,难以在实际生产中大量应用。磁控溅射则具有高速、低温、低损耗等优点,即镀膜速度快、基片温升小、没有高能电子轰击基片所造成的损伤。

离子溅射镀膜工艺适用于合金膜和化合物膜等的镀制。在各种镀膜技术中,溅射沉积最适合于镀制合金膜,具体方法有多靶溅射、镶嵌靶溅射和合金靶溅射 3 种,均采用直流溅射,且只适合于导电的靶材。化合物膜通常是指由金属元素的化合物镀成薄膜,镀膜方法包括直流溅射、射频溅射和反应溅射等 3 种。

离子溅射镀膜可用于刀具、齿轮、轴承等的镀膜以及制造零件等。例如,用磁控溅射在高速钢刀具上镀氮化钛(TiN)硬质膜,可显著提高刀具的寿命。由于氮化钛具有良好的导电性,可采用直流溅射,直流磁控溅射的镀膜速度可达 300 mm/min。镀膜过程中,氮化钛膜的色泽逐渐由金属光泽变成明亮的金黄色。再如,在齿轮的齿面和轴承上可采用离子溅射镀制二硫化钼(MoS_2)润滑膜,其摩擦因数可达 0.04。溅射时,采用直流溅射或射频溅射,靶材是用二硫化钼粉末压制成型。为得到晶态薄膜,必须严格控制工艺参数。离子溅射还可用以制造薄壁零件,其最大特点是不受材料限制,可制成陶瓷和多元合金的薄壁零件。例如,某零件是直径为 15 mm 的管件,壁厚 63.5 μm,材料为 10 元素合金,其成分为 Fe-Ni42%-Cr5.4%-Ti2.4%-Al0.65%-Si0.5%-Mn0.4%-Cu0.05%-C0.02%-S0.008%。先用铝棒车成芯轴,而后镀膜,完成后用氢氧化钠水溶液将铝芯全部溶蚀,即可取下零件。

(4)离子镀

离子镀是在真空镀膜和溅射镀膜的基础上发展起来的一种镀膜技术。离子镀时工件不仅接受靶材溅射来的原子,还同时受到离子的轰击,这使离子镀具有许多独特的优点。

离子镀膜附着力强、膜层不易脱落。首先是由于镀膜前离子以足够高的动能冲击基体表面,清洗掉表面的沾污和氧化物,从而提高了工件表面的附着力。其次是镀膜刚开始时,由工件表面溅射出来的基材原子有一部分会与工件周围气氛中的原子和离子发生碰撞而返回工件。返回工件的原子与镀膜的膜材原子同时到达工件表面,形成了膜材原子和基材原子的共混膜层。最后随膜层的增厚,逐渐过渡到单纯由膜材原子构成的膜层。混合过渡层的存在,可减少由于膜材与基材两者膨胀系数不同而产生的热应力,增强了两者的结合力,使膜层不易脱落,镀层组织致密,针孔气泡少。

用离子镀的方法对工件镀膜时,其绕射性好,使基板所有暴露的表面均能被镀覆。因为蒸发物质或气体在等离子体区离解而成为正离子,这些正离子能随电力线而终止在负偏压基片的所有边。离子镀的可镀材料广泛,可在金属或非金属表面上镀制金属或非金属材料,各种合金、化合物、某些合成材料、半导体材料、高熔点材料均可镀覆。离子镀技术已用于镀制润滑膜、耐热膜、耐蚀膜、耐磨膜、装饰膜及电气膜等。例如,离子镀装饰膜用于工艺美术品的首饰、景泰蓝,以及金笔套、餐具等的修饰上,其膜厚仅为1.5～2 μm。

用离子镀膜代替镀硬铬,可减少镀铬公害。厚2～3 μm的氮化钛膜可代替20～25 μm的硬铬镀层。用离子镀方法在切削工具表面镀氮化钛、碳化钛等超硬层,可提高刀具的耐用度。

常用的离子镀是以蒸发镀膜为基础的,即在真空中使被蒸发物质汽化,在气体离子或被蒸发物质离子冲击作用的同时,把蒸发物蒸镀在基体上。如图5.21所示为空心阴极放电离子镀装置示意图,应用空心阴极放电技术,采用低电压(几十伏)、大电流(100 A左右)的电子束射入坩埚,加热蒸镀材料并使蒸发原子电离,把蒸镀材料的蒸发与离子化过程结合起来,使离子化率高达22%～40%,是一种镀膜效率高、膜层质量好的方法。

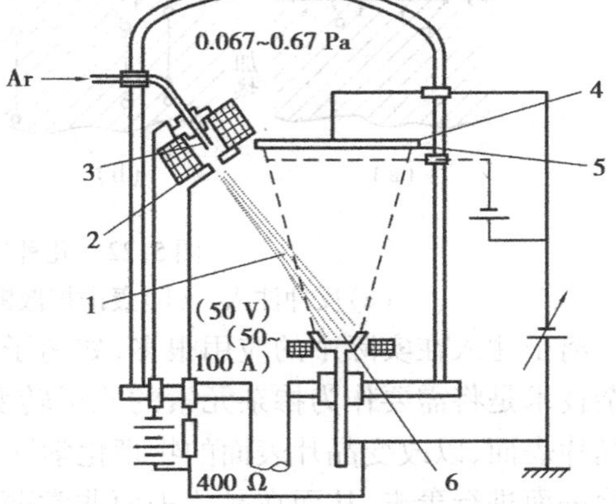

图5.21　空心阴极放电离子镀装置示意图
1—电子束;2—电子枪;3—空心阴极;
4—基板台;5—基板;6—蒸发物

(5)离子注入

离子注入是将工件放在离子注入机的真空靶中,在几十至几百千伏的电压下把所需元素的离子直接注入工件表面。该方法不受热力学限制,可注入任何离子,且注入量可精确控制。注入的离子被固溶在工件材料中,含量可达10%～40%,注入深度可达1 μm甚至更深。

离子注入工艺比较简单,主要工序为开动离子注入机,调节参数以得到所需离子种类及价态稳定的离子束流,并使其具有足够的束流强度。再将工件固定在靶室内,将靶室抽到 1.3×10^{-4} Pa以上的真空度,然后打开注入机与靶室之间的阀门,将调好的离子束流均匀地入射到工件表面。离子注入工艺所需控制的参数主要有靶室真空度、束流强度、注入时间(由注入时间和流束强度可算出注入剂量)、离子种类和价态、注入机所加的电压以及注入时工件的湿度等。

由于离子注入本身属于一种非平衡技术,可形成与溶解度及扩散性无关的表面合金,可方便地制备出具有确定成分的表面合金。因此,离子注入可作为分析检验合金表面状态与各种合金成分关系的研究方法。不管基体性能如何,可其使表面性能优化,而且可在低温注入而不产生明显的尺寸改变。利用离子注入制造的表面合金没有黏着问题。离子注入的一个根本性缺点在于它是一个直线轰击表面的过程,不适合处理复杂的凹入的表面样品。离子注入的优点主要体现在:可超过固溶浓度的极限,可制备与扩散无关的合金,可在常温过程中使用,不牺牲整体性能,没有显著的尺寸变化,可控制注入离子的浓度与深度,可重复性好。但也存在着诸如穿透浅、需要瞄准以及设备与工艺费用较贵等局限性。

常规的离子注入是用带能离子本身打进材料表面的,除此之外,还有如图 5.22 所示的几种变异工艺方法。反冲注入法先将希望引进的元素镀在基片上,然后用其他离子轰击镀层、使镀层元素反冲到基体中去,如图 5.22(a)所示。与反冲注入法相比,轰击扩散镀层附有加热装置,可同时有热扩散效应,使离子渗入更深,如图 5.22(b)所示。如图 5.22(c)所示的动态反冲法是一面将元素溅射到基片表面,一面用离子轰击镀层。如图 5.22(d)所示离子束混合是将元素 A 和 B 预先交替镀在基片上,组成多层薄膜(每层约 10 nm),而后用 Xe 离子轰击,使其混合成均匀膜层,该方法可用于制造非晶态合金。

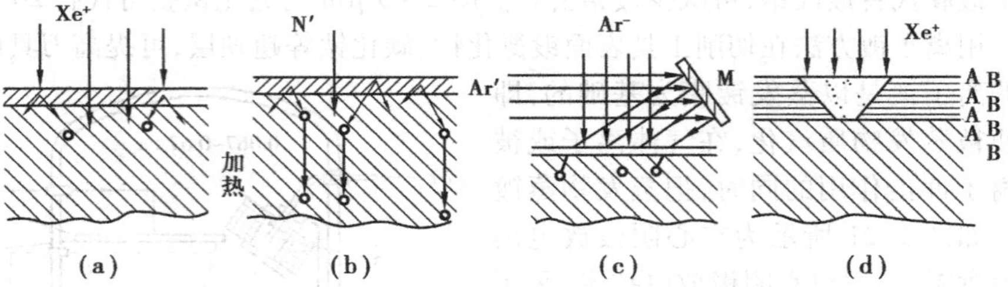

图 5.22　几种变异的离子束注入方法

(a)反冲注入　(b)轰击扩散镀层　(c)动态反冲　(d)离子束混合

离子注入在实际中的应用很多,如离子注入掺杂技术、离子注入成膜技术等。离子注入掺杂技术是将需要作为掺杂元素的原子转变为离子,并将其加速到一定能量之后,注入半导体晶片表面,以改变晶片表面的物理化学性质。实际上是利用具有一定能量的掺杂离子束对晶片表面进行轰击,从而在晶片表面非常薄的一层表面层内产生高浓度的空位,使掺杂离子进行快速扩散,形成所需的杂质掺杂区域的过程。离子注入掺杂技术广泛应用于半导体制造方面,是用棚、磷等“杂质”离子注入半导体,用以改变导电形式(P 型或 N 型)和制造 PN 结,以及制造一些通常用热扩散难以获得的各种特殊要求的半导体器件。由于离子注入的数量、PN 结的含量、注入的区域都可以精确控制,因此成为制作半导体器件和大面积集成电路生产中的重要手段。

离子注入成膜技术是在微电子技术等领域中获得应用的技术,是在离子注入掺杂技术的基础上发展起来的一种新型的薄膜制备加工技术。当注入固体的离子浓度很大,以致接近基片物质的原子密度时,由于受到基片物质本身固溶度的限制,将有过剩的原子析出来。这时注入离子将和基片物质元素发生化学反应,形成化合物薄膜。

利用离子注入可以改变金属表面的物理化学性能,制得新的合金,从而改善金属表面的抗腐蚀性能、抗疲劳性能、润滑性能和耐磨性能等。如将 W 注入低温的 Cu 靶中,可得到W-Cu 合金;把 Cr 注入 Cu,能得到一种新的亚稳态的表面相,从而改善了材料耐腐蚀性能;在低碳钢中注入 N,B,Mo 等,则在磨损过程中,表面局部温升形成温度梯度,使注入离子向衬底扩散,不断在表面形成硬化层,从而提高了材料的耐磨性;在纯铁中注入 B,其显微硬度可提高 20%以上;把 C^+,N^+ 注入碳化钨中,可显著改善材料的润滑性能,从而大大延长其工作寿命。

此外,离子注入在光学方面可以制造光波导。例如,对石英玻璃进行离子注入,可增加折射率而形成光波导。还用于改善磁泡材料性能、制造超导性材料,如在银线表面注入锡,则可在表面生成具有超导性 Nb_3Sn 层的导线。

5.5　水射流加工技术

水射流是由喷嘴流出的不同形状的高速水流束，其流速取决于喷嘴出口直径及压力差。水射流加工(Water Jet Machining，WJM)又称为超高压水射流加工、液力加工、水喷射加工或液体喷射加工，俗称“水刀”，主要靠液流能和机械能实现材料加工。即运用液体增压原理，通过特定的装置(增压口或高压泵)，将动力源(电动机)的机械能转换成压力能，具有巨大压力能的水在通过小孔喷嘴(又一换能装置，将压力能转变成动能)，从而形成一束从小口径孔中射出的高速水射流作用在材料上，通过将水射流的动能变成去除材料的机械能，对材料进行清洗、剥层、切割的加工技术。

早在19世纪70年代左右，人们在生产过程中就开始利用高压水用来开采金矿、剥落树皮。第二次世界大战期间，飞机运行中“雨蚀”使雷达舱破坏的现象启发了人们的思维。20世纪50年代，苏联人提出了高压水射流切割的可能性，但第一项切割技术专利却产生于美国，即1968年由美国密苏里大学林学教授诺曼·弗兰兹博士获得。随着研究进展，美、英、日和苏联等国研制出了既实用又耐久性好的高压水发生装置(包括高压密封装置)，并于1971年制造出了世界上第一台高压纯水射流切割设备并用于家具制造中的切割加工。

在显示出水射流切割的独特优点的同时，鉴于纯水型的切割能力有限，可切割加工的材料受到限制，故20世纪80年代初开始研究在水中加入磨料的水射流加工技术，而且取得了迅速的进展。1982年第一台高压加磨料(即挟带式)水射流切割设备诞生，使得切割各种金属和陶瓷等硬质材料成为可能，从而引起工业界对水射流切割技术的重视。

其后，英国流体力学研究协会(BHRA)又在此基础上开发低压加磨料水射流技术。1990年，该协会下属的 Fluid Developments 公司正式推出低压加磨料型二轴数控水射流切割机，该技术被认为是目前水射流切割法中最有效的。

1993年中，我国经过一段时间的开发，正式推出国产高压(最大水压为392 MPa)加磨料型水射流切割设备并开始销售。

水射流加工起初用在大理石、玻璃等非金属材料的加工，现在已发展成为可用于切割复杂三维形状的工艺方法。水射流加工属“绿色”加工方法，在国内外得到了广泛的应用。近年来，水射流加工技术和设备的应用遍及工业生产和人们生活各个方面。许多大学、公司和工厂竞相研究开发，新思维、新理论、新技术不断涌现。目前，水射流加工技术已在数十个国家几十个行业应用，尤其是在航空航天、舰船、军工、核能等高、尖、难技术上更显优势。

5.5.1　水射流加工原理及特点

(1)水射流加工原理

如图5.23所示给出了水射流加工系统构成与工作原理示意图，储存在水箱中的水或加入添加剂的水液体，经过过滤器处理后，由水泵抽出送至蓄能器中，使高压液体流动平稳。液压机构驱动增压器，使水压增高到70～400 MPa。高压水经控制器、阀门和喷嘴喷射到加工部位进行切割，产生的切屑和水一起排入水槽。

水射流加工是利用高速水流对工件的冲击作用来去除材料的,大体可分为以下两个过程:

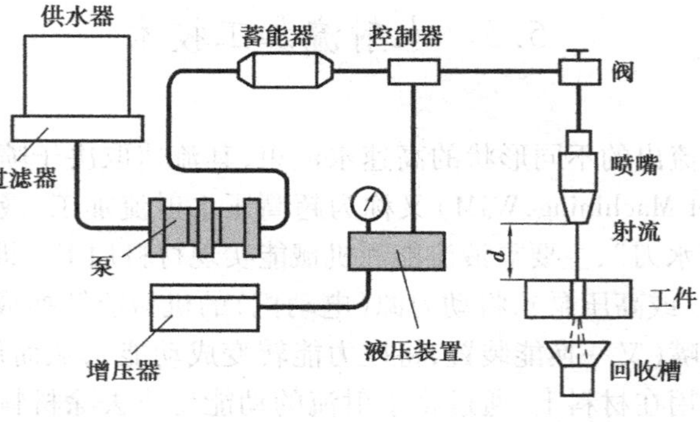

图 5.23　水射流加工系统构成及工作原理示意图

1)射流液滴与材料的相互作用过程

射流液滴接触到物体表面时,速度发生突变,导致液滴状态、内部压力及接触点材料内应力场也发生突变。在液/固接触面上存在着极高的压应力区域,对材料的破坏过程起着重要的作用。当液滴作用于物体表面时,在冲击的第一阶段射流保持平坦,液/固边缘的液体可自由径向流动。在高速射流冲击下,材料表面受冲击区处的中心产生微变形,从而形成突增的局部压力(即水锤压力)。

液滴的中心则在强大的水锤压力下处于受压状态。随着液/固边缘液体的径向流动,流体压力得到释放。同时,压缩波由液/固接触面边缘向中心传播。当其达到中心后,物体表面的压力全部从最高压力降至冲击液滴的滞止压力,液体内部的受压状态消失。上述作用过程取决于液滴的大小及压缩波的传递速度,维持的时间极短,仅是微秒量级。在此过程中液滴内部压力随时间波动,液滴与材料相互作用过程的最高压力维持时间也很短(1 ~2 μs) ,它同射流压力、射流结构及压缩波速度有关。

2)材料的失效过程

在高速射流冲击下,造成材料失效的首要因素是射流冲击力;此外,材料的力学性能(抗拉、抗压强度)、结构特性(微观裂缝、孔隙率等)以及液体对材料的渗透性等也是影响材料失效速度的重要因素。射流作用的初始阶段,施加在材料表面极小区域内的水射流产生极高的压强,材料受到切应力的作用发生变形。当切应力达到临界值时,导致材料失效。这一过程的特征是材料微粒在射流或磨料的冲击下迅速自本体分离。

随着高压射流对材料的穿透,流体深入微小裂缝和微小孔隙等材料缺陷处,降低了材料的强度,并在材料内部造成了瞬时的强大压力, 造成裂缝数量的增加与扩展。当作用力超过材料的强度时,导致一些微粒从大块材料上破裂出来,并最终导致材料失效。

材料的破坏形式大致可分为两类:一是以金属为代表的延展性材料在切应力作用下的塑性破坏;二是以岩石为代表的脆性材料在拉应力或应力波作用下的脆性破坏。有一些材料在破坏过程中,两种破坏形式会同时发生。

(2)水射流加工特点

水射流加工是目前世界上先进的加工工艺方法之一,可加工各种金属、非金属材料,各种硬、脆、韧性材料,尤其在石材加工等领域具有其他工艺方法无法比拟的技术优势。

与其他高能束流加工技术相比,水射流加工技术特点鲜明突出,具有独特的优越性。

①水射流是一种冷加工方式,加工过程无热量产生,加工时工件材料不会受热变形,加工表面不会出现热影响区,几乎不存在机械应力与应变,切割缝隙及切割斜边都很小,切口平整,无毛刺,无浮渣,无须二次加工,切割品质优良。所使用的水可循环利用,成本低。

②加工过程中,作为“刀具”的高速水流不会变“钝”,各个方向都有切削作用,切削过程稳定。

③清洁环保无污染。在切割过程中不产生弧光、灰尘及有毒气体,操作环境整洁。

④切割加工过程中,温度较低,无热变形、烟尘、渣土等,加工产物随液体排出,可用于加工木材、纸张等易燃材料及制品。

⑤加工开始时不需退刀槽、孔,工件上的任何位置都可作为加工开始和结束点。

⑥液力加工过程中,“切屑”混入液体中,不存在灰尘,不存在爆炸或火灾危险。

对某些材料,夹裹在射流束中的空气将增加噪声,噪声随压射距离的增加而增加,可通过在液体中加入添加剂或调整到合适的正前角的方法降低噪声。

目前,超高压水射流加工存在的主要问题是喷嘴成本较高,使用寿命、切割速度和精度仍有待进一步提高。

5.5.2　水射流加工设备

通常情况下,数控超高压水射流加工设备都是根据具体要求设计制造的,主要由增压系统、切割系统、控制系统、过滤设备和机床床身等部分构成。

(1)增压系统

增压系统主要包括增压器、控制器、泵、阀及密封装置等。增压器是液压系统中重要的设备,要求增压器使液体的工作压力达到 100 ~ 400 MPa,以保证加工的需要。由于增压器工作压力高出普通液压传动装置液体工作压力的 10 倍以上,因此系统中的管路和密封是否可靠,对保障切割过程的稳定性、安全性具有重要意义。对于增压水管采用高强度不锈钢厚壁无缝管或双层不锈钢管,接头处采用金属弹性密封结构。

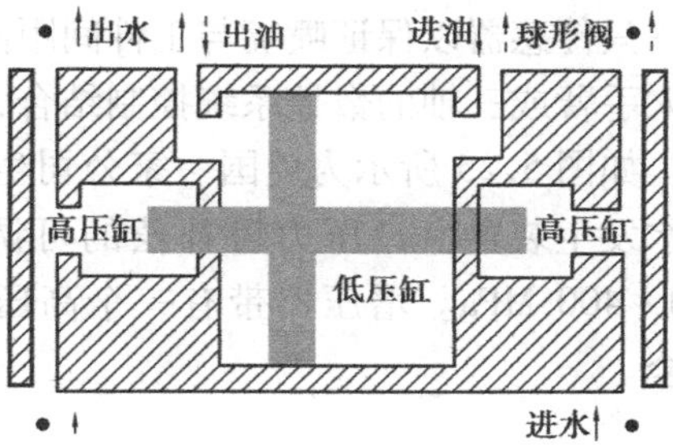

图 5.24　增压器工作原理

如图 5.24 所示,增压器是利用大活塞与小活塞面积之差来实现增压效果的。理论上,大活塞面积($A_{大}$),油压($P_{油}$),小活塞面积($A_{小}$),水压($P_{水}$)之间满足关系

$$A_{大} \times P_{油} = A_{小} \times P_{水}$$

由此可得

$$P_{水} = A_{大} / A_{小} \times P_{油}$$

式中,$A_{大}/A_{小}$(即大活塞与小活塞面积之比)称为增压比,通常为 10:1 ~ 25:1。由此,增压器输出高压水压力可达 100 ~ 750 MPa。

(2)切割系统

喷嘴是切割系统最重要的零件。喷嘴应具有良好的射流特性和较长的使用寿命。喷嘴的结构取决于加工要求,常用的喷嘴有单孔和分叉孔两种。

喷嘴的直径、长度、锥角及孔壁表面质量对加工性能有很大影响,通常要根据工件材料合理选择。喷嘴的材料应具有良好的耐磨性、耐腐蚀性和承受高压的性能。

常用的喷嘴材料有硬质合金、蓝宝石、红宝石及金刚石。其中,金刚石喷嘴的寿命最高,可达 1 500 h,但加工困难、成本高。此外,喷嘴位置应可调,以适应加工的需要。

影响喷嘴使用寿命的因素较多,除了喷嘴结构、材料、制造、装配、水压、磨料种类以外,提高水介质的过滤精度和处理质量,将有助于提高喷嘴寿命。通常,水的 pH 值为 6 ~ 8, 精滤到 0.1 μm 以下。另外,选择合适的磨料种类和粒度,对提高喷嘴的使用寿命也至关重要。

(3)控制系统

可根据具体情况选择机械、气压和液压控制。工作台应能纵、横向灵活移动,适应大面积和各种型面的加工需要。因此,适宜采用程序控制和数字控制,已经应用的程序控制液体加工机,主作台尺寸为 1.2 m×1.5 m,移动速度为 380 mm/s。

(4)过滤设备

在进行超高压水射流加工时,对工业用水进行必要的处理和过滤可延长增压系统密封装置、宝石喷嘴等的寿命,提高切割质量,提高运行的可靠性。因此要求过滤器能很好地滤除液体中的尘埃、微粒、矿物质等沉淀物,过滤后的微粒应小于 0. 45 μm。液体经过滤后,可减少对喷嘴的腐蚀,切削时摩擦阻尼小。

(5)机床床身

机床床身结构通常采用龙门式或悬臂式机架结构,一般都是固定不动的。在切削头上安装一只传感器以保证喷嘴与工件间距离的恒定,从而保证加工质量。通过切削头和关节式机器人手臂或三轴的数控系统控制结合,可实现三维复杂形状零件的加工。

如图 5.25 所示为美国一家公司生产的 PASER 型水射流切割设备的组成和布置图。高压水发生装置由口压力可补偿的可调式柱塞泵加液压驱动的增压器组成,能把水升压至 200 ~ 400 MPa。增压器带有一个高压安全阀,在按下"急停"按钮时用来释放压力,以保证安全。

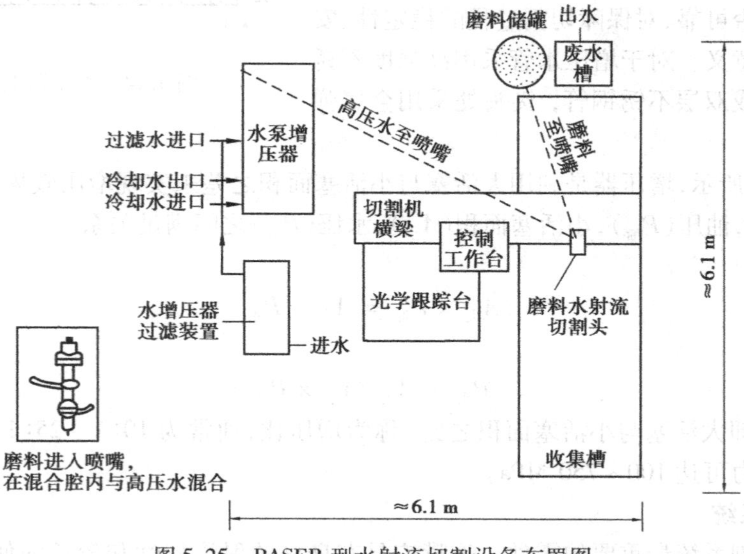

图 5.25 PASER 型水射流切割设备布置图

该设备既可用于纯水切割,也可在开启磨料储罐、更换割枪后用于磨料流切割。所采用的磨料主要为石榴石。

5.5.3　水射流加工工作参数

水射流加工的工作参数主要包括流速与流量、水压、能量密度、喷射距离、喷射角度及喷嘴直径等。下面分别介绍这些参数对加工的影响。

(1)流速与流量

流速和流量越大,加工效率就越高。通常水射流加工的水流束速度可高达每秒数百米,是声速的2~3倍,流量可达7.5 L/min。

(2)水压

加工时,在由喷嘴喷射到工件加工面之前,水的压力经增压器作用后可高达700 MPa。水压对切缝质量影响很大,水压过低,会降低切边质量,尤其对于复合材料,容易引起材料离层或起鳞。提高水压有利于提高切割深度和切割速度,但会增加水发生装置及密封技术的难度,增加设备成本。目前,常用水射流切割设备的最高压力一般控制在400 MPa以内。

(3)能量密度

水流束从喷嘴喷射到工件单位面积上的功率,也称功率密度,可达10^{10} W/m^2。

(4)喷射距离

喷嘴到加工工件的距离,喷射距离与切割深度有密切关系,在具体加工条件下,喷射距离有一个最佳值,可经过试验来寻求,一般范围为2.5~50 mm,常用可取为3 mm。

(5)喷射角度

喷射角度一般用正前角表示。喷嘴喷射方向与工件加工面的垂线之间的夹角称为正前角。加工时正前角一般取0°~30°。

(6)喷嘴直径

用于加工的喷嘴直径一般小于1 mm,常用的直径为0.05~0.38 mm。增大喷嘴直径可提高加工速度。

5.5.4　水射流加工工艺及应用

(1)水射流清洗

水射流清洗是物理清洗方法中的一项重要的新技术,利用高压射流的冲击动能,连续不断地对被清洗基体进行打击、冲蚀、剥离、切除以达到清除基体污垢的目的。水射流可除去用化学方法不能或难以清洗的特殊垢层,主要用于水垢、尘垢、锈层、油垢、烃类残渣、各种涂层、混凝土、结焦、树脂层、颜料、橡胶、石膏、塑料、微生物污泥、高分子聚合垢等的清除。

水射流清洗具有以下优点:

①压力等级可根据需要选择,不会损伤被清洗的基体。

②清洗后的零部件不需再进行洗后处理。

③能清洗形状和结构复杂的零件,易于实现机械化、自动化和智能控制。

④清洗速度快,清洗效果好、成本低,节能,同时还不污染环境。

⑤能胜任空间狭窄、环境复杂、条件恶劣的场合的清洗作业,如长管道的内壁、小口径大容器的内部除垢以及有发生爆炸危险物品的清洗等。

水射流清洗主要用于清洗汽车、化工罐车、船舶、高速路面及机场跑道、高层建筑物，轻工、食品、冶金等工业部门的各种生产线、管束、煤气管线、换热器、下水道和锅炉等容器，机械加工设备及模具的清洗、金属构件除锈、铸件清砂、去毛刺及钢板除鳞等，军事工程中防化洗消、弹药清除，固体火箭发动机燃烧室推进剂装药及火箭弹装药的清除及发动机燃烧室壳体的清洗以及核电站及核化条件的清洗等。

(2)水射流切割

水射流切割某种意义上讲是切割领域的一次革命，对其他切割工艺是一种完美补充，在难加工材料的加工方面尤其体现其优势，广泛用于陶瓷、硬质合金、高速钢、模具钢、钛合金、复合材料等的切割加工。

在建筑业中，水射流切割技术用来切割大理石、花岗岩、陶瓷、玻璃、水泥构件等，首先切出形状复杂的孔和曲线，切口光滑而且很窄，然后拼成不同花色图案，非常方便、省时省力、附加值高。

在航空航天工业中，水射流切割技术可用于切割特种材料，如钛合金、碳纤维复合材料及层叠金属或增强塑料玻璃等，用水射流切割飞机叶片，切割边缘无热影响区和加工硬化现象，省去了后序加工。

在汽车制造业中，人们利用水射流切割各种非金属材料及复合材料构件，如车用玻璃、汽车内装饰板、橡胶、石棉刹车衬垫等。

如图5.26所示为水射流切割头及部分利用水射流切割加工的工件示意图，左图为水射流切割头，右图为加工出的工件。

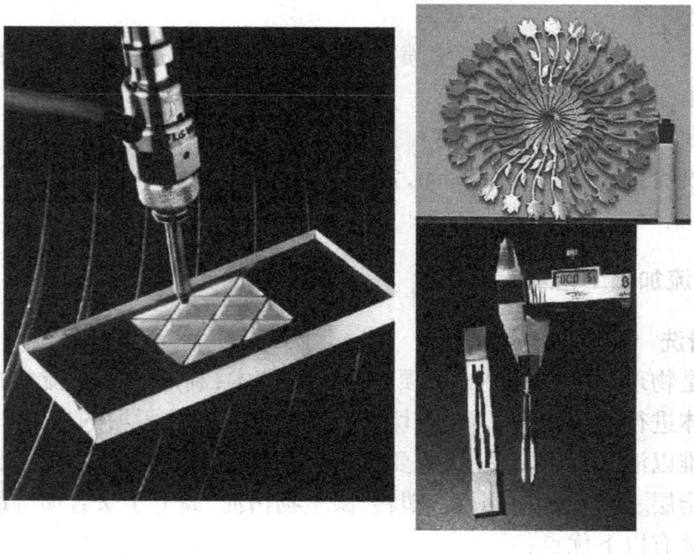

图5.26　水射流切割头及部分利用水射流切割加工的工件

(3)水射流粉碎

携带有巨大能量的水射流作用在被粉碎的物料上，在颗粒内部的晶粒交界处产生应力波反射而引起张力，并在物料的裂隙和节理面中产生压力瞬变，从而使物料粉碎。水射流冲击下物料颗粒所受到的作用力非常复杂，目前对于引起粉碎的主要作用机理还无统一看法，但归结起来有水射流冲击的压缩粉碎机理，水射流冲击的水楔——拉伸粉碎机理，紊流——空化冲蚀粉碎机理，脉冲射流的水锤作用粉碎机理，颗粒与靶物的冲击粉碎和颗粒与管壁的摩擦粉碎机理等。

高压水射流粉碎技术以其简单的设备结构、良好的解理与分离特性，以及清洁、节能、高效成为一项新型粉碎技术，近年来得到发展并在工业中得到了初步的应用。

(4)水射流除锈

利用水射流的打击力作用于锈层表面，同时高速切向流产生水楔作用，扩展锈层裂纹，继而在水流冲刷作用下将锈蚀去除。

该方法属于湿法除锈，不产生粉尘，安全卫生，劳动条件好，对环境无污染。因此，在金属除锈工业领域的广泛应用是将来发展的趋势。为了提高除锈效果，同时降低高压系统的压力，常在水中添加磨料形成磨料射流。

思考题

5.1　激光有哪些特点？它是如何产生的？

5.2　激光加工设备由哪些部分构成？常用激光器有哪些？工作原理如何？

5.3　激光加工有什么特点？有哪些加工工艺及应用？

5.4　什么是电子束加工？并说明电子束加工原理。

5.5　电子束加工装置由哪些部分构成？各部分的作用及特点有哪些？

5.6　电子束有哪些加工工艺及应用？

5.7　离子束加工是什么？与电子束加工有什么区别？

5.8　试说明离子束加工的原理及特点。

5.9　离子束加工有哪些用途？

5.10　什么是水射流加工？它有哪些特点和用途？

5.11　水射流加工设备由哪些部分构成？并简要说明各部分的功用。

5.12　影响水射流加工的工作参数有哪些？

第6章 超声加工

超声加工(ultrasonic machining,USM)也称超声波加工,它不仅可加工硬脆的金属材料,还可加工玻璃、陶瓷、半导体等非金属材料,超声加工与金属切削加工技术相结合的超声振动切削技术有独特的优越性,在实际生产中得到越来越多的应用。在对于难加工的硬脆材料上的加工中,使精度和表面质量得到了大的改善。超声波还可用于清洗、焊接、探伤等,在医疗、国防等方面也有广泛的应用。

6.1 超声加工的基本原理和特点

6.1.1 超声加工的原理

声波是声能的一种能量传播方式,传播频率低于 16 Hz 的称为次声波(如地震、海啸等),传播频率在 16 ~ 16 000 Hz 的称为可闻声波(可闻声波人类的耳朵才能感知),超过 16 000 Hz 的称为超声波。超声波可在气体、液体和固体介质中传播,并具有下列性质:

①超声波沿着声能传播方向可传递很强的能量。传播过程是对传播方向上的障碍物施加声压(压力),这个声压的大小就是超声波的强度或能量,由于超声波的频率很高,其能量密度可达 100 W/cm^2 以上。因固体或液体的介质密度比气体的高得多,超声波在液体或固体中传播时的能量密度比空气中传播的能量大得多而阻力小得多,如空气密度小具有可压缩性,会阻碍超声波的传播。也就是说在相同振幅、频率时,液体、固体中超声波传播的强度或能量密度要比空气中传播高很多,能量损失非常小,而在空气中传播能量损失会很快,因此超声波声学部件的各联接面之间不应有空气间隙。如有间隙,可加入机油或凡士林等固体油脂,以消除空气避免引起的能量衰减。

②超声波经固体或液体介质传播时会连续地形成压缩和稀疏区域,由于液体基本上不可压缩,会产生压力交变的冲击和空化现象,所谓"空化"现象就是,液体气泡空腔闭合的疏密将产生很大的压力,并对物质产生很大冲击,使零件表面破碎使其破坏的这种效应。

③超声波在传播过程中从一种介质到另一种介质时会发生传播速度的突变,波速的突变

会产生反射或折射现象。反射将导致能量的衰减，能量衰减大小取决于传播中两种介质的波阻抗（密度与波速的乘积），波阻抗差别越大能量的反射率越大。超声波从液体或固体传入到空气时反射率接近 100%，这也是在海洋中探测鱼群或机械零件的超声探伤的原理。

④超声波实质是一种高频机械振动，在一定条件下会产生波的干涉和共振现象，在共振条件下会达到最大振幅，加工中振幅大效率高。

超声加工是依靠工具端面的超声频振荡来去除材料的，这种超声频振荡通过工作液悬浮的磨料传递到一定形状的工具头上，再对脆硬材料进行撞击抛磨的一种成型加工方法。加工原理示意如图 6.1 所示。加工时，工具中的超声频振荡将通过悬浮工作液中的磨料液悬浮的作用，剧烈冲击位于工具下方工件的被加工表面，使部分材料被击碎成细小颗粒。由流动的磨料工作液带走。加工中的振动还可强迫磨料液在加工的间隙中流动，使变钝了的磨粒能及时更新。随着工具沿加工方向以一定速度移动，实现有控制的加工，并逐渐将工具形状“复印”在工件上（成型加工时）。在工作中，工具头以每秒大于 16 000 次的振动使工件表面缝隙的空气产生压缩和扩大，或不断被压缩至闭合，使脆性的材料破裂，这种现象称为“空化”现象。这一过程时间极短，空腔闭合压力可达几百兆帕，气泡爆破时可产生水压冲击，引起破碎的材料飞溅出去。同时悬浮液在超声振动下，形成的冲击波还使钝化的磨料崩碎，产生新的刃口，进一步提高加工效率。超声加工是磨粒在超声振动作用下的机械撞击和抛磨作用以及超声空化作用的综合结果，其中磨粒的机械撞击作用是主要的。

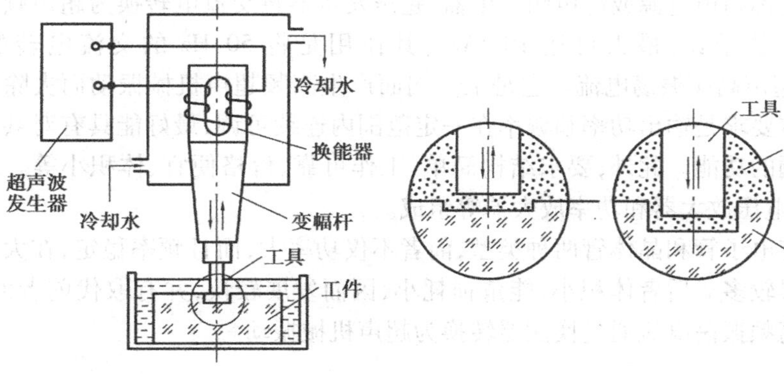

图 6.1　超声加工原理图

超声加工是基于工件表面局部撞击作用，因此越是脆硬的材料受撞击作用越大，被破坏的程度越大，也就是超声加工效率高。相反，塑性材料的韧性好，它的缓冲作用大，不容易破碎，就很难以加工。既然这样我们选择工具材料时就应考虑到它的寿命，使之既能撞击磨粒，又不易被破坏，如用 45 钢作工具既有一定的硬度又有一定的韧性，价格便宜，常被用来作为工具材料。

6.1.2　超声加工的特点

超声波加工的特点如下：

①由于是靠超声机械振动的撞击抛磨去除材料，对硬脆材料加工效率高，如玻璃、陶瓷、石英、锗、硅、玛瑙、宝石、金刚石等。对于硬度高的金属材料也能进行加工（如淬火钢、硬质合金等），但加工效率较低。对于有色金属和橡胶等韧性高的材料不能进行加工。

②超声加工对工件表面的宏观切削力很小,不易引起工件变形,适合加工低刚度零件。加工中切削应力、切削热很小,不会产生加工应力和烧伤,表面粗糙度也较好,公差可小于0.01 mm,表面粗糙度值 R_a 可小于0.4 μm。

③加工是工件对工具的形状复制,也就是工件被加工出与工具形状相一致的复杂形状内表面或成型表面,工具和工件只做直线相对进给运动,没有旋转等成型运动,因此,超声波加工机床的结构也比较简单,机床的操作、维修方便。

④一般超声加工的工件面积不大,工具头与工件有一定的预压力,工具会有磨损,相对生产率较低。

6.2 超声加工设备

超声加工设备包括超声波发生器(超声电源)、超声振动系统(换能器、振幅扩大棒、工具头)、机床本体(工作台、进给系统、床身等)、磨料工作液及循环系统4个部分。它们根据功率大小不同,结构形式和布局有所差异,但其组成部分基本都由上面4部分构成。

6.2.1 超声发生器

超声发生器也称超声电源或超声频发生器,超声发生器将交流电转换为超声频电功率输出,功率由数瓦至数千瓦,最大可达 10 kW。其作用是将 50 Hz 的交流电转变为频率16 000 Hz以上的超声高频振荡电流。它是工具端面产生高频超声机械振动而去除被加工材料的能量。其基本要求是输出功率和频率在一定范围内连续可调,最好能具有对共振频率自动跟踪和自动微调的功能。此外,要求结构简单、工作可靠、价格便宜、体积小等。超声电源主要由振荡电路、电压放大器和功率放大器等组成。

超声发生器有电子管和晶体管两种类型,前者不仅功率大,而且频率稳定,在大中型超声波加工设备中用得较多。后者体积小,能量损耗小,因而发展较快,并有取代前者的趋势,超声发生器输出的高频振荡电流通过换能器转换为超声机械振动。

6.2.2 超声振动系统

超声振动系统由换能器、变幅杆(振幅扩大棒)及工具组成。它们的作用首先是通过换能器把高频振荡的电能转变为机械能,并通过变幅杆将振幅扩大到一定范围(0.01~0.15 mm)以保证工具端面有较大的振幅,这样才能对工件进行有效的加工。超声振动系统是超声加工机床中很重要的部件。

(1)换能器

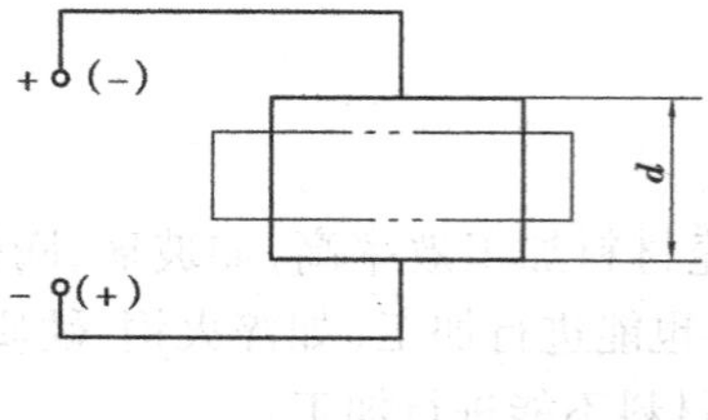

图6.2 压电式换能器

换能器的作用是将高频电振荡转换成机械振动。超声换能器有磁致伸缩的和电致伸缩的两类,图6.2为电致伸缩(压电)换能器,图6.3为磁致伸缩换能器。它们都是由高频振荡的电流变化导致其长度变化而将电流的振荡改变成机械振动。磁致伸缩换能器又有金属的(镍、钴、铁等)和铁氧体的(铁的氧化物及其他配料烧结而成)两种。金属的通常用于千瓦以上的大功率超声加工机床;铁氧体的通常用于千瓦以下的小功率超声加工机床。电致伸缩换能器用压电陶瓷(石英、碳酸钡)制成,主要用于小功率超声加工机床。为获得最大的超声振动强度,换能器应处于共振状态,这时换能器的长度或厚度应为超声波半波长的整数倍。

(2)变幅杆

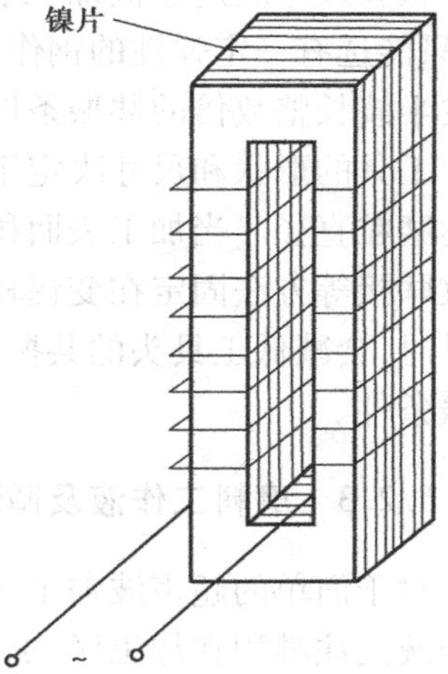

图6.3　磁致伸缩换能器

变幅杆又称振幅扩大棒。变幅杆起着放大振幅和聚能的作用,按截面积变化规律有锥形、指数曲线形、阶梯形等。机床本体一般有立式和卧式两种类型,超声振动系统则相应地垂直放置和水平放置。超声机械振动振幅很小,一般只有0.005~0.01 mm,不足以直接用来加工。因此,必须通过一个上粗下细的棒杆将振幅加以扩大,此杆称为振幅扩大棒或变幅杆。通过变幅杆振幅可以增大到0.01~0.15 mm,固定在振幅扩大棒端头的工具即产生超声振动。常见的变幅杆形状如图6.4所示。

变幅杆之所以能扩大振幅,是由于通过它的每一截面的振动能量是不变的(略去传播损耗),截面小的地方能量密度大,能量密度J正比于振幅A的平方,即

$$A^2 = \frac{2J}{\rho c\omega^2}$$

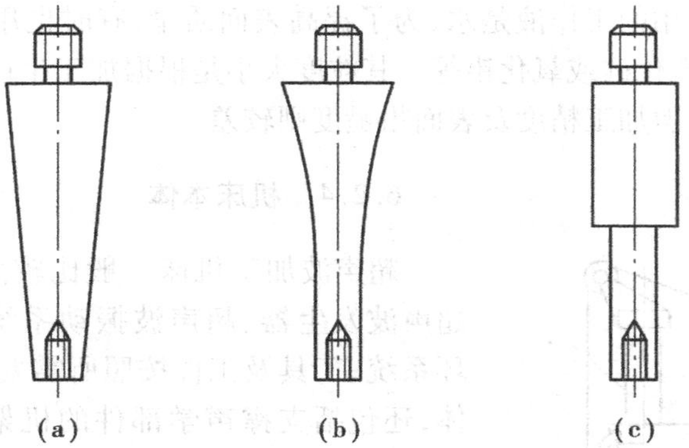

图6.4　3种变幅杆结构
(a)锥形　(b)指数形　(c)阶梯形

故
$$A = \sqrt{\frac{2J}{\rho c\omega^2}} = \sqrt{\frac{2J}{K}}$$

式中　ω——振动的频率,Hz;
A——振动的振幅,mm;
ρ——弹性介质的密度,kg/m^3;
c——弹性介质中的波速,m/s;
K——$\rho c\omega^2$是一常数。

由上式可知,截面越小,能量密度就越大,振动振幅也就越大。为了获得较大的振幅,就

应使变幅杆的固有频率和外激振动频率相等,处于共振状态。因此,在设计、制造变幅杆时,应使其长度 L 等于超声波振动的半波长或其整数倍。

超声波的机械振动经变幅杆放大后即传给工具,而工具端面的振动将使磨粒和工作液以一定的能量冲击工件,并加工出一定的尺寸和形状。工具安装在变幅杆的细小端。因而工具的形状和尺寸决定于被加工表面的形状和尺寸,两者只相差一个加工间隙。为减少工具损耗,只能选有一定弹性的钢作工具材料,如45钢。工具长度也要考虑和声学部件一起应为超声波半波长整数倍的共振条件。

工具的形状和尺寸决定于被加工表面的形状和尺寸,它们相差一个"加工间隙"也就是平均的磨粒直径。当加工表面积较小时,工具和变幅杆做成一个整体,否则可将工具用焊接或螺纹联接等方法固定在变幅杆下端。当工具不大时,可以忽略工具对振动的影响,但当工具较重时,会减低工具头的共振频率。工具较长时,应对变幅杆进行修正,使之满足半个波长的共振条件。

6.2.3 磨料工作液及循环系统

对于简单的超声波加工装置,其磨料是靠人工输送和更换的,即在加工前将悬浮磨料的工作液浇注堆积在加工区,加工过程中定时抬起工具并补充磨料,也可利用小型离心泵使磨料悬浮液搅拌后注入加工间隙中去。对于较深的加工表面,应将工具定时抬起以利于磨料的更换和补充。大型超声波加工机床采用流量泵自动向加工区供给磨料悬浮液,且品质好,循环也好。

效果较好而又最常用的工作液是水,为了提高表面质量,有时也用煤油或机油当做工作液。磨料常用碳化硼、碳化硅或氧化铅等。其粒度大小是根据加工生产率和精度等要求选定的,颗粒大的生产率高,但加工精度及表面粗糙度则较差。

6.2.4 机床本体

超声波加工机床一般比较简单,机床本体就是把超声波发生器、超声波振动系统、磨料工作液及其循环系统、工具及工件按照所需要的位置和运动组成一体,还包括支撑声学部件的机架及工作台,使工具以一定压力作用在工件上的进给机构,以及床体等部分。如图6.5所示为国产CSJZ型超声波加工机床简图。图中,4,5,6为声学部件,安装在一根能上下移动的导轨上,导轨由上、下两组滚动导轮定位,使导轨能灵活精密地上、下移动。工具的向下进给及对工件施加压力依靠声学部件自重,为了能调节压力大小,在机床后部有可加减的平衡重锤2,也有采用弹簧或其他办法加压的。

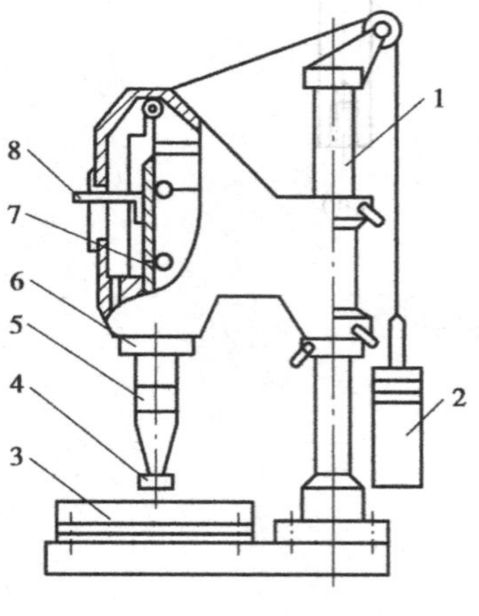

图6.5　CSJZ型超声波加工机床简图

6.3 超声加工的基本工艺规律

6.3.1 加工速度及其影响因素

加工速度是指单位时间内去除材料的多少,以 mm^3/min 或 g/min 为单位来表示。

影响加工速度的主要因素有工具振动频率和振幅、工具和工件间的静压力、磨料的种类和粒度、磨料悬浮液的浓度、供给及循环方式、工具与工件材料、加工面积、加工深度等。

(1)工具的振幅和频率的影响

振幅和频率提高可在一定范围内线性的提高加工速度,如图6.6所示。但过大的振幅和过高的频率会使工具和变幅杆承受很大的内应力,可能超过它的疲劳强度而降低使用寿命,而且在联接处的损耗也增大,振幅一般为0.01~0.1 mm,频率为16 000~25 000 Hz。在实际加工中,需根据不同工具调至共振频率,以获得最大振幅,从而达到较高的加工速度。

(2)进给压力的影响

加工时工具对工件应有一个合适的进给压力,压力过小,则工具与工件的间隙增大,减弱了磨料对工件的撞击力和打击深度,从而降低生产率;压力增大,工具与工件的间隙减少,当间隙减少到一定程度则会降低磨料与工作液的循环更新速度,从而降低生产率。一般工具对工件有一个最佳的压力,在该压力下可达到最大加工速度。如图6.7所示为玻璃超声加工时静压力与加工速度的关系。

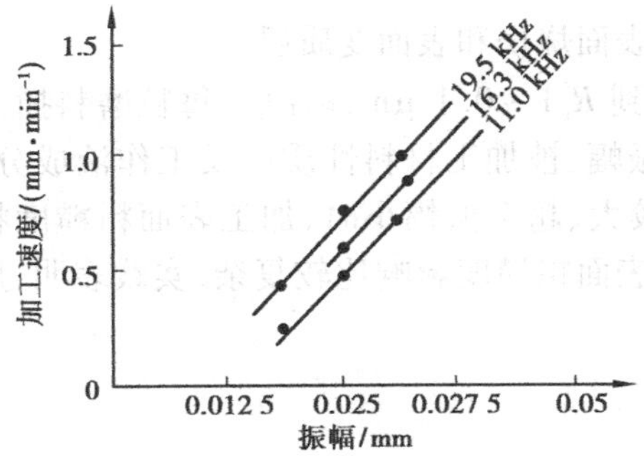

图6.6 玻璃的超声加工速度与振幅和频率的关系

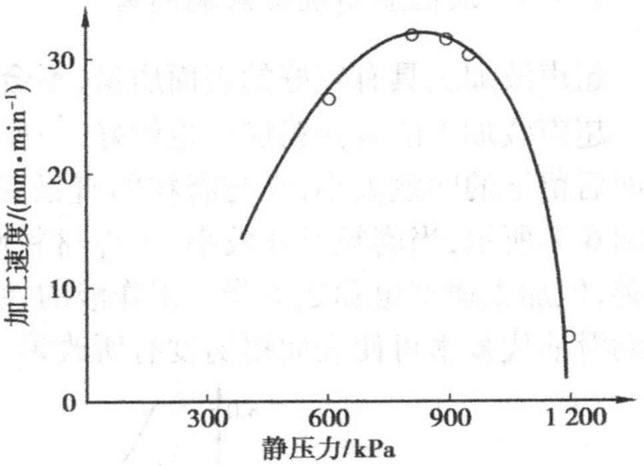

图6.7 静压力与加工速度的关系

(3)磨料的种类和粒度的影响

磨料的种类和粒度对超声加工速度都有一定的影响,一般加工时针对不同强度的工件材料选择不同的磨料。磨料强度越高,加工速度越快,但要考虑价格成本。加工宝石、金刚石等超硬材料,必须选用金刚石;加工淬火钢、硬质合金,应选用碳化硼;加工玻璃、石英和硅、锗等半导体材料,选用氧化铝磨料。磨料粒度越粗加工速度越快,但加工精度和表面质量越差。

(4)磨料悬浮液浓度的影响

磨料悬浮液浓度低,加工间隙内磨粒少,特别在加工面积和深度较大时,可能造成加工区局部无磨料的现象,使加工速度大大下降。随着悬浮液中磨料浓度的增加,加工速度也增加。但浓度太高时,磨料在加工区域的循环运动和对工件的撞击运动受到影响,又会导致加工速度降低。通常采用的浓度为磨料对水的质量比为0.5~1。

(5)被加工材料的影响

被加工材料越脆,则承受冲击载荷的能力越低,在磨粒冲击下越容易被粉碎,故加工速度越快;反之,韧性较好的材料则不易加工。

6.3.2 加工精度及其影响因素

超声波加工精度主要包括尺寸精度、形状精度等。其影响加工精度的因素有工具精度、磨料粒度、加工中工具的横向振动、加工深度以及被加工材料性质等。一般尺寸精度可控制为0.02~0.05 mm。工具制造或安装偏心或不对称时,加工将产生偏振,使加工精度降低。利用真空抽吸法或内冲法供给磨料悬浮液,可提高加工精度,尤其能减少锥度;外浇法只适用于一般的超声波加工。加工深度增加,工具损耗也增加,使精度下降。

加工圆孔时孔的最小直径 D_{min} 等于工具直径 D 与磨料磨粒平均直径 d_0 的2倍之和,即

$$D_{min} = D + 2d_0$$

磨粒越细加工孔的精度越高,特别是加工深孔时可减少孔的锥度。磨料的钝化和破碎导致磨粒的不均匀性,这也会影响孔的精度。因此,磨料在使用一段时间后(10~15 h)应更换,对保证加工精度和提高加工速度都很重要。

形状误差主要是圆度和锥度误差。圆度误差的大小与工具横向振动大小和工具沿圆周磨损的不均匀程度有关。锥度大小与工具磨损和加工深度有关。采用工具或工件旋转的方法,可以减少圆度误差。

6.3.3 表面质量及其影响因素

超声波加工具有较好的表面质量,不会产生表面烧伤和表面变质层。

超声波加工的表面粗糙度也较好,一般可达到 $R_a 1 \sim 0.1$ μm,取决于每粒磨料撞击工件表面后留下的凹痕大小,它与磨粒的直径、超声振幅、被加工材料性质以及工作液成分有关。如图6.8所示,当磨粒尺寸较小、工件材料硬度较大、超声振幅小时,加工表面粗糙度将得到改善,但加工速度也随之下降。工作液的性能对表面粗糙度影响比较复杂,实践表明,用煤油或润滑油代替水可使表面粗糙度有所改善。

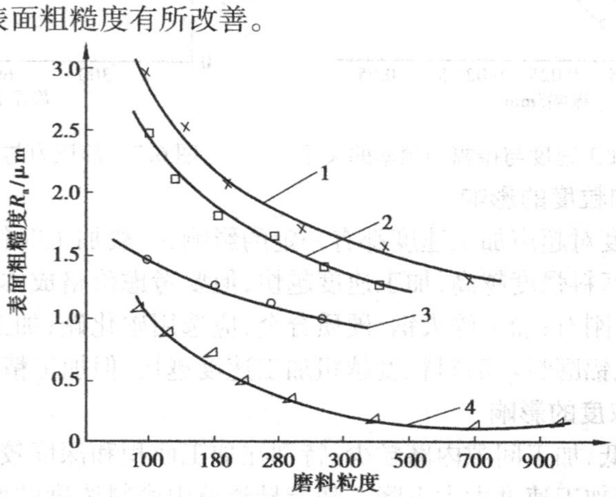

图6.8 超声加工表面粗糙度与磨料粒度和工件材料的关系

1—玻璃;2—半导体硅;3—工业陶瓷;4—硬质合金

6.4　超声加工的应用

超声加工的应用范围很广，不仅可加工型腔、型孔，还可用于切割、复合加工、焊接、抛光及清洗等。虽然超声加工的效率较低，但其加工精度和表面粗糙度都比较好，而且能对电火花和电解加工不能加工的半导体和非导体等硬脆材料进行有效的加工。

6.4.1　超声型孔、型腔加工

超声加工可用于型孔、冲模、型腔模、套料、微细孔的加工，且具有加工精度高表面质量好的特点，如图6.9所示。有的型腔模、拉丝模等可先用电火花、电解或激光加工进行粗加工，再用超声研磨抛光来降低粗糙度，提高表面质量，这将较大地减少和消除电火花加工留下的微裂纹，提高模具的抗疲劳强度，也就大大提高了模具的寿命。

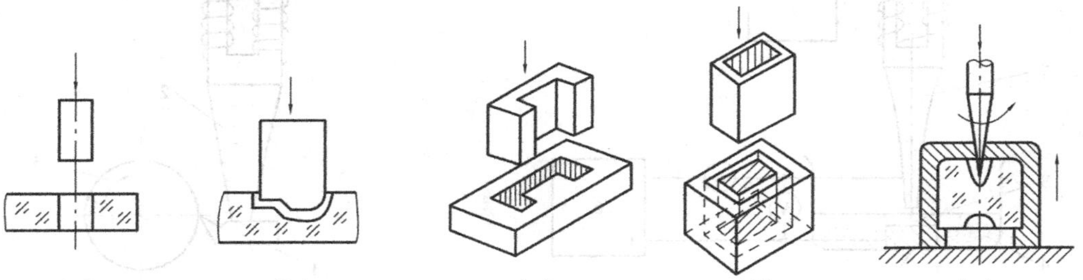

图6.9　超声加工的型孔、型腔类型

(a)加工圆孔　(b)加工型腔　(c)加工异形孔　(d)套料加工　(e)加工微细孔

6.4.2　超声切割加工

通常硬脆的半导体材料靠普通机械加工切割是很困难的，而采用超声波切割则较为容易，而且超声波精密切割半导体、氧化铁、石英等，精度高、生产率高、经济性好，并且可以利用多刃刀具切割单晶硅片，一次可切割加工20片以上，如图6.10所示。

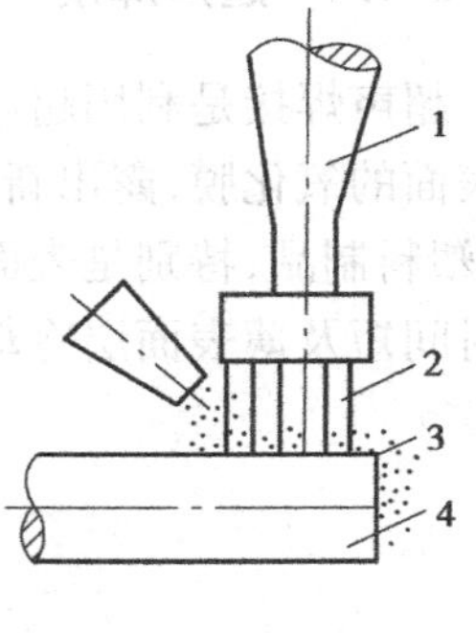

图6.10　超声切割单晶硅片

1—变幅杆；2—工具薄钢片；3—磨料液；4—单晶硅

6.4.3　超声复合加工

(1)超声电解复合加工

超声波加工速度慢，且工具损耗较大；电解加工速度高但加工稳定性差精度低。但两者结合起来，则不但可降低工具损耗，而且可提高加工精度和速度。如图6.11所示为超声波电解加工小孔示意图。工件5接电源6正极，工具3(用钼丝、钨丝或铜丝)接负极，两者之间电压为6～8 V，在NaCl电解液中加入一定比例的磨料。加工时，被加工表面在电解液的作用下，产生阳极溶解而生成阳极钝化膜，此钝化膜将在超声波振动的工具及磨料作用下被刮除。

(2)超声电火花复合加工

电火花成型加工效率较低,如在电火花成型加工的工具上加装超声振动装置(换能器、变幅杆),原理类似图 6.11,不过直流电源改为直流脉冲电源。形成的超声电火花复合加工,在电火花放电的同时工具端面做超声振动,电火花加工的放电脉冲利用率大大提高,可对小孔、窄缝及精微异形孔进行高效率的加工,加工质量也得到提高。生产率将提高倍数以上。

(3)超声机械切削复合加工

在精密车削小直径工件时,受机床转速的限制,刀具相对于工件的切削速度达不到需要的较高切削速度,在刀具上安装超声振动系统可大大提高刀具与工件的切削速度,可保证精密车削的工件精度和表面质量,并能有效地降低切削力,延长刀具使用寿命、提高生产率。如图 6.12 所示为超声振动车削示意图。

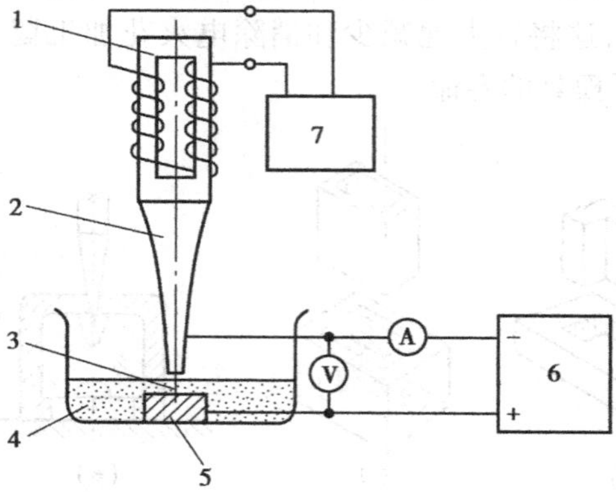

图 6.11　超声电解复合加工

1—换能器;2—变幅杆;3—工具;4—电解液磨料;5—工件;6—直流电源;7—超声电源

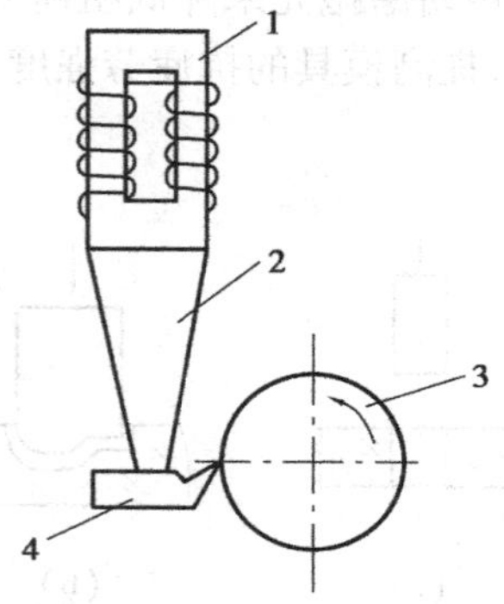

图 6.12　超声机械复合加工

1—换能器;2—变幅杆;3—工件;4—刀具

6.4.4　超声焊接

超声焊接是利用超声频振动作用,使被焊接工件的两个表面在高速振动撞击下,去除工件表面的氧化膜,露出新鲜的本体,使该表面摩擦发热亲和、熔化并黏结在一起。它可焊接尼龙、塑料制品,特别是表面易产生氧化层的难焊接金属材料,如铝制品等。由于在超声波焊接时时间短及薄表面层冷却快,因此,获得的接头焊接区是细晶粒组成的连续层。如图 6.13 所

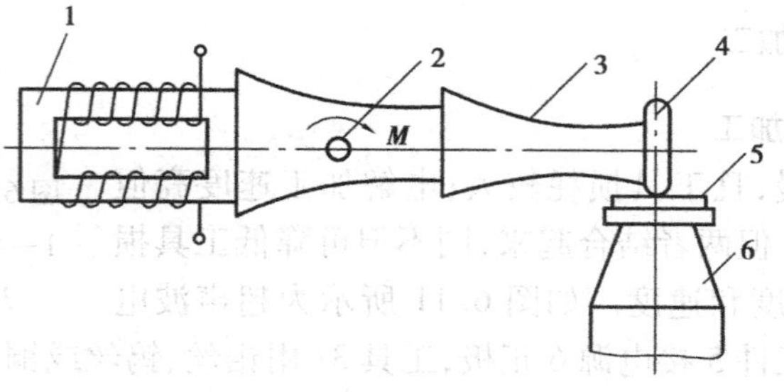

图 6.13　超声焊接加工

1—换能器;2—固定轴;3—变幅杆;4—工具头;5—工件;6—反射体

示为超声波焊接示意图。因此,它不仅可加工金属,还可加工尼龙、塑料等制品。在大规模的集成电路制造焊接中,也广泛采用该加工方法。在机械制造业中,超声焊接由于不需要外加热和焊剂,热影响小、外加压力也小,不产生污染,工艺性和经济性也较好,特别适合焊接直径小或厚度很小的工件。

6.4.5 超声清洗

超声振动清洗的原理主要是基于清洗液在超声波的振动作用下,使液体分子产生往复高频振动,引起空化效应的结果。空化效应使液体中急剧生长微小空化气泡并瞬时强烈闭合,产生的微冲击波使被清洗物表面的污物遭到破坏,并从被清洗表面脱落下来。在污物溶解于清洗液的情况下,空化效应加速溶解过程,即使是被清洗物上的窄缝、细小深孔、弯孔中的污物,也很易被清洗干净。因此,超声波清洗主要用于形状复杂、清洗质量高的中、小精密零件,特别是深孔、弯曲孔、盲孔、沟槽等特殊部位。采用其他方法效果差,采用该方法清洗效果好,生产率高,净化程度也高。因此,超声振动被广泛用于对喷油嘴、喷丝板、微型轴承、仪表齿轮及零件、手表整体机芯、印制电路板、集成电路微电子器件的清洗中。如图6.14所示为超声清洗装置示意图。

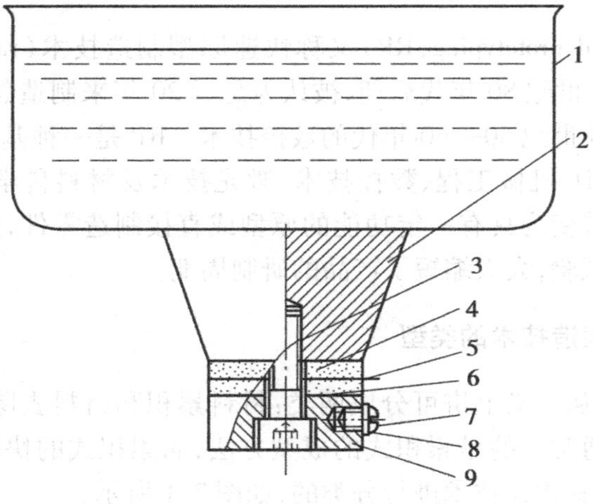

图6.14 超声清洗装置

1—清洗槽;2—变幅杆;3—压紧螺钉;4—压电陶瓷换能器;5—镍片(+);6—镍片;7—接线螺钉;8—垫圈;9—钢垫块

思考题

6.1 超声加工是怎样去除工件材料的?超声振动是如何产生的?

6.2 超声加工有什么特点?它不适合加工什么材料?

6.3 超声加工设备由哪些部分构成?常用换能器有哪些?换能器工作原理如何?

6.4 影响超声加工速度的因素有哪些?

6.5 试举例说明超声加工在机械、医疗和渔业等行业的应用情况。

第 7 章 快速成型技术

7.1 概　述

快速成型技术(rapid prototyping,RP)又称快速原型制造技术(rapid prototyping manufacturing,RPM),诞生于 20 世纪 80 年代后期,被认为是近 20 年来制造领域的一次重大突破,对制造业的影响可同于 20 世纪 50—60 年代的数控技术。RP 是一种基于材料堆积法的一种高新制造技术,综合了 CAD、机械工程、数控技术、激光技术及材料科学技术,可自动、直接、快速、精确地将设计思想转变为具有一定功能的原型或直接制造零件,从而可对产品设计进行快速评估、修改及功能试验,大大缩短了产品的研制周期。

7.1.1　快速成型制造技术的类型

快速成型制造技术从广义上讲可分成两类:材料累积和材料去除。但是,目前人们谈及的快速原型制造方法,通常指的是累积式的成型方法,而累积式的快速原型制造方法通常是依据原型使用的材料及其构建技术进行分类的,如图 7.1 所示。

7.1.2　快速模具制造技术的分类

快速原型由于其制造方法要求的使用材料的限制,并不能够完全替代最终的产品。因此,在新产品功能检验、投放市场试运行以获得用户使用后的反馈信息以及小批量生产等方面,仍需要由实际材料制造的产品。因此,利用快速原型作母模来翻制模具并生产实际材料的产品,便产生了基于快速原型的快速模具制造技术。

基于 RP 的快速模具制造方法一般分为直接法和间接法两大类。直接制模法是直接采用 RP 技术制作模具,在 RP 技术诸方法中能够直接制作金属模具的是选择性激光烧结法。用这种方法制造的钢铜合金注射模,寿命可达 5 万件以上。但此法在烧结过程中材料发生较大收缩且不易控制,故难以快速得到高精度的模具。目前,基于 RP 快速制造模具的方法多为间接制模法。间接制模法是指利用 RP 原型间接地翻制模具。依据材质不同,间接制模法生产出来的模具一般分为软质模具(Soft Tooling)和硬质模具(Hard Tooling)两大类。

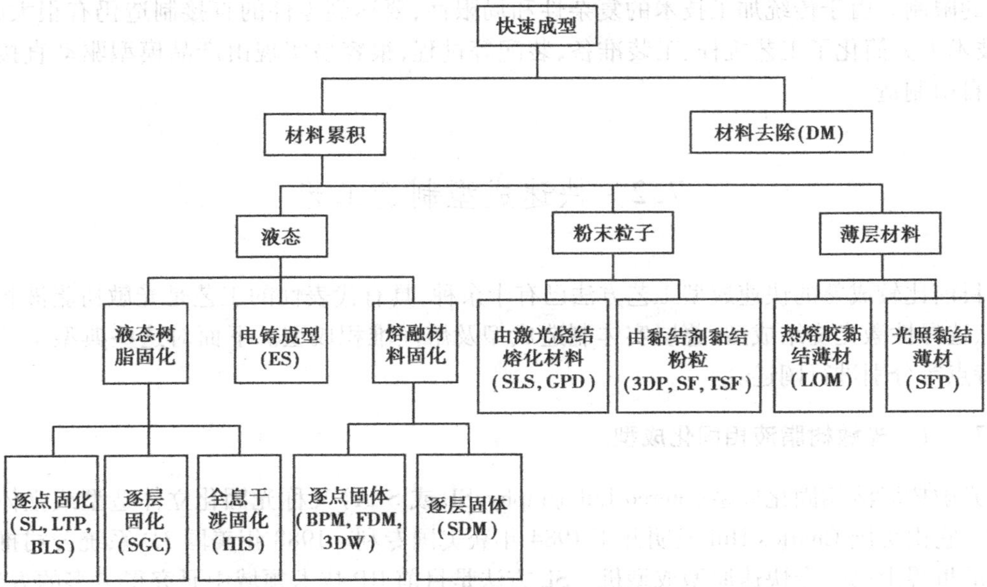

图 7.1　快速成型工艺方法的分类

7.1.3　快速成型技术的特点

(1)高度柔性

快速成型技术的最突出特点就是柔性好,它取消了专用工具,在计算机管理和控制下,可制造出任意复杂形状的零件,把可重编程、重组、连续改变的生产装备用信息方式集成到一个制造系统中。

(2)快速性

快速成型技术的一个重要特点就是其快速性。由于激光快速成型是建立在高度技术集成的基础之上,从 CAD 设计到原型的加工完成只需几小时至几十小时,比传统的成型方法速度要快得多。这一特点尤其适合于新产品的开发与管理。

(3)技术的高度集成

快速成型技术是计算机技术、数控技术、激光技术与材料技术的综合集成。在成型概念上,它以离散/堆积为指导,在控制上以计算机和数控为基础,以最大的柔性为目标。

(4)设计制造一体化

快速成型技术的另一个显著特点就是 CAD/CAM 一体化。在传统的 CAD,CAM 技术中,由于成型思想的局限性,致使设计制造一体化很难实现。而对于快速成型技术来说,由于采用了离散堆积分层制造工艺,能够很好地将 CAD,CAM 结合起来。

(5)材料的广泛性

由于各种 RP 工艺的成型方式不同,因而材料的使用也各不相同,如金属、纸、塑料、光敏树脂、蜡、陶瓷,甚至纤维等材料在快速成型领域已有很好的应用。

(6)自由成型制造(Free Form Fabrication,FFF)

快速成型技术的这一特点是基于自由成型制造的思想。自由的含义有两个方面:一是指根据零件的形状,不受任何专用工具(或模腔)的限制而自由成型;二是指不受零件任何复杂程度的限制。由于传统加工技术的复杂性和局限性,要达到零件的直接制造仍有很大距离。RP 技术大大简化了工艺规程、工装准备、装配等过程,很容易实现由产品模型驱动直接制造或称自由制造。

7.2 快速成型制造工艺

目前比较成熟的快速成型工艺方法已有十余种,具有代表性的工艺是光敏树脂液相固化成型、选择性激光烧结成型、叠层实体制造成型及熔丝堆积成型。下面对这些典型工艺的原理、特点等分别进行阐述。

7.2.1 光敏树脂液相固化成型

光敏树脂液相固化成型(Stereo Lithography,SL 或 SLA)又称光固化立体造型或立体光刻成型。它由美国 Charles Hul 发明并于 1984 年获美国专利。1988 年美国 3D 系统公司推出商品化的世界上第一台快速原型成型机。SL 方法是目前 RP 技术领域中研究得最多的方法,也是技术上最为成熟的方法。SL 工艺成型的零件精度较高。多年的研究改进了截面扫描方式和树脂成型性能,使该工艺的精度能达到或小于 0.1 mm。

(1)光敏树脂液相固化成型工艺原理

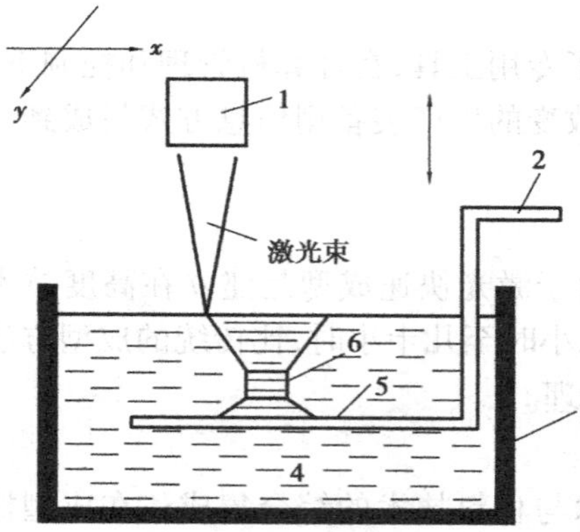

图 7.2 光敏树脂液相固化成型工艺原理
1—扫描镜;2—Z 轴升降台;3—树脂槽;
4—光敏树脂;5—托盘;6—零件

SL 工艺是基于液态光敏树脂的光聚合原理工作的。这种液态材料在一定波长($\lambda=325$ nm)和功率($P=30$ mW)的紫外激光的照射下能迅速发生光聚合反应,相对分子质量急剧增大,材料也就从液态转变成固态。如图 7.2 所示为 SL 工艺原理图。液槽中盛满液态光敏树脂,激光束在偏转镜作用下,在液体表面上扫描,扫描的轨迹及激光的有无均由计算机控制,光点扫描到的地方,液体就固化。成型开始时,工作平台托盘 5 在液面下一个确定的深度,液面始终处于激光的焦点平面内,聚焦后的光斑在液面上按计算机的指令逐点扫描即逐点固化。当一层扫描完成后,未被照射的地方仍是液态树脂。然后升降台带动平台托盘 5 使其高度下降一层(约 0.1 mm),已成型的层面上又布满一层液态树脂,刮板将黏度较大的树脂液面刮平,然后再进行下一层的扫描,新的一层固体牢固地粘在前一层上,如此重复,直到整个零件制造完毕,得到一个三维实体原型。

(2)光敏树脂液相固化成型工艺的特点和成型材料

1)SL 特点

①SL 具有以下优点:

a. 成型过程自动化程度高。SL 系统非常稳定,加工开始后,成型过程可完全自动化,直至原型制作完成。

b. 尺寸精度高。SL 原型的尺寸精度可达到 ±0.1 mm。

c. 表面质量好。虽然在每层固化时侧面及曲面可能出现台阶,但上表面仍可得到玻璃状的效果。

d. 能够制造形状特别复杂(如空心零件)、特别精细(如首饰、工艺品等)的零件。

e. 可直接制作面向熔模精密铸造的具有中空结构的消失型。

②与其他几种快速成型方法相比,该方法也存在着许多缺点,主要有以下 5 个方面:

a. 成型过程中伴随着物理和化学变化,故制件较易弯曲,需要支撑,否则会引起制件变形。

b. 设备运转及维护成本较高。由于液态树脂材料和激光器的价格较高,并且为了使光学元件处于理想的工作状态,需要进行定期的调整,费用较高。

c. 可使用的材料种类较少。目前可用的材料主要为感光性液态树脂材料,并且在大多数情况下,不能进行抗力和热量的测试。

d. 液态树脂具有气味和毒性,并且需要避光保护,以防止提前发生聚合反应,选择时有局限性。

e. 需要二次固化。在很多情况下,经快速成型系统光固化后的原型树脂并未完全被激光固化,故通常需要二次固化。

f. 液态树脂固化后的性能尚不如常用的工业塑料,一般较脆,易断裂,不便进行机加工。

2)SL 的成型材料

SL 的成型材料称为光固化树脂(或称光敏树脂),光固化树脂材料中主要包括齐聚物、反应性稀释剂及光引发剂。根据引发剂的引发机理,光固化树脂可分为 3 类:自由基光固化树脂、阳离子光固化树脂和混杂型光固化树脂。

自由基光固化树脂、阳离子光固化树脂和混杂型光固化树脂各有许多优点,目前的趋势是使用混杂型光固化树脂。

(3)光敏树脂液相固化成型设备和应用

目前,研究光敏树脂液相固化成型设备的单位有美国的 3D Systems 公司、Aaroflex 公司,德国的 EOS 公司、F&S 公司,日本的 SONY/D-MEC 公司、Teijin Seiki 公司、Denken Engineering 公司、Meiko 公司、Unirapid 公司、NTT DATA&CMET 公司,以及国内的华中科技大学快速制造中心、清华大学、西安交通大学,上海联泰科技有限公司,等等。

如图 7.3(a)所示为 CPS-250 型液相固化快速成型机的外形及结构组成,图 7.3(b)为 z 轴升降工作台,图 7.3(c)为 x-y 工作台,图 7.3(d)为光学系统示意图。CPS 快速成型机采用普通紫外光源,通过光纤将经过一次聚焦后的普通紫外光导入透镜,经过二次聚焦后,照射在树脂液面上。二次聚焦镜夹持在二维数控工作台上,实现 x-y 二维扫描运动,配合 z 轴升降运动,从而获得三维实体。z 轴升降工作台主要完成托盘的升降运动。在制作过程中,进行每一层的向下步进,制作完成后,工作台快速提升出树脂液面,以方便零件的取出。其运动采用步进电动机驱动、丝杠传动、导轨导向的方式,以保证 z 向的运动精度。结构包括步进电动机、滚珠丝杠副、导轨副、吊梁、托板及立板,如图 7.3(b)所示。x-y 方向工作台主要完成聚焦镜头在液面上的二维精确扫描,实现每一层的固化。采用步进电动机驱动、精密同步带传动、精密导轨导向的运动方式,如图 7.3(c)所示。光学系统的光源采用紫外汞氙灯,用椭球面反射

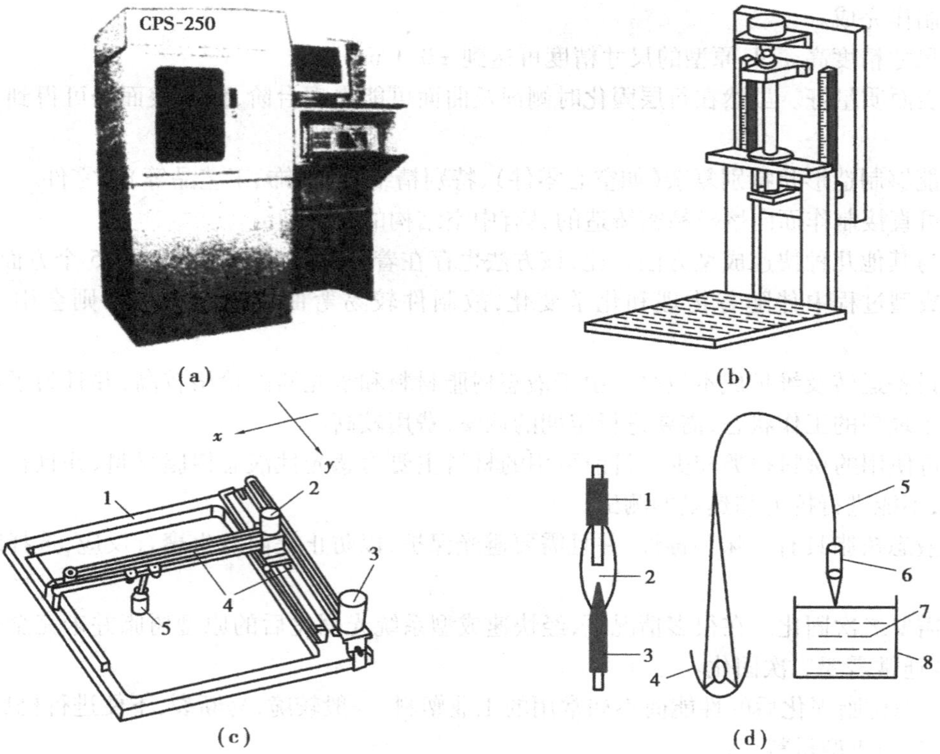

图 7.3　CPS-250 型液相固化快速成型机的外形及结构组成

(a)CPS 快速成型机外形　(b)x 轴升降工作台

(c)x-y 工作台结构示意　(d)光学系统示意图

1—基板;2—x 轴步进电机;3—y 轴步进电机;4—同步带;5—聚焦镜头

1—正极;2—灯泡;3—负极;4—聚光罩;5—光纤;6—聚焦镜头;7—树脂;8—树脂槽

罩实现第一次反射聚焦,聚焦后经光纤耦合传导,由透镜实现二次聚焦,将光照射到树脂液面上。其光路原理如图 7.3(d)所示。

光敏树脂液相固化成型的应用有很多方面,可直接制作各种树脂功能件,用于结构验证和功能测试;可制作比较精细和复杂的零件;可制造出有透明效果的制件;制作出来的原型件可快速翻制各种模具,如硅橡胶模、金属冷喷模、陶瓷模、合金模、电铸模、环氧树脂模及汽化模等。

7.2.2　选择性激光烧结成型

选择性激光烧结工艺(Selective Laser Sintering,SLS)又称为选区激光烧结,由美国德克萨斯大学的 C. R. Dechard 于 1989 年研制成功。该方法已被美国 DTM 公司商品化。SLS 的原理与 SL 十分相似,主要区别在于所使用的材料及其形状。SL 所用的材料是液态的光敏树脂,而 SLS 则使用粉状的材料。

(1)选择性激光烧结工艺的原理

SLS 工艺是利用粉末材料(金属粉末或非金属粉末)在激光照射下烧结的原理,在计算机控制下层层堆积成型。

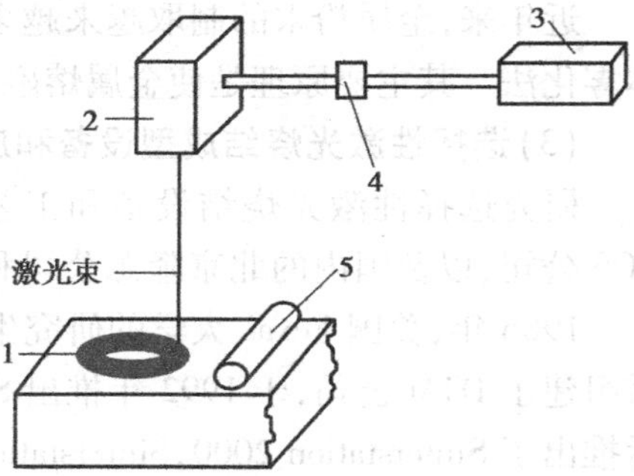

图7.4　选择性激光烧结工艺原理
1—零件;2—扫描镜;3—激光器;
4—透镜;5—刮平辊子

如图7.4所示,此法采用CO_2激光器作能源,目前使用的造型材料多为各种粉末材料。在工作台上均匀铺上一层很薄(0.1～0.2 mm)的粉末,激光束在计算机控制下按照零件分层轮廓有选择性地进行烧结,一层完成后再进行下一层烧结。全部烧结完后去掉多余的粉末,再进行打磨、烘干等处理便获得零件。

(2)选择性激光烧结成型工艺的特点和成型材料

1)SLS的特点

选择性激光烧结工艺和其他快速原型工艺相比,其最大的特点是能够直接制作金属制品,同时该工艺还具有以下一些优点:

①材料适应面广。从原理上说,这种方法可采用加热时黏度降低的任何粉末材料,不仅能制造塑料模具,还能制造陶瓷、石蜡等材料的零件。

②制造工艺简单。由于可用多种材料,选择性激光烧结工艺按采用的原料不同可直接生产复杂形状的原型、型腔模三维构件或部件及工具。

③无须支撑结构。可烧结制造空心、多层镂空的复杂零件。

④高精度。依赖于使用的材料种类和粒度、产品的几何形状和复杂程度。该工艺一般能够达到工件整体范围内±(0.05～2.5) mm的公差。当粉末粒度小于0.1 mm时,成型后的原型精度可达±1%。

⑤材料利用率高,价格便宜,成本低。

但是,选择性激光烧结工艺也有能量消耗高、原型表面粗糙疏松多孔以及对某些材料需要单独处理等缺点。

2)SLS的成型材料

SLS烧结成型用的材料早期采用蜡粉及高分子塑料粉,用金属或陶瓷粉进行黏结或烧结的工艺也已达到实用阶段。任何受热黏结的粉末都有被用作SLS原材料的可能性,原则上包括了塑料、陶瓷、金属粉末及它们的复合粉。

近年来开发的较为成熟的用于SLS工艺的材料如表7.1所示。

表7.1　SLS工艺常用的材料及其特性

材　料	特　性
石蜡	主要用于失蜡铸造,制造金属型
聚碳酸酯	坚固耐热,可制造微细轮廓及薄壳结构,也可用于小时模铸造,正逐步取代石蜡
尼龙、纤细尼龙、合成尼龙(尼龙纤维)	它们可用于制造测试功能零件,其中合成尼龙制件具有最佳的力学性能
钢铜合金	具有较高的强度,可用于制作注塑模

为了提高原型的强度,用于SLS工艺材料的研究转向金属和陶瓷,这也正是SLS工艺优越于SL,LOM工艺之处。

近年来，金属粉末的制取越来越多地采用雾化法。它主要有两种方式：离心雾化法和气体雾化法。其主要原理是使金属熔融，高速将金属液滴甩出并急冷，随后形成粉末颗粒。

(3)选择性激光烧结成型设备和应用

研究选择性激光烧结设备和工艺的单位有美国的 DTM 公司、3D Systems 公司，德国的 EOS 公司，以及国内的北京隆源公司和华中科技大学等。

1986 年，美国 Fexas 大学的研究生 C. R. Dechard 提出了选择性激光烧结(SLS)的思想，稍后组建了 DTM 公司，于 1992 年推出 SLS 成型机。DTM 公司于 1992 年、1996 年和 1999 年先后推出了 Sinterstation 2000，Sinterstation 2500 和 Sinterstation 2500Plus 机型，如图 7.5 所示。

如图 7.6 所示为华中科技大学的 HRPS-Ⅲ激光粉末烧结系统，在选择性激光烧结成型(SLS)技术方面有着自己先进的特点。

图 7.5　DTM 公司的 Sinterstation 2500

图 7.6　HRPS-Ⅲ激光粉末烧结系统

SLS 激光粉末烧结的应用范围与 SL 工艺类似，可直接用于制作各种高分子粉末材料的功能件，用于结构验证和功能测试，并可用于装配样机。制件可直接作精密铸造用的蜡模和砂型、型芯，制作出来的原型件可快速翻制各种模具，如硅橡胶模、金属冷喷模、陶瓷模、合金模、电铸模、环氧树脂模及汽化模等。

7.2.3　叠层实体制造成型

叠层实体制造成型（Laminated Object Manufacturing，LOM）又称薄片分层叠加成型，是几种最成熟的快速成型制造技术之一。它由美国 Helisys 公司于 1986 年研制成功，并推出商品化的机器。因为常用纸作为原料，故又称纸片叠层法。

(1)叠层实体制造工艺的原理

LOM 工艺采用薄片材料(如纸、塑料薄膜等)作为成型材料，片材表面事先涂覆上一层热熔胶。加工时，用 CO_2 激光器在计算机控制下按照 CAD 分层模型轨迹切割片材，然后通过热压辊热压，使当前层与下面已成型的工件层黏结，从而堆积成型。

如图 7.7 所示为 LOM 工艺的原理图。用 CO_2 激光器在刚黏结的新层上切割出零件截面轮廓和工件外框，并将无轮廓区切割成小方网格以便在成型之后能剔除废料，如图 7.8 所示。激光切割完成后，升降工作台带动已成型的工件下降，与带状片材分离；供料机构转动收料轴和供料轴，带动片材移动，使新层移到加工区域；升降工作台上升到加工平面，热压辊热压，再在新层上切割截面轮廓。如此反复，直至零件的所有截面切割、黏结完，得到完整的三维实体零件。

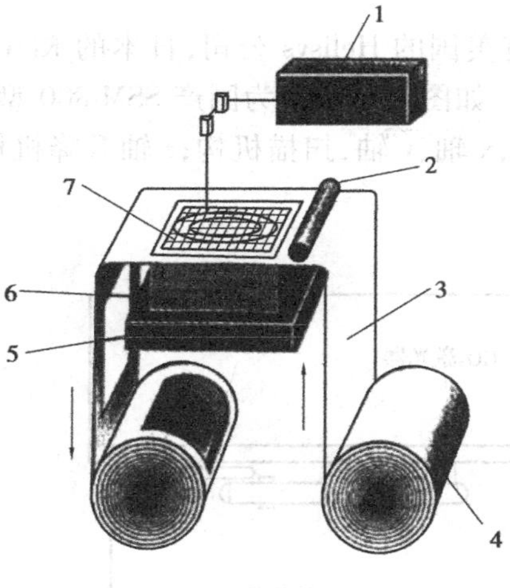

图 7.7　LOM 工艺原理图

1—激光器;2—热压辊;3—带状片材;
4—供料滚筒;5—升降台;6—叠层;
7—当前叠层轮廓线

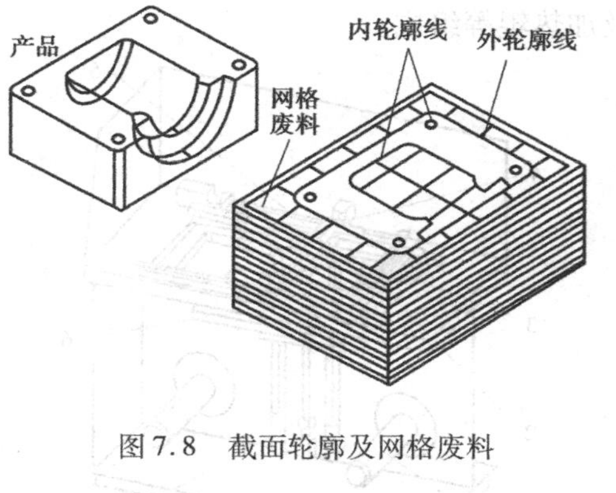

图 7.8　截面轮廓及网格废料

(2)叠层实体制造成型工艺的特点和成型材料

1)LOM 的特点

①只需在片材上切割出零件截面的轮廓,而不用扫描整个截面,因此易于制造大尺寸制件。

②工件外框与截面轮廓之间的多余材料在加工中起到了支撑作用,因此无须设计和制作支撑结构。

③原型精度较高(小于 0.15 mm)。

④原材料价格便宜,原型制作成本低。

⑤制件能承受 200 ℃的温度,有较高的硬度和较好的力学性能,可进行各种切削加工。

⑥设备采用了高质量的元器件,有完善的安全、保护装置,因而能长时间连续运行,可靠性高,寿命长。

但是,LOM 工艺也有不足之处:不能直接制作塑料工件;工件(特别是薄壁件)的拉伸强度和弹性不够好;工件易吸湿膨胀,成型后应尽快进行表面防潮处理;工件表面有台阶纹,成型后需进行表面打磨。

2)LOM 的成型材料

LOM 工艺的成型材料常用成卷的纸,纸的一面事先涂覆一层热熔胶,偶尔也有用塑料薄膜或金属箔作为成型材料。

对纸材的要求是应具有抗湿性、稳定性、涂胶浸润性和抗拉强度,另外要求收缩率小、剥离性能好和易打磨。

热熔胶应保证层与层之间的黏结强度,热熔胶的种类很多,LOM 工艺中最常采用 EVA 热熔胶。它由 EVA 树脂、增黏剂、蜡类及抗氧剂等组成。对热熔胶的要求是具有良好的热熔冷固性,具有足够的黏结强度和较好的稳定性等。

(3)叠层实体制造成型的设备和应用

目前,研究叠层实体制造成型设备和工艺的单位有美国的 Helisys 公司,日本的 Kira 公司、Sparx 公司,以及国内的清华大学和华中科技大学等。如图 7.9 所示为国产 SSM-800 型叠层实体制造成型设备的组成。它由激光系统,走纸机构,x 轴、y 轴,扫描机构;z 轴升降机构,以及加热辊等组成。

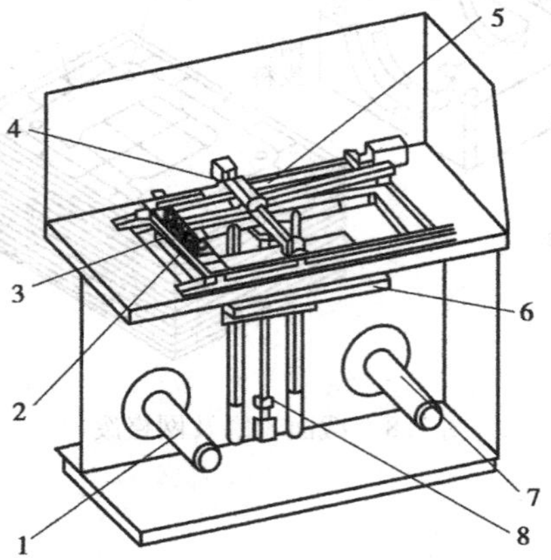

(a)

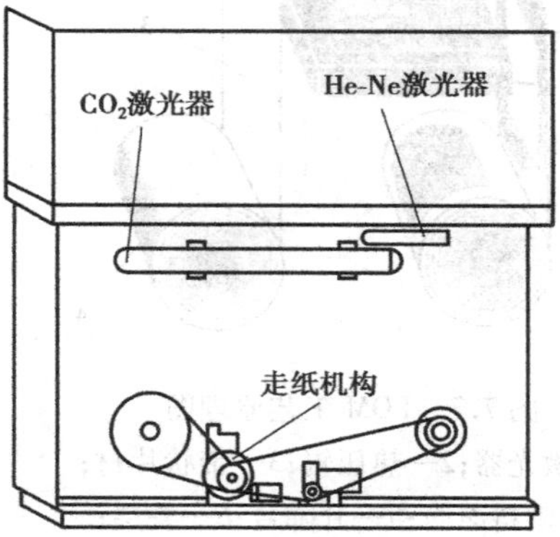

(b)

图 7.9　SSM-800 型叠层实体制造成型设备

(a)前面部分　(b)背后部分

1—收纸辊;2—测高仪;3—热压系统;4—x,y 轴;

5—激光头;6—工作台;7—送纸辊;8—z 轴

由于叠层实体制造技术成型材料使用成本低廉的纸张,运行成本和设备投资较低,且制件精度高,故获得了较为广泛的应用,特别是在产品概念设计可视化、造型设计评估、装备检验、快速制造母模以及直接制模等方面得到了普遍应用。

7.2.4　熔丝堆积成型

熔丝堆积成型(Fused Deposition Modeling,FDM)又称熔融沉积快速成型,是继光敏树脂液相固化成型和叠层实体快速成型工艺后的另一种应用比较广泛的快速原型制造工艺。该工艺方法由美国学者 Dr. Scott Crump 于 1988 年研制成功,并由美国 Stratasys 公司推出商品化的机器。

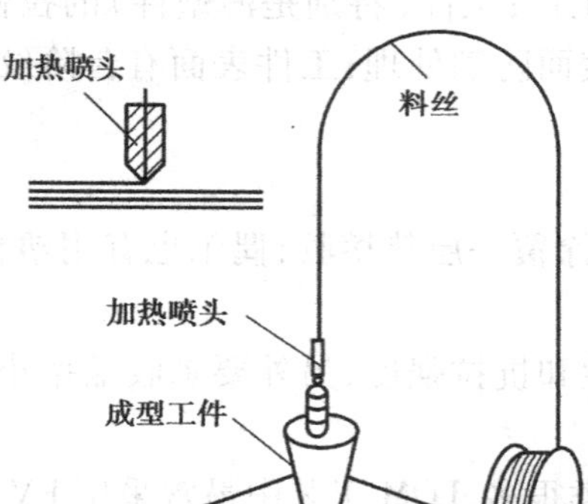

图 7.10　FDM 工艺的基本原理图

(1)熔丝堆积成型工艺的原理

熔丝堆积成型工艺是将丝状的热熔性材料加热熔化,通过带有一个微细喷嘴的喷头挤喷出来。喷头可沿着 x 轴方向移动,而工作台则沿 y 轴方向移动。如果热熔性材料的温度始终稍高于固化温度,而成型部分的温度稍低于固化温度,就能保证热熔性材料挤喷出喷嘴后,随即与前一层面熔结在一起。一个层面沉积完成后,工作台按预定的增量下降一个层的厚度,再继续熔喷沉积,直至完成整个实体造型。FDM 工艺的基本原理如图 7.10 所示。

(2)熔丝堆积成型工艺的特点和成型材料

1)FDM 的特点

FDM 具有其他成型工艺方法所不具有的许多优点：

①该工艺不用激光，而是采用热熔挤压头技术，系统结构简单，成本较低，运行安全。

②成型速度快。用熔融沉积方法生产出来的产品，不需要 SLA 中的刮板再加工这一道工序。系统校准为自动控制。

③用蜡成型的零件原型可以直接用于失蜡铸造。

④可成型任意复杂程度的零件，常用于成型具有很复杂的内腔、孔等零件。

⑤原材料在成型过程中无化学变化，制件的翘曲变形小。

⑥原材料利用率高，且材料寿命长。

当然，FDM 成型工艺与其他快速成型工艺相比，也存在着许多缺点。例如，需要设计与制作支撑结构；需要对整个截面进行扫描涂覆，成型时间较长；成型件的表面有较明显的条纹；沿成型轴垂直方向的强度比较弱；原材料价格较贵。

2)FDM 的成型材料

成型材料是 FDM 工艺的基础，FDM 工艺使用的材料包括成型材料和支撑材料。

FDM 工艺成型材料主要有 ABS，医学专用的 ABSi，MABS 塑料丝，蜡丝，尼龙丝等。对其要求是熔融温度低(80～120 ℃)、黏度低、黏结性好、收缩率小。影响材料挤出过程的主要因素是黏度。材料的黏度低、流动性好，阻力就小，有助于材料顺利地挤出。材料的流动性差，需要很大的送丝压力才能挤出，会增加喷头的启停响应时间，从而影响成型精度。

熔融温度低对 FDM 工艺的好处是多方面的。熔融温度低可使材料在较低的温度下挤出，有利于提高喷头和整个机械系统的寿命；可减少材料在挤出前后的温差，减少热应力，从而提高原型的精度。

黏结性主要影响零件的强度。FDM 工艺是基于分层制造的一种工艺，层与层之间黏结性好坏决定了零件成型以后的强度。黏结性过低，有时在成型过程中由于热应力就会造成层与层之间的开裂。收缩率在很多方面影响零件的成型精度。

支撑材料是加工中采取的辅助手段，在加工完毕后必须去除，故支撑材料与成型材料的亲和性不能太好。另外，要求支撑材料能承受一定的高温和较低的熔融温度等。

(3)熔丝堆积成型的设备和应用

研究熔丝堆积成型设备工艺的单位主要有美国的 Stratasys 公司、MedModeler 公司，以及国内的清华大学和北京殷华公司等。

如图 7.11 所示为国产 MEM-250-Ⅱ型 FDM 熔丝堆积成型设备。它利用 ABS 丝材通过喷头加热至熔融状态后从喷头挤出，在数控系统控制下层层堆积成型。

熔融挤压成型工艺比较适合家用电器、办公用品和模具行业新产品开发以及用于假肢、医学、医疗、大地测量、考古等基于数字成像技术的三维实体模型制造。该技术无须激光系统，因而价格低廉，运行费用很低且可靠性高。此外，从目前出现的快速原型工艺方法来看，FDM 工艺在医学领域的应用具有独特的优势。Stratasys 公司在 1998 年与 MedModeler 公司合作开发了专用于医学领域的 MedModeler 机型，使用 ABS 材料，并于 1999 年推出了可使用聚酯热塑性塑料的 Genisys 改进型 Genisys Xs。

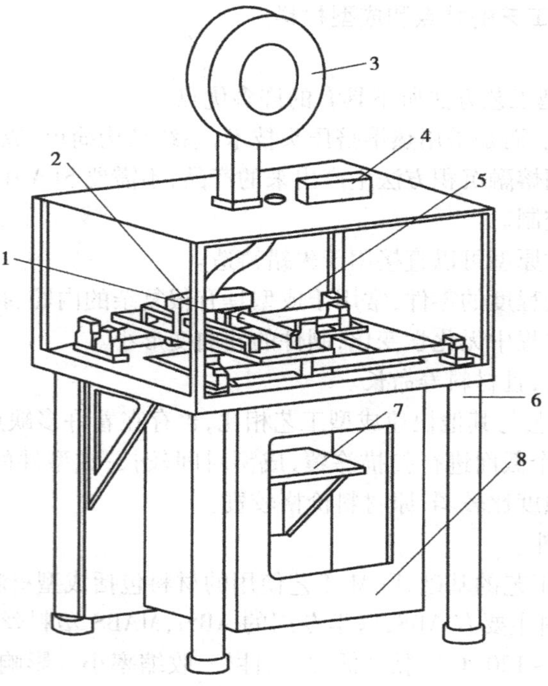

图 7.11　MEM-250-Ⅱ型 FDM 熔丝堆积成型设备

1—x 扫描机构;2—加热喷头;3—丝盘;4—送丝机构;5—y 扫描机构;

6—框架;7—工作平台;8—成型室

7.2.5　其他快速成型工艺

除了上述 4 种快速成型方法比较成熟以外,其他已经实用化的快速成型技术有三维打印快速原型工艺、固基光敏液相法、弹道微粒制造、数码累积成型、三维焊接、直接烧结技术及光束干涉固化等。

7.3　快速模具制造工艺

应用快速成型方法快速制作模具的技术称为快速模具制造技术(简称 RT),RP 技术发展到今天,其发展重心已从快速原型制造(RPM)向快速模具(RT)及金属零部件快速制造的方向转移。目前,RT 已经成为快速成型技术领域一个新的研究热点。由于传统模具制造过程复杂、耗时长,费用高,往往成为设计和制造的瓶颈,因此,应用快速成型技术制造模具已成为该技术发展的主要推动力之一。利用快速模具制造技术现已可做到对复杂的型腔曲面无须数控切削加工便可制造,从模具的概念设计到制造完毕仅为传统加工方法所需时间的 1/3 和成本的 1/4 左右。因此国外发达工业国家已将 RT 作为缩短模具制作周期和产品开发时间的重要研究课题和制造业的核心技术之一。

快速成型制造技术不仅能适应各种生产类型特别是单件小批量的模具生产,而且能适应各种复杂程度的模具制造。它既能制造塑料模具,也能制造压铸模等金属模具。因此快速成型技术一经问世,就迅速应用于模具制造上。如图7.12所示为快速模具制造技术的具体工艺路线。

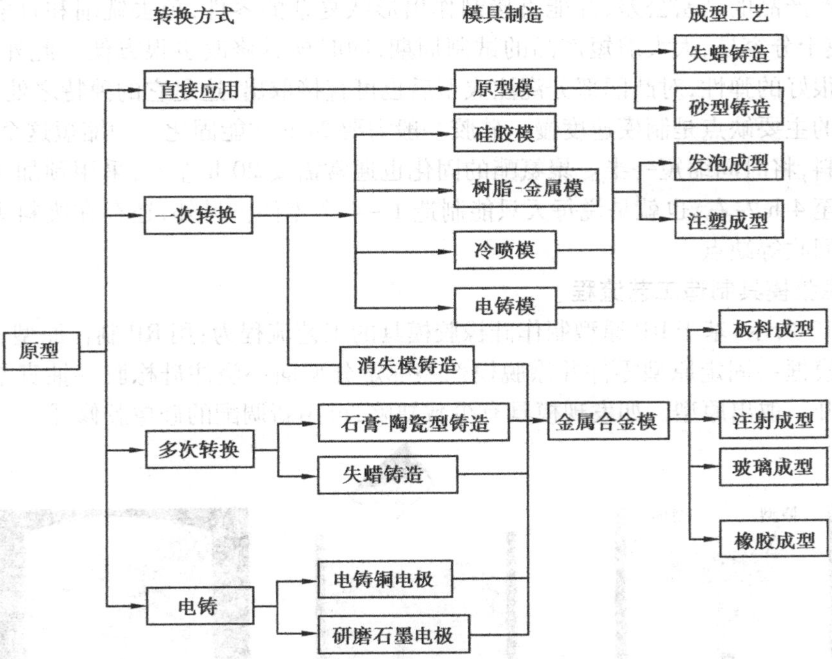

图7.12　快速模具制造技术的工艺路线

目前,快速模具制造技术主要集中在两个大的研究方向:直接快速制模和间接快速制模。其中,直接快速制模就是用FDM,LOM,SLS等快速成型工艺方法直接制造陶瓷模、金属模和树脂模。间接快速制模是用快速成型件作母模或过渡模具,再通过传统的模具制造方法来制造模具。下面简单介绍几种比较成熟的快速制模方法。

7.3.1　硅橡胶模具制造工艺

硅橡胶模具制造工艺是一种比较普及的快速模具制造方法。由于硅橡胶模具具有良好的柔性和弹性,能够制造结构复杂、花纹精细、无拔模斜度或具有倒拔模斜度以及具有深凹槽类的零件,制件质量高,制造周期短,因而在单件、小批量样件快速制造中应用较多。

(1)硅橡胶模具制造工艺的原理及特点

1)基本原理

利用RP技术设计制造出产品的纸质或树脂原型,然后以原型为样件,采用硫化的有机硅橡胶浇注制作硅橡胶模具。由于成型零件的形状、尺寸不同,对硅橡胶模具的强度要求也不一样,因而制作方法也有所不同,主要有真空浇注法和简便浇注法两种。由于浇注普通硅橡胶时会产生较多气泡,从而影响模具质量,因此采用真空浇注法,可以得到无气孔的硅橡胶模具,但需配备真空成型设备。当然不具备上述条件时配以简便脱气方法和工艺控制用简便浇注法也能得到型腔表面无气泡的硅橡胶模具。

2)特点

硅胶模的主要优点是成本低,许多材料都可以用硅胶模成型,适宜于蜡、树脂、石膏等的浇注成型，广泛应用于精铸蜡模的制作、艺术品的仿制和新产品样件的制备。硅橡胶具有良好的仿真性、强度和极低的收缩率。硅橡胶模具能经受重复使用和粗劣操作，能保持制件原型和批量生产产品的精密公差，并能直接制作出形状复杂的零件，免去铣削和打磨加工等工序，而且脱模十分容易，大大缩短产品的试制周期，同时模具修改也很方便。此外，由于硅橡胶模具具有很好的弹性，对凸凹部分浇注成型后也可直接取出，这是它的独特之处。

硅胶模的主要缺点是制模速度慢。硅胶一般需要 24 h 才能固化。为缩短这个时间，可以预加热原材料，将时间缩短一半。聚氨酯的固化也通常需要 20 h 左右，采用预加热方法也只能将其缩短至 4 h 左右，也就是说每天只能制造 1 ~4 个零件。另外，还存在废料去除困难而且不能进行回收等缺点。

(2)硅橡胶模具制造工艺流程

如图 7. 13 所示，基于 RP 原型制作硅橡胶模具的工艺流程为：用 RP 制作原型零件→表面打磨→制造模框→固定原型零件并涂脱模剂→标定分型面→浇注硅橡胶→抽真空→固化→沿分型面切开→取出原型。如发现模具有少数缺陷，可用新调配的硅橡胶修补。

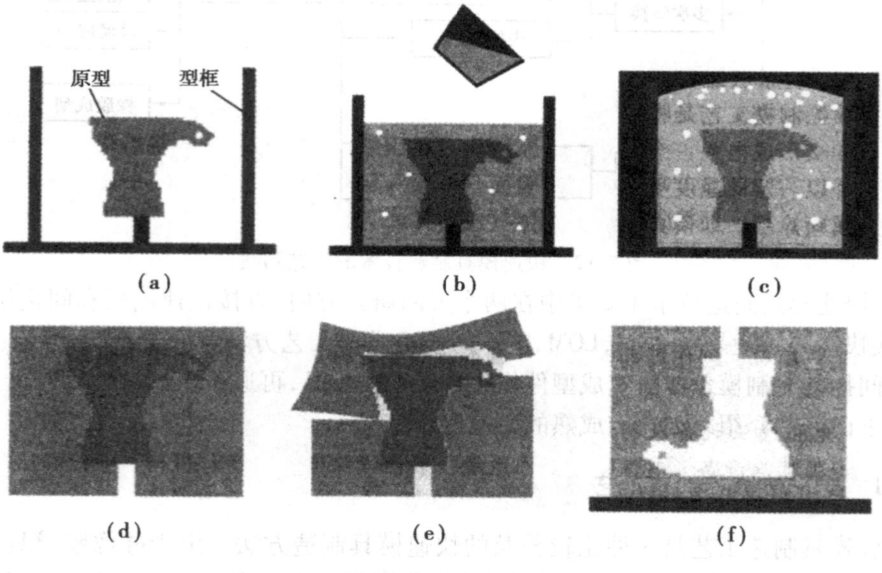

图 7. 13　硅橡胶快速模具制造工艺流程

翻成硅橡胶模具后，向模中灌注双组分的聚氨酯，固化后即得到所需的零件。调整双组分聚氨酯的构成比例，可使所得到的聚氨酯零件力学性能接近 ABS 或 PP。也可利用其他方法加工的制件作为母模来制作硅橡胶模，再通过硅橡胶模来生产金属零件。

(3)硅橡胶模具制造工艺的应用

目前，用硅橡胶制造的弹性模具已用于代替金属模具生产蜡模、石膏模、陶瓷模、塑料件，乃至低熔点合金如铅、锌以及铝合金零件，并在轻工、塑料、食品和仿古青铜器等行业的应用不断扩大，对产品的更新换代起到不可估量的作用。

快速原型技术的产生，为硅橡胶模具广泛应用于机械产品的高精度快速制作提供了强有力的支持，基于 RP 原型快速制作硅橡胶模具，可更好地发挥 RP&M 技术的优势，广泛应用于结构复杂、式样繁多的各种家电、汽车、建筑、艺术、医学、航空、航天产品的制造。在新产品试制或者单件、小批量生产时，具有生产周期短、成本低、柔性好的优点。

7.3.2 电弧喷涂快速制模工艺

(1)电弧喷涂快速制模工艺的原理及特点

1)基本原理

电弧喷涂制模是金属喷涂制模的一种主要工艺方法。其基本原理是将两根带电的制模专用金属丝通过导管不断地向前输送,金属丝在喷枪前端相交形成电弧使金属丝熔化,在压缩空气的作用下,将熔化的金属雾化成金属微粒,并以一定的速度喷射到样模表面,层层叠加堆积而形成光滑、致密、高结合强度的金属喷涂层,即模具型腔的壳体(或实体)。这层壳体的内壁形状与样模表面完全吻合,从而形成了所需的模具型腔。喷涂形成的金属壳体与其他基体材料填充加固,结合成一整体,再配以其他部件,即组成一副完整的模具。

2)特点

电弧喷涂制模工艺的主要特点是:速度快,喷涂 600 $cm^2 \times 2$ mm 的涂层仅 10 min;成本低,制造 20 cm×30 cm 的中等复杂程度的注塑模,成本不超过 500 元,为数控加工模具成本的 1/20~1/10;精度高,电弧喷涂金属壳实际是一复制过程,可清晰地再现模型表面的细微形貌,这是数控加工难以实现的;与非金属材料模具相比,模具的表面硬度、耐磨性、粗糙度等性能有较大提高;复型性好,适用于各种原型材料,如金属、木材、蜡和环氧树脂等。

(2)电弧喷涂制模工艺流程

电弧喷涂模具的基本结构可分为 3 部分,即金属喷涂层、背衬层和钢结构部分,如图 7.14 所示。金属喷涂层的厚度一般为 2~3 mm,虽然具有一定的强度、硬度、表面粗糙度及良好的导热性能,并能非常精确地复制原型的形状,但由于其厚度较薄,无法单独承受成型压力,因此不能直接作为模具,还必须进行背衬补强。背衬层由背衬材料直接充填而成,厚度较大,黏附在喷涂层下方,主要起支撑和增加强度的作用。钢结构主要包括模架、模框和镶嵌件等钢质构件。

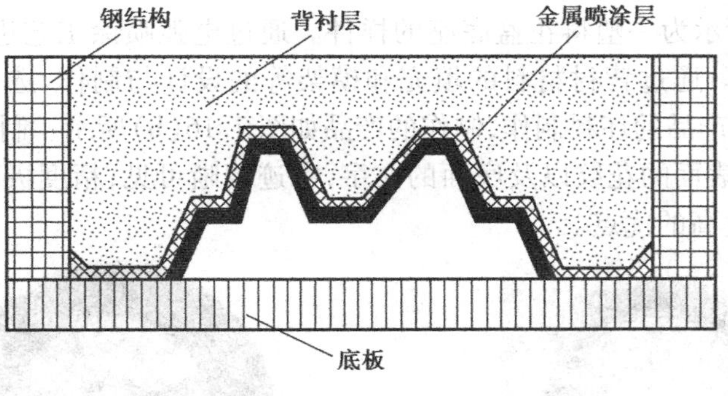

图 7.14 电弧喷涂模具结构

电弧喷涂快速制模工艺流程为:制作模型→表面刷涂脱模剂→电弧喷涂→安装模架→浇注环氧树脂与金属粉复合材料→脱模→加工处理。其流程如图 7.15 所示。先把模型按上、下模分型面准确地放置在底板上,并用毛刷在模型表面均匀地涂一层脱模剂(见图 7.15(a));待脱模剂成膜后,在模型表面开始喷涂金属,一直达到所需的涂层厚度为止(见图 7.15(b));把准备好的金属框架放好,框架与底板之间必须密封,这样在倒入填料时才不会泄漏,然后浇注填充材料(见图 7.15(c));待浇注液固化后,将半模倒转,移去底板和可塑性材料(见图 7.15(d));重复如图 7.15(a)—(d)所示工序便可制作另一半模具(见图 7.15(e) —(g))。

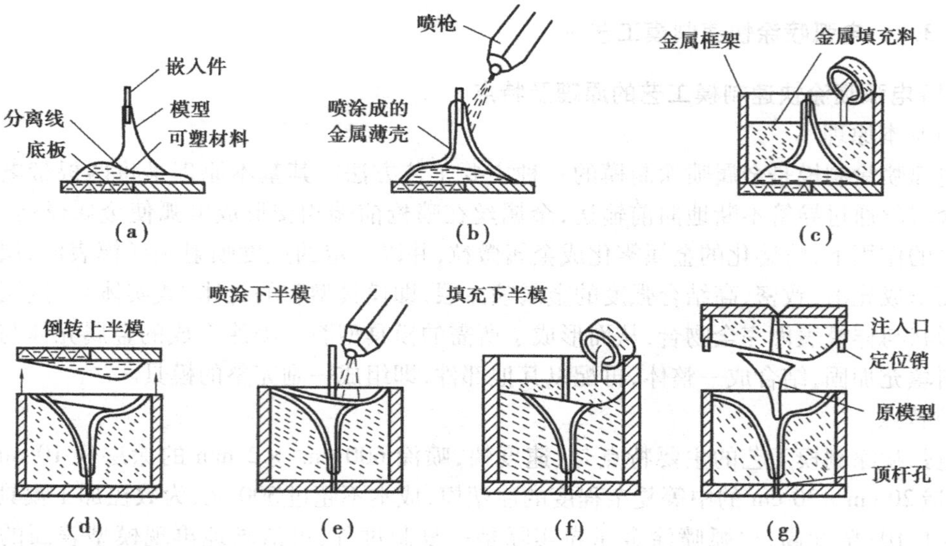

图 7.15　电弧喷涂制模工艺流程

模型可以是各种材料,包括塑料、木材、石膏、皮革及金属等。喷涂用材料种类也可以有多种,但由于高熔点合金收缩应力太大容易开裂,故目前用于模具制造的主要是锌、铝及其合金。

(3)电弧喷涂制模工艺的应用

电弧喷涂制模技术的应用领域非常广泛,包括注射模(塑料或蜡)、吹塑模、旋转模塑模、反应注射模、吸塑模、浇铸模等。电弧喷涂模极其适合于低压成型过程,如反应注塑、吹塑、浇铸等。如用于聚氨酯制品生产时,件数能达到 10 万件以上。用电弧喷涂模已生产出了尼龙、ABS,PVC 等塑料的注塑件。模具寿命视注射压力从几十到几千件。这对于小批量塑料件是一个极为经济有效的生产方法。

如图 7.16(a)所示为一塑料花盆底座的样件。通过电弧喷涂工艺进行型腔壳体的喷涂制作,得到型腔壳体。通过背衬材料的填充和模架等的设计与制作,选用 ABS 材料在 SZY-300 注塑机上完成该产品的坯料制作,制作的产品如图 7.16(b)所示。制品表面光滑,富有光泽,精确复制了母模表面的花纹以及底面的文字,字迹清晰可见,精度极高,充分体现了电弧喷涂模具有复制精度高的优点。

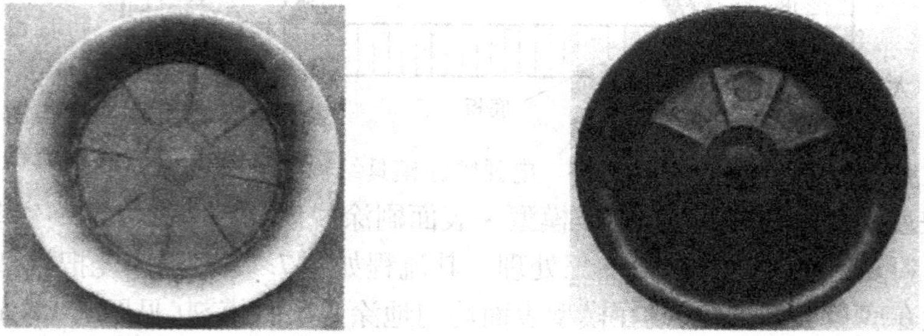

(a)　　(b)

图 7.16　电弧喷涂制模应用实例

(a)塑料花盆样件　(b)利用电弧喷涂制模工艺制作的产品

7.3.3 环氧树脂快速制模工艺

(1)环氧树脂快速制模工艺的原理及特点

1)基本原理

环氧树脂快速制模即借用浇注方法,将已液态的环氧树脂或无机复合材料作为基体材料,注入固定有母模原型的型腔中使其固化,从而制得模具的方法。

2)特点

环氧树脂快速制模一般采用常温、常压条件下的静态浇注,固化后无须或仅需少量的切削加工,仅根据模具情况对外形略作修整。它是直接借助于快速原型母模并浇注专门树脂的快速制模方法,不像传统金属模具的制作需要高精密的设备进行机加工,成本只有传统方法的几分之一,生产周期大大缩短。模具寿命不及钢模,但比硅胶模高,可达1 000 ~5 000件,可满足中小批量生产的需要。

(2)环氧树脂制模工艺流程

环氧树脂工艺流程为:制作原型→表面处理→设计及制作模框→选择设计分型面→在原型表面及分型面刷脱模剂→刷胶衣树脂→浇注凹模→浇注凸模→脱模→加工处理。

当凹模制造完成后,倒置,同样需在原型表面及分型面上均匀涂脱模剂及胶衣树脂,分开模具。在常温下浇注的模具,一般1 ~2天基本固化定型,即能分模,取出原型,修模。刷脱模剂、胶衣树脂的目的是为了防止模具表面受摩擦、碰撞、大气老化和介质腐蚀等,使得模具在实际使用中安全可靠。

7.4 快速成型制造技术的应用

RP技术自20多年前出现以来,以其显著的经济效益和时间效益受到制造业的广泛关注,并迅速成为世界著名高校和研究机构研究的热点。RP技术已在汽车外形设计、模具设计制造、航空航天、玩具、电子仪表与家用电器塑料件制造、人体器官制造、工艺装饰设计制造等领域展现出良好的应用前景。图7.17为应用较为广泛的环氧树脂快速制模工艺流程。

据2001年Wohlers Associates Inc.对14家RP系统制造商和43家RP服务机构的统计,对RP原型需求的行业如图7.18所示,对RP原型需求的目的如图7.19所示。从图7.18可知,日用消费品和汽车两大行业对RP的需求占整体需求的50%以上,而医学领域的需求增长迅速,其他的学术机构、航空和军事领域对RP的需求也占有一定的比例。从图7.19可知,RP原型的主要需求目的和用途,新产品开发中的设计可视化、装配检验和功能模型占据着RP模型的主要需求,约占60%,另一主要领域就是快速模具。

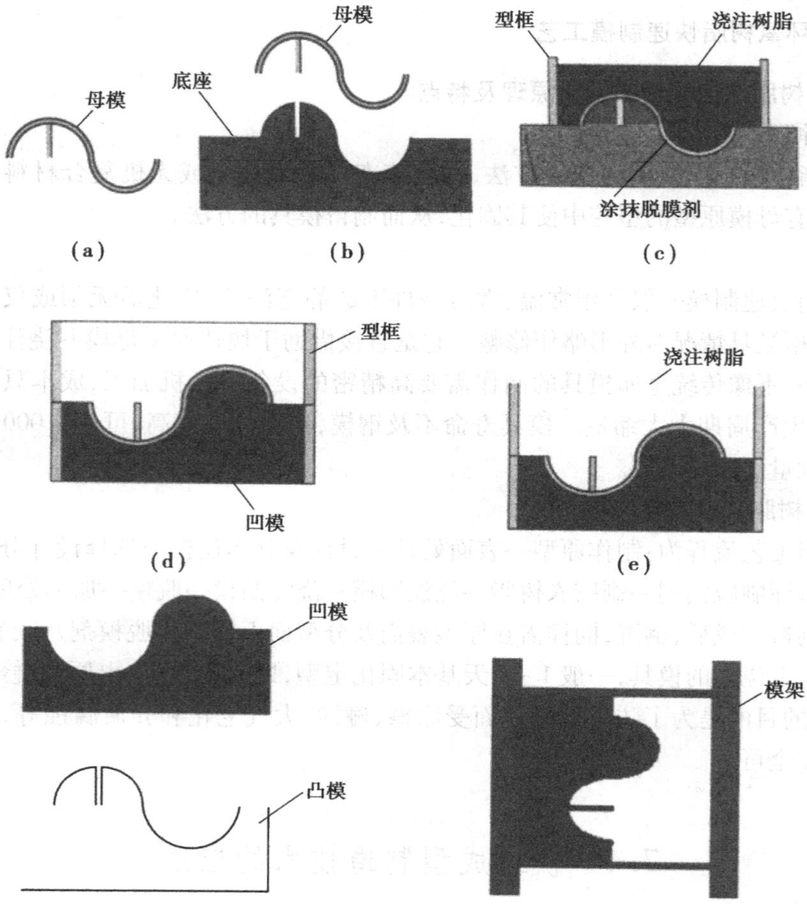

图 7.17　环氧树脂快速制模工艺流程

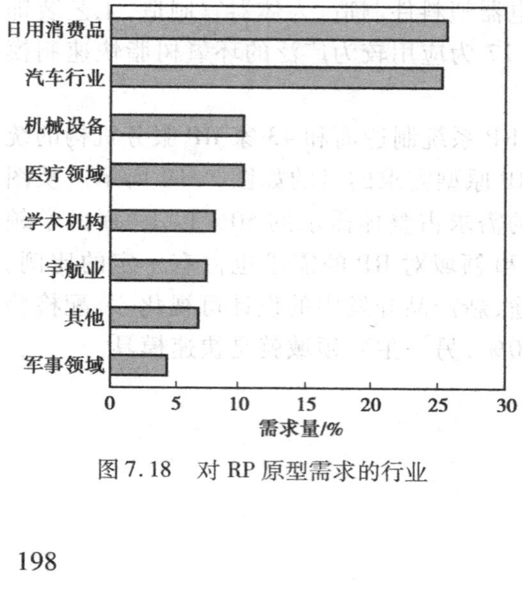

图 7.18　对 RP 原型需求的行业

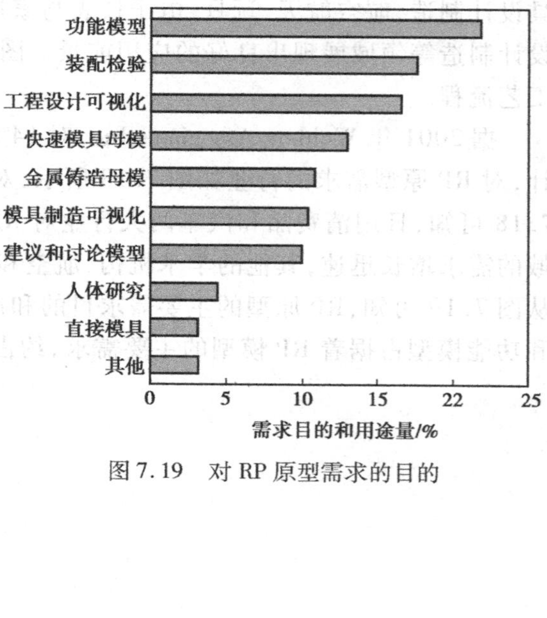

图 7.19　对 RP 原型需求的目的

7.4.1　RP 技术在产品设计中的应用

由于 RP 技术彻底摒弃了传统的加工模式，其加工难易程度与产品复杂程度无关，其加工成本与批量无关，其加工过程与刀具、夹具、模具无关，从而使得原来过于复杂而无法加工的结构变得容易加工，原来追求个性化而带来的小批量、高成本的问题迎刃而解，原来不合理的设计结构和装配结构变得合理。通过快速制造出物理原型，可尽早地对设计进行评估，缩短设计反馈的周期，方便而又快速地进行多次设计，大大提高了产品开发的成功率，开发成本大大降低，总体的开发时间也大大缩短。

RP 技术在快速产品开发方面的应用如图 7.20 所示。

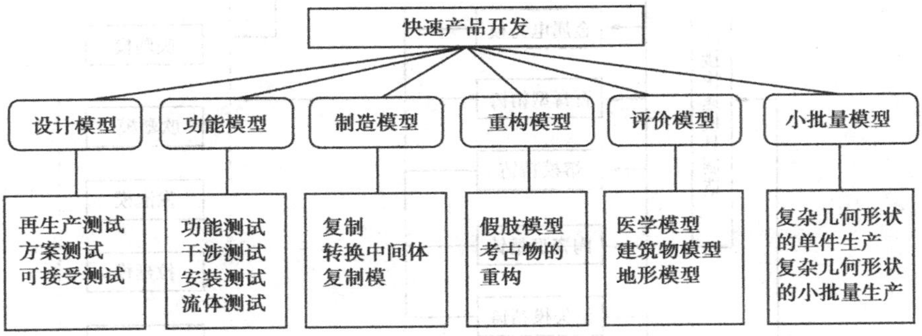

图 7.20　RP 技术在快速产品开发方面的应用

7.4.2　基于 RP 的快速模具技术

采用基于 RP 的快速模具技术，从模具的概念设计到制造完毕仅为传统加工方法所需时间的 1/3 左右，使模具制造在提高质量、缩短研制周期、提高制造柔性等方面取得了明显的效果。在 RP 技术领域中，目前发展最迅速，产值增长最明显的应属快速模具技术。

如图 7.21 所示为基于 RP 的快速模具技术的分类及应用。

基于 RP 的快速模具技术可分为直接模具制造与间接模具制造两大类。其中，有 20 多种工艺已在工业生产中得到应用。直接快速模具制造指的是利用不同类型的 RP 工艺直接制造出模具本身，然后进行一些必要的后处理和机加工以获得模具所要求的力学性能、尺寸精度和表面粗糙度。其制造环节简单，能充分发挥 RP 技术的优势，特别是对于那些需要复杂形状的内流道冷却的模具，采用 RP 的直接制模法有着其他方法不能替代的地位。但是，RP 直接制模在模具精度和性能控制方面比较困难，特殊的后处理设备与工艺使成本有较大提高，模具的尺寸也受到较大的限制。与之相比，间接快速模具制造将 RP 技术与传统的模具翻制技术相结合，由于这些成熟的翻制技术的多样性，可根据不同的应用要求，使用不同复杂程度和成本的工艺，一方面可较好地控制模具的精度、表面质量、力学性能与使用寿命；另一方面也可满足经济性的要求。因此，目前工业界多使用间接快速模具制造技术。

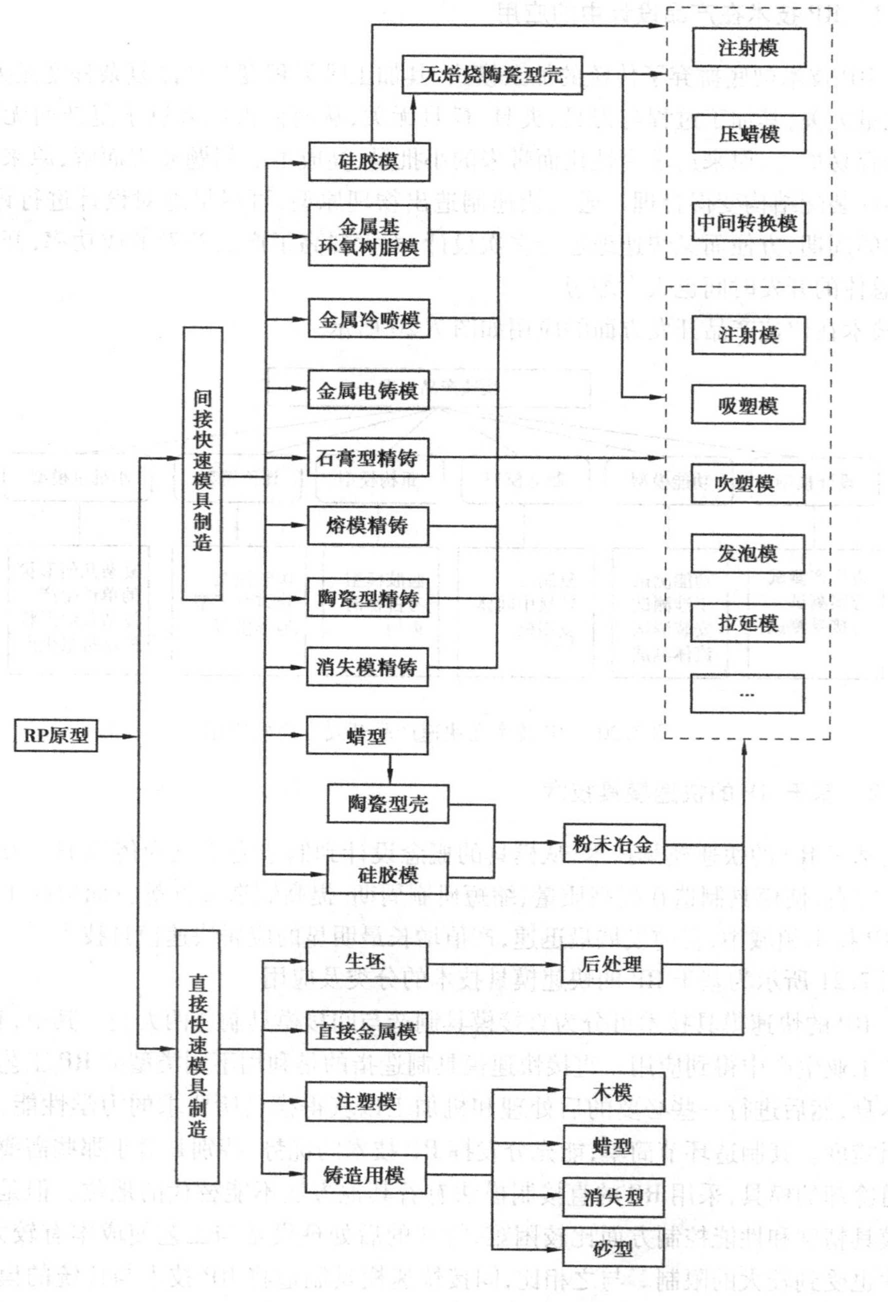

图 7.21　基于 RP 的快速模具技术

7.4.3　RP 技术的应用

(1)用于铸造工艺

RP 技术出现以来,除了在新产品开发阶段具有较为广泛的需求外,一直在铸造领域有着比较活跃的应用。在典型铸造工艺如熔模铸造等工艺中为单件或小批量铸造产品的制造带来了显著的经济效益。

熔模铸造也称为失蜡铸造，是一种可由几乎所有的合金材料进行净形制造金属制件的精密铸造工艺，尤其适合于具有复杂结构的薄壁件的制造。快速成型技术的出现和发展，为熔模精密铸造消失型的制作提供了速度更快、精度更高、结构更复杂的保障。

熔模铸造的工艺流程如图7.22所示。其具体过程如下：

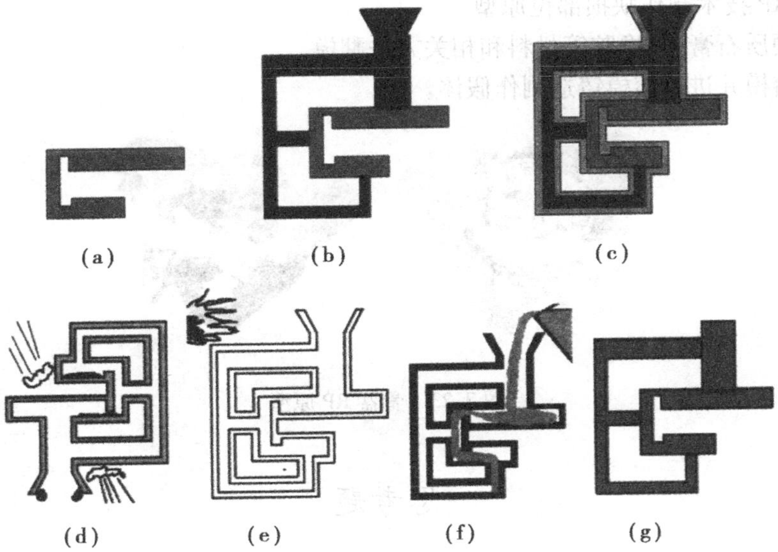

图7.22　熔模铸造工艺流程

①浇注法制作熔模铸造的消失型——蜡模（见图7.22(a)）。

②将蜡质的标准浇注系统（浇口和浇道）和蜡型组装（见图7.22(b)）。

③将组装后的蜡型浸入陶瓷浆中，反复挂砂和干燥形成硬壳（见图7.22(c)）。

④向硬型壳中通入热水或蒸汽，使蜡型熔化并排出，得到空型壳（见图7.22(d)）。

⑤高温焙烧除去残留的蜡，得到可进行浇注熔化金属的高强度陶瓷硬型壳（见图7.22(e)）。

⑥将陶瓷硬型壳预热至一定温度后，注入熔化金属（见图7.22(f)）。

⑦冷却后，除去陶瓷壳，得到工件和浇注系统，再除去浇注系统，得到金属的制件（见图7.22(g)）。

(2)医学领域的应用

人体的骨骼和内部器官具有极其复杂的结构，要真实地复制人体内部的器官构造，反应病变特征，快速成型几乎是唯一的方法。以医学影像数据（CT和MRI）为基础，利用RP方法制作人体器官模型有极大的应用价值，如可作为医疗专家组的可视模型进行模拟手术，还可作特殊病变部位的修补，如颅骨损伤、耳损伤等。

首先，RP原型可作为硬拷贝数据提供视觉和触觉的信息，以及作为诊断和治疗的文件，它能够促进医生和医生之间、医生与病人之间的沟通；其次，RP原型可作为复杂外科手术模拟的模型，由于用快速原型可把模型做得和真实的人体器官一样（尺寸大小一样，并能用颜色区分各种不同组织），有助于快速制订复杂外科手术的计划，例如，复杂的上颌面、头盖骨修补外科手术等，术前的模拟手术会大大地增强医生进行手术的信心，大幅度减少手术时间，同时也减少了病人的痛苦;最后,RP 原型能够直接制造成植入物植入人体,基于 RP 制造的植入体具有相当准确的适配度,能够提高美观度、缩短手术时间、减少术后并发症。

如图 7.23 所示为国内首例根据患者的人体 CT 数据制作的骨盆 RP 原型。其具体制作过程如下:

①来源于 CT 的数据转换成 STL 数据。

②利用 RP 技术制作缺损部位原型。

③采用硬质石膏、硅橡胶等材料和相关方法翻模。

④制作熔模并进行熔模铸造制作假体。

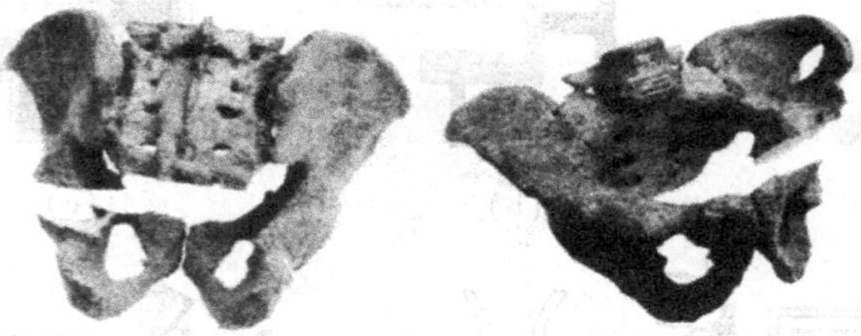

图 7.23 骨盆 RP 原型

思考题

7.1 快速成型的工艺原理和传统成型工艺有何不同?它们的优点是什么?

7.2 几种快速成型工艺的成型原理是不一样的,试比较它们各自的优缺点。

7.3 在新产品试制中,使用快速成型工艺有什么好处?

参考文献

[1] 王至尧. 中国材料工程大典:第 24 卷材料特种加工成形工程上[M]. 北京:化学工业出版社,2005.

[2] 刘晋春,赵家齐,赵万生. 特种加工[M]. 5 版. 北京:机械工业出版社,2008.

[3] 张建华. 精密与特种加工技术 [M]. 北京:机械工业出版社,2011.

[4] 王先逵. 机械加工工艺手册:单行本 [M]. 北京:机械工业出版社,2008.

[5] 王瑞金. 特种加工技术[M]. 北京:机械工业出版社,2011.

[6] 郭永丰,白基成,刘晋春. 电火花加工技术[M]. 2 版. 哈尔滨:哈尔滨工业大学出版社,2005.

[7] 赵万生. 先进电火花加工技术[M]. 北京:国防工业出版社,2003.

[8] 徐家文,等. 电化学加工技术[M]. 北京:国防工业出版社,2008.

[9] 王瑞金. 特种加工技术[M]. 北京:机械工业出版社,2011.

[10] 曹凤国. 电火花加工技术[M]. 北京:化学工业出版社,2005.

[11] 朱树敏,陈远龙. 电化学加工技术[M]. 北京:化学工业出版社,2006.

[12] 王建业,徐家文. 电解加工原理及应用[M]. 北京:国防工业出版社,2001.

[13] 李伟. 先进制造技术[M]. 北京:机械工业出版社,2007.

[14] 王振龙,等. 微细加工技术[M]. 北京:国防工业出版社,2005.

[15] 明平美,等. 精密与特种加工技术[M]. 北京:电子工业出版社,2011.

[16] 袁根福,祝锡晶. 精密与特种加工技术[M]. 北京:北京大学出版社,2010.

[17] 孙大涌. 先进制造技术[M]. 北京:机械工业出版社,2002.

[18] 周旭光,等. 特种加工技术[M]. 西安:西安电子科技大学出版社,2004.

[19] 王贵成,张银喜. 精密与特种加工[M]. 武汉:武汉理工大学出版社,2001.

[20] 胡传. 特种加工手册[M]. 北京:北京工业大学出版社,2001.

[21] 张辽远. 现代加工技术[M]. 北京:机械工业出版社,2002.